電気化学キャパシタの開発と応用Ⅲ

Advanced Electrochemical Capacitors III

監修：西野　敦
　　　直井勝彦

シーエムシー出版

はじめに

 2006年初夏，ここに来てキャパシタが益々熱くなってきている。環境性と経済性が両立できるエネルギーデバイスとして注目をあつめているキャパシタが新たな展開をみせている。これまで，エネルギー密度的には今一つであった従来型の活性炭EDLCは，どんどん進化している。最近提案されている次世代大容量キャパシタは，その作動電圧が，2.7Vから3～4V級へ向上，エネルギー密度も10Wh/kgから20Wh/kg超へと，大幅な向上をみせている。市場もこれに伴って従来の枠にとどまらず，密かに拡大の一途を辿っている。

 その背景には，ナノテク電極材料の大幅な進化，正負極非対称型の電極構成，リチウムイオン電池で開発された要素技術の導入，イオン液体などの新規電解液の開発などが挙げられる。それらのR&Dの現状ついては，本書の各章に詳細に述べられているので参照していただきたいが，その技術的なレベルは日夜向上している。

 近年の大容量キャパシタはその蓄電機構が，より電池に近いもの（ファラデー反応を利用した）も多く見られる。新型のキャパシタは，「キャパシタ」なのか「電池」なのか，その定義はますます曖昧になってきており，従来の概念では明確に区別することは難しい。それらのキャパシタは「シュードキャパシタ」などと呼ばれている。しかし，キャパシタと称する以上は，(1)パワー密度が高い，(2)サイクル寿命が長い，(3)安全性が高いなどの3つの特徴を犠牲にすることなく，大容量化が果たされていかなければならない。これらをクリアーするのは容易なことではないが，今後の新型大容量キャパシタの課題である。大容量化に伴って，量産化，低コスト化が進めば益々その市場は広がるものと予想され，今後，期待される。

2006年7月3日

東京農工大学大学院

直井勝彦

普及版の刊行にあたって

　本書は2006年に『大容量キャパシタ技術と材料Ⅲ―ユビキタス対応の超小型要素技術と次世代大型要素技術―』として刊行されました。普及版の刊行にあたり，内容は当時のままであり加筆・訂正などの手は加えておりませんので，ご了承ください。

　2012年5月

　　　　　　　　　　　　　　　　　　　　　　　　シーエムシー出版　編集部

執筆者一覧（執筆順）

西野　　敦	（元）Panasonic 本社研究所　所長
	（現）西野技術士事務所　技術士・所長
直井　勝彦	（現）東京農工大学大学院　工学研究科　応用化学部門　教授
荻原　信宏	（現）㈱豊田中央研究所　研究員
前野　徹郎	クラレケミカル㈱　開発室　室長
宮原　道寿	㈱クレハ　総合研究所　電材研究室　室長・技術士（化学）
	（現）㈱クレハ　電池材料事業部　カーボトロン事業推進プロジェクトサブマネージャー　技術士（化学）・米国プロフェッショナルエンジニア
猪飼　慶三	新日本石油㈱　研究開発本部　開発部　炭素利用プロジェクトグループ　グループマネージャー
	（現）JX日鉱日石エネルギー㈱　新エネルギーシステム事業本部　エネルギーシステム開発部　蓄電材料生産技術グループ　グループマネージャー
清家　英雄	（現）三洋化成工業㈱　新事業開発研究部　ユニットマネージャー
千葉　一美	日本カーリット㈱　R&Dセンター　研究員
	（現）日本カーリット㈱　新商品開発室　副課長
森　　英和	日本ゼオン㈱　総合開発センター　インキュベーションセンター　主席研究員
山川　雅裕	日本ゼオン㈱　総合開発センター　インキュベーションセンター　主席研究員
和田　徹也	電気化学工業㈱　有機・高分子部門事業企画　課長
三浦　和也	（現）㈱ゼロム　代表取締役専務
絹田　精鎮	㈱オプトニクス精密　代表取締役
澁谷　治男	（現）プライミクス㈱　乳化分散技術研究所　所長
神保　敏一	エルナー㈱　技術開発部　DLCグループ　グループリーダー
青木　良康	昭栄エレクトロニクス㈱　開発センター　センター長
	（現）アドバンスト・キャパシタ・テクノロジーズ㈱　常務取締役
松井　啓真	㈱指月電機製作所　開発本部　FARADCAP技術部　部長

（つづく）

竹 重 秀 文	㈱指月電機製作所　開発本部　FARADCAP 技術部 （現）㈱指月電機製作所　第二事業本部　FC 開発・生産部　グループリーダー
内　　秀 則	（現）日本ケミコン㈱　技術本部　専務取締役 CTO
岡 田 久 美	（現）日本ケミコン㈱　技術企画部
黒 木 伸 郎	ニチコン㈱　長野工場　電気二重層技術部　統括部長
岸　　和 人	（現）㈱リコー　画像エンジン開発本部　モジュール開発センター　シニアスペシャリスト
植 田 喜 延	（現）㈱明電舎　エネルギーシステム事業部　エネルギーシステム技術部　太陽光・系統システム課　技師
小 池 哲 夫	（現）電動車両技術開発㈱　代表取締役
Jin-Woo, Hur	Vina Technology Co., Ltd.　Researcher
白 石 壮 志	（現）群馬大学　大学院工学研究科　応用化学・生物化学専攻　准教授
立 花 和 宏	（現）山形大学　大学院理工学研究科　准教授
野 原 愼 士	大阪府立大学　大学院工学研究科　物質・化学系専攻　応用化学分野　講師
井 上 博 史	（現）大阪府立大学　大学院工学研究科　物質・化学系専攻　応用化学分野　教授
岩 倉 千 秋	大阪府立大学名誉教授
杉 本 　 渉	（現）信州大学　繊維学部　准教授
坂 井 伸 行	（現）東京大学　生産技術研究所　助教
佐々木 高 義	（現）㈱物質・材料研究機構　国際ナノアーキテクトニクス研究拠点　フェロー
張　　鐘 賢	東京農工大学大学院　共生科学技術研究院　PD.
五十嵐 吉 幸	東京農工大学大学院　共生科学技術研究院　助手
John R.Miller	（現）JME, Inc.
Chi-Chang Hu	（現）National Tsing Hua University　Department of Chemical Engineering
Andrew F. Burke	Research faculty in the Institute of Transportation Studies, University of California-Davis

執筆者の所属表記は，注記以外は 2006 年当時のものを使用しております。

目　次

【第Ⅰ編　総論】

第1章　現在の動向

1 電気二重層キャパシタ（EDLC）の現状と参入企業……………西野　敦…3
　1.1 電気二重層キャパシタ（EDLC）の概要………………………………3
　1.2 EDLCの現状…………………………3
　1.3 大型～コイン型EDLCの最新の世界動向…………………………5
2 次世代EDLCとP-EDLCの研究動向
　………………直井勝彦，荻原信宏…6
　2.1 はじめに……………………………6
　2.2 次世代大容量キャパシタ……………6
　2.2.1 次世代EDLC（ナノカーボン電極材料）……………………8
　2.2.2 次世代P-EDLC（導電性ポリマー電極材料）………………10
　2.2.3 次世代P-EDLC（金属酸化物電極材料）……………………12
　2.2.4 リチウムイオンキャパシタ（非対称型ハイブリッドキャパシタ）………………………13
　2.2.5 イオン液体キャパシタ……………14
　2.3 おわりに……………………………15

第2章　概要（開発の歴史，学会・セミナー活動，応用の歴史）

1 電気二重層キャパシタ（EDLC）の概要……………………………西野　敦…18
　1.1 EDLCの特性上の概要………………18
　1.2 EDLC開発の主な歴史………………19
　1.3 EDLC関連のセミナー，国際会議……21
　1.4 EDLCのキャパシタの中での位置づけ………………………………23
　1.5 キャパシタの世界市場とEDLCの市場………………………………23
　1.6 EDLCのエネルギー貯蔵の中での位置づけ………………………………27
　1.7 EDLCの電池，コンデンサとの特徴比較………………………………28
2 EDLC採用応用製品の歴史……西野　敦…32
　2.1 電気二重層キャパシタの特性とその主な応用………………………………32

Ⅰ

【第Ⅱ編　EDLCの材料開発】

第1章　活性炭

1　EDLC電極用活性炭について
　　………………………前野徹郎…41
　1.1　はじめに………………………41
　1.2　EDLC用活性炭の製法について………41
　1.3　主な製品の概要，特長…………43
　　1.3.1　YPについて………………43
　　1.3.2　RPについて………………44
　　1.3.3　NKについて………………44
　　1.3.4　NYについて………………45
　　1.3.5　活性炭繊維　クラクティブ
　　　　　CHについて………………45
　1.4　おわりに………………………45
2　EDLC用特殊活性炭 A-BAC-PWの生
　産技術…………………宮原道寿…46
　2.1　はじめに………………………46
　2.2　A-BAC-PWの物性………………46
　2.3　A-BAC-PWの製造方法……………46
　　2.3.1　原料………………………47
　　2.3.2　前処理工程………………47
　　2.3.3　賦活工程…………………48
　　2.3.4　後処理工程………………49
　2.4　おわりに………………………50
3　石油コークスを原料としたEDLC用
　活性炭…………………猪飼慶三…51
　3.1　はじめに………………………51
　3.2　新日本石油のニードルコークス………51
　3.3　ニードルコークスを原料とした
　　　EDLC用活性炭…………………53
　3.4　EDLC電極としての初期特性………54
　3.5　おわりに………………………56

第2章　電解液

1　非水系電気二重層キャパシタ用電解液
　　………………………清家英雄…58
　1.1　非水系電気二重層キャパシタ用電
　　　解液………………………………58
　1.2　電解液に要求される性能………58
　1.3　当社電解液「パワーエレック」の
　　　特徴………………………………59
　　1.3.1　電位特性…………………59
　　1.3.2　電解質の溶媒に対する溶解性…59
　　1.3.3　アルカリを抑制する電解液……60
　1.4　イオン液体の電気二重層キャパシ
　　　タ用電解液への適用について………62
　1.5　おわりに………………………63
2　スピロ型第四級アンモニウム塩を用い
　た電気二重層キャパシタ用電解液
　　………………………千葉一美…64
　2.1　はじめに………………………64
　2.2　電解液に求められる特性………64
　2.3　スピロ型第四級アンモニウム………65
　2.4　SBP電解液の特性………………66

2.4.1　電導度······66
　2.4.2　粘性率······67
2.5　SBP電解液を用いた電気二重層
　　　キャパシタの特性······68
　2.5.1　静電容量······68
　2.5.2　内部抵抗······68
　2.5.3　レート特性······68
2.6　まとめ······69

第3章　電気二重層キャパシタ電極用バインダー　　　森　英和, 山川雅裕

1　はじめに······71
2　塗布法への電極製造プロセスの転換······72
3　バインダーの種類と特徴······73
4　塗布工程と電気二重層キャパシタ電
　　極用バインダーの関わり······75
　4.1　スラリー安定性······75
　4.2　スラリー作製のポイント······76
　4.3　塗布特性······79
　4.4　乾燥······79
　4.5　プレス······79
　4.6　スリッティング······80
　4.7　捲回······80
　4.8　注液前乾燥······80
　4.9　注液······81
　4.10　セル特性······81
　　4.10.1　サイクル寿命······81
　　4.10.2　静電容量······81
　　4.10.3　内部抵抗······82
5　電気二重層キャパシタの高性能化······83
6　おわりに······84

第4章　導電性改良剤（アセチレンブラック）　　　和田徹也

1　はじめに······86
2　アセチレンブラックの特徴······86
3　粉体特性······88
4　電気伝導性······89
5　電気二重層キャパシタ用アセチレンブラック······90
6　おわりに······91

第5章　順送金型による，ケース・キャップの製造　　　三浦和也

1　はじめに······92
2　基本セル構成と重要箇所······92
3　キャップのプレス加工······92
4　ケースのプレス加工······93
5　かしめによる漏液対策······94
6　まとめ······95

第6章　ガス透過安全弁　　　絹田精鎮

1　ガス透過安全弁及びガス圧力壊裂安全弁 ……………………………… 96
2　膜のガス透過性 ………………………… 96
  2.1　高分子膜のガス透過性 ……………… 96
  2.2　高分子膜のガス透過機構 …………… 97
3　ガス透過膜を利用した弁 ……………… 100
  3.1　高分子膜を利用 …………………… 100
  3.2　金属箔透過膜の利用 ……………… 101
  3.3　壊裂型ガス安全弁 ………………… 102
  3.4　今後のガス透過型安全弁 ………… 102

第7章　キャパシタ材料と撹拌技術　　　澁谷治男

1　はじめに ……………………………… 104
2　T.K.ハイビスディスパーミックス …… 105
  2.1　基本構造 …………………………… 105
  2.2　電極材塗料への応用 ……………… 105
3　T.K.フィルミックス …………………… 107
  3.1　基本構造 …………………………… 107
  3.2　分散原理 …………………………… 108
  3.3　電極材塗料への応用 ……………… 109

【第Ⅲ編　各社の開発動向】

第1章　超小型と小型

1　超小型コイン型の開発動向
　　………………………… 西野　敦 … 113
  1.1　コイン型の概要 …………………… 113
  1.2　コイン型EDLCの製品の歴史と展望
　　　…………………………………… 113
  1.3　現状の課題と将来展望 …………… 115
    1.3.1　活性炭 ………………………… 115
    1.3.2　電解質，溶媒 ………………… 115
    1.3.3　バインダー …………………… 115
    1.3.4　分極性電極の成形加工方法 … 116
    1.3.5　ガスケット …………………… 116
    1.3.6　シール剤 ……………………… 116
    1.3.7　セパレーター ………………… 116
    1.3.8　金属ケース …………………… 117
  1.4　今後の展望 ………………………… 117
2　小形電気二重層キャパシタの用途と技術開発動向 ………… 神保敏一 … 118
  2.1　はじめに …………………………… 118
  2.2　DYNACAPの紹介とその用途 …… 119
    2.2.1　コイン形の用途 ……………… 119
    2.2.2　捲回形の用途 ………………… 120
  2.3　小形電気二重層キャパシタの技術開発動向 …………………………… 121
    2.3.1　電極 …………………………… 121
    2.3.2　電解液 ………………………… 121
    2.3.3　その他 ………………………… 122
3　PAS（ポリアセン系有機半導体）キャパシタの技術動向 …… 青木良康 … 124

3.1 緒言 124
3.2 PASキャパシタの特徴 124
　3.2.1 ポリアセン電極 124
　3.2.2 コイン型PASキャパシタ 125
　3.2.3 シリンダ型PASキャパシタ 127
3.3 今後の動向 129
　3.3.1 高電圧化 129

第2章 大型

1 EDLCおよび応用製品の最近の技術動向
　……………松井啓真, 竹重秀文…132
　1.1 はじめに 132
　1.2 EDLCの要素技術の動向 132
　　1.2.1 EDLCの分類 132
　　1.2.2 エネルギー・出力・正規化内部抵抗 133
　1.3 EDLCの期待市場での動向 135
　1.4 瞬低補償装置でのEDLC応用例 135
　　1.4.1 瞬低補償装置 135
　　1.4.2 瞬低補償装置へのEDLCへの要求性能 137
　1.5 まとめと今後の課題 138
2 大容量キャパシタの現状と課題
　……………内　秀則, 岡田久美…140
　2.1 はじめに 140
　2.2 大容量キャパシタ（DLCAP™） 140
　2.3 充放電における発熱 141
　2.4 寿命性能と寿命加速因子 142
　2.5 開発課題 145
3 大型電気二重層コンデンサの技術開発動向 ……………黒木伸郎…147
　3.1 はじめに 147
　3.2 EVer CAPの商品群 147
　3.3 高性能化技術 147
　　3.3.1 電極技術 147
　　3.3.2 電解液技術 149
　　3.3.3 セパレータ 149
　　3.3.4 構造開発 149
　3.4 積層形の開発 150
　3.5 ユニット化技術 151
　3.6 おわりに 152

【第Ⅳ編　EDLCの新しい応用開発】

第1章　業務用複写機・複合機　　岸　和人

1 複写機と動向 155
2 補助給電システム構成 156
　2.1 補助給電構成 156
　2.2 キャパシタ補助電源 157
3 定着用補助給電システム 157
　3.1 補助加熱による短時間昇温 157
　3.2 印刷時の温度低下防止 158
　3.3 複写機の省エネ化 159
4 製品への応用 160
5 まとめ 160

第2章　系統安定化用途としての EDLC 応用　　　植田喜延

1　系統安定化の必要性 ················· 162
2　系統安定化用途としての EDLC の特徴
　　······························· 163
3　系統安定化装置への適用例 ············ 163
3.1　装置仕様 ······················ 163
3.2　制御動作 ······················ 165
3.3　評価試験結果 ··················· 166

第3章　商用車のハイブリッド用蓄電装置　　　小池哲夫

1　はじめに ························· 170
2　商用車について ···················· 170
　2.1　商用車の課題 ··················· 170
　2.2　技術的な困難さ ················· 171
3　ハイブリッド技術について ············ 171
　3.1　蓄電装置システムの設計方針の決
　　　定 ··························· 172
　3.2　蓄電装置のモジュール設計 ········ 173
4　蓄電装置の現状 ···················· 173
　4.1　蓄電装置の種類 ················· 173
　4.2　ハイブリッド用蓄電装置のモジュ
　　　ール ·························· 174
5　ハイブリッド車に適した蓄電装置の開
　　発 ······························ 174
6　まとめ ··························· 175

【第Ⅴ編　擬似キャパシタ】

第1章　A Hybrid Capacitor with Asymmetric Electrodes and Organic Electrolyte　　　Jin-Woo, Hur

1　Abstract ························· 179
2　Introduction ····················· 179
3　Experimental ····················· 181
4　Results and Discussion ··········· 182
　4.1　Test 1 to 5 ··················· 182
　4.2　Test 6 to 12 ·················· 183

【第Ⅵ編　次世代 EDLC の展望と課題】

第1章　活性炭

1　活性炭の電気二重層容量特性と炭素ナ
　　ノ構造 ···················白石壮志 189
　1.1　はじめに ······················ 189
　1.2　活性炭の電気二重層容量 ·········· 189
　1.3　活性炭の製造方法（賦活） ········ 191
　1.4　二重層容量と細孔構造 ············ 192

- 1.5 活性炭の結晶構造と表面官能基……195
- 1.6 寿命特性ならびに電解液依存性……197
- 1.7 おわりに…………………………199
- 2 EDLC集電体としてのアルミニウムの不働態皮膜とその表面接触抵抗
  ……………………………立花和宏…201
  - 2.1 はじめに…………………………201
  - 2.2 有機電解液中におけるアルミニウムの不働態化…………………………202
  - 2.3 アルミニウム集電体と炭素材料との接触抵抗およびその界面設計……204
- 2.4 おわりに…………………………206
- 3 EDLC用活性炭の現状と展望
  ……………………………西野 敦…207
  - 3.1 概要………………………………207
  - 3.2 材料と賦活方法…………………207
  - 3.3 代表的なEDLC用活性炭の代表的な製造方法と展望……………………208
  - 3.4 代表的な活性炭製造メーカー……209
  - 3.5 活性炭原料,製造方法,主な用途と展望……………………………211
  - 3.6 活性炭の基本特性………………212

第2章 電解液

- 1 スピロ型第四級アンモニウム塩を用いた高電導度型電解液…………千葉一美…214
  - 1.1 はじめに…………………………214
  - 1.2 電気二重層キャパシタ用電解液に用いられる溶媒………………………214
  - 1.3 第四級アンモニウムBF_4塩の各種溶媒への溶解性……………………215
  - 1.4 SBP-BF_4/DMC+PC電解液の特性と問題点…………………………216
  - 1.5 SBP-BF_4/DMC+EC+PC電解液の特性…………………………………216
  - 1.6 SBP-BF_4/DMC+EC+PC電解液を用いた電気二重層キャパシタの特性…………………………………217
    - 1.6.1 静電容量………………………217
    - 1.6.2 内部抵抗………………………217
    - 1.6.3 レート特性……………………218
  - 1.7 まとめ……………………………219
- 2 高分子ヒドロゲル電解質を用いる電気二重層キャパシタ
  ………野原愼士,井上博史,岩倉千秋…220
  - 2.1 はじめに…………………………220
  - 2.2 アルカリ性高分子ヒドロゲル電解質…………………………………220
  - 2.3 酸性高分子ヒドロゲル電解質……222
  - 2.4 おわりに…………………………224

【第Ⅶ編　次世代 P-EDLC の展望と課題】

第 1 章　金属酸化物を用いる P-EDLC

1　酸化ルテニウム系電極材料のナノ構造制御と電荷蓄積メカニズム
　　　　　　　　　　　　杉本　渉 … 229
2　酸化マンガンナノシート電極の電気化学キャパシタ特性
　　　　　　　　坂井伸行, 佐々木高義 … 236
　2.1　はじめに … 236
　2.2　酸化マンガンナノシートの合成 … 236
　2.3　酸化マンガンナノシートの導電性基板上への積層 … 237
　2.4　酸化マンガンナノシートの電気化学キャパシタ特性 … 237
　2.5　おわりに … 241

3　電気泳動電着法により作製した RuO_2 電極
　　　　　直井勝彦, 張　鐘賢, 五十嵐吉幸 … 242
　3.1　はじめに … 242
　3.2　EPD 法についての概説 … 242
　3.3　EPD 法によって作製した RuO_2 電極のキャパシタ特性 … 243
　　3.3.1　EPD パラメータと熱処理温度を変化させた時の RuO_2 電極のキャパシタ特性 … 244
　　3.3.2　PTFE バインダーを添加した RuO_2 電極のキャパシタ特性 … 247
　3.4　おわりに … 252

【第Ⅷ編　海外の動向】

第 1 章　North American Trends in the Electrochemical Capacitor Industry
John R. Miller

1　Introduction … 257
2　Government Sponsored Programs … 257
3　Commercial Developments … 258
　3.1　Maxwell Technologies … 258
　3.2　Axion Power International … 260
　3.3　International Sales into North America … 262
4　Professional Events and Organizations … 262
　4.1　Advanced Capacitor World Summit … 263
　4.2　KiloFarad International … 263
　4.3　International Seminar on Double-Layer Capacitors and Hybrid Energy Storage Devices … 263

第2章　Research and Development Trend of Supercapacitors in Taiwan

Chi-Chang Hu

1　Abstract ·· 265
2　Introduction ·· 265
3　R&D in industries ································· 266
4　R&D in universities academic institutes
　 ··· 269
5　Summary ·· 271

第3章　Vehicle Applications and Market Trends of Large Supercapacitors

Andrew F. Burke

1　Introduction ··· 273
2　Status of the technology for large supercapacitors-cells and modules ········ 274
3　Potential applications and device/system requirements ····························· 275
　3.1　Engine starting applications ········· 276
　3.2　Hybrid Vehicle Applications ········ 279
4　Product developments and vehicle demonstrations ···································· 282
　4.1　Product developments-engine starting ··· 282
　4.2　Demonstrations/small scale production-hybrid-electric vehicles ········ 283
　　4.2.1　Transit buses ························· 283
　　4.2.2　Passenger car ······················· 284
5　Projected market trends of supercapacitors in production vehicles ············ 285

第Ⅰ編 総　論

第1章　現在の動向

1　電気二重層キャパシタ（EDLC）の現状と参入企業

西野　敦*

1.1　電気二重層キャパシタ（EDLC）の概要[1～4]

　本稿では，電気二重層キャパシタの世界の最近の動向を概説し，特に，ユビキタス・ネットワーク社会を迎えるための前段階としての携帯用小型機器に超小型コイン型電気二重層キャパシタ[5]が採用されていることを紹介し，その概要と展望をそれぞれの章で述べる。

　電気二重層キャパシタの発売開始後，約20年を経過して，電気二重層キャパシタの基本構成と製造に関する種々の基本特許が失効し，基本特許失効の観点から世界のキャパシタ関連メーカーや繊維および材料関連メーカーのような電子部品に関係ない各社がこの電気二重層キャパシタ産業界に新規進出を始めた。また，先発のキャパシタメーカー各社が，世界的に2～5倍の増産計画を発表し，電気二重層キャパシタは，いよいよ，揺籃期を経て，本格的な急上昇の展開期を迎えたような様相を呈している。

1.2　EDLCの現状

　前記のキャパシタ業種以外からの新規参入企業は，キャパシタ以外の異業種での最新の技術と経験を有するので，電気二重層キャパシタの多角的な今後の展開を勘案すると極めて好ましいことである。

　また，主原料の活性炭の製造にも，これまでの活性炭製造業種以外からの新規参入が世界的に試みられ，活発な特許出願や研究発表，新製品発表が行われている現状である。

　電気二重層キャパシタの応用面でも新しい展開が行われ，Break by wire[6]のような自動車部品への応用展開や業務用コピー機[7]への応用展開が現実のものとなり，これらの新しい応用分野で電気二重層キャパシタがその特徴を発揮し，好評であるためその波及効果が期待される。ディーゼルの排ガス対策やアイドリングストップ対策にも，電気二重層キャパシタが重要な役割を担いつつあり，着実に実用化に向かっている[8～10]。

　2000年以降に，携帯電話，デジタルカメラ，ビデオカメラなどの超小型化[5]，高性能化が加速され，これらの携帯機器にLSIのバックアップだけでなく，超音波モーター，カメラ用ストロボ

＊　Atsushi Nishino　西野技術士事務所　所長　技術士

のBack upにも3.2～6.8mmΦの超小型コイン型EDLCが採用され，小型携帯機器の高性能化を担うことが期待されている．

表1 主な電気二重層キャパシタ参入企業一覧（2006年4月現在）

Company Name	タイプ	活性炭の種類	小容量	小容量(コイン)	中容量	大容量	事業化レベル
		加工方法	Flat, Sheet	1F以下	1～100F	100F～	
NEC-Tokin	水系	粉末／繊維	×	◎	◎	×	量産
	積層	成形	×				
	有機系	粉末	×	×	◎	○	量産
Panasonic(P.E.D.)	有機系	繊維，粉末	×	×	◎	○	量産
	コイン・円筒	コーティング，成形	×				
Elna	有機系	粉末，ロールプレス	×	◎	◎	○	量産
	コイン・円筒	成形	×	○			
Hitachi	有機系	粉末	×	○	○	△	量産
昭栄エレクトロニクス	コイン	押出成形	×	◎	×	×	コイン型増産
セイコーSIIM	コイン・円筒	押出成形	×	◎	×	×	コイン型増産
Nippon Chemi-Con	有機系	粉末，シート	×	○	◎	○	量産
	積層・円筒	コーティング，成形	×				
Power System	水系・有機系	粉末	×	×	○	○	量産検討
（岡村グループ：OMRON）	積層・円筒	成形	×	×			
Nichicon	有機系	粉末	×	×	◎	○	量産
	円筒	コーティング	×				
FDK（富士電気化学）	有機系	コーティング	×	×	○	○	量産検討
Rubykon	有機系	コーティング	×	×	○	○	量産検討
Nissan-Diesel	有機系	押出成形	×	×	×	◎	量産検討
Nissin-Bo	有機系	コーティング	×	×	○	○	量産検討
Teijin（帝人）	有機系	コーティング	×	×	◎	×	量産検討
Sanyo（三洋電機）	有機系	コーティング	×	○	×	×	量産検討
Cap-xx Pty. Ltd.（オーストラリア）	有機系：コイン型	押出成形	×	◎			量産
Kyosera（AVX Ltd.USA）	有機系	粉末	◎	○			量産
	変形円筒	コーティング	×				
Maxwell（USA）	有機系	押出成形	○	×	◎	◎	量産
	角形	バイポーラー			○		
PowerStor（USA:Calfon.Uiv.）	有機系	粉末	◎	◎	◎	◎	量産
（Cooper Bussmann Electro.）	円筒型	コーティング					
Alumapro（USA）	水溶液	粉末		×	○	◎	量産
Syntronic Instruments Inc.	角形	コーティング					
SKT（Skeleton Technologies）	有機系	粉末	×	×	○	○	量産
（Sweden）	角形？	コーティング？					
EPCOS（Germany）	有機系	コーティング？	×				
（旧名：松下ーシーメンス社）							
Yonron Elec.（Taiwan）	有機系	押出成形		◎	×	×	量産：OEM供給
Sumsung（Korea）	水系	粉末	×	◎	○	×	量産
	積層	成形					
NESSCAP（Korea）	有機系	粉末		×	◎	◎	量産
	円筒，角形	コーティング					
Korchip（Korea）	有機系，コイン	粉末，ロールプレス	×	◎	×	×	量産
Vina-Tech（Korea）	有機系	粉末，ロールプレス		◎	○	◎	量産
Smart Thinkers（Korea）	有機系	粉末，ロールプレス		○	×	◎	量産検討
Enarland（Korea）	有機系	粉末，ロールプレス	×				量産
SYHITECH（Korea）	有機系，コイン	粉末，ロールプレス		○	×	×	開発
LG Electronics（Korea）	有機系	粉末，ロールプレス	×	△	△	△	量産検討
VITZRO（Korea）	有機系	粉末，ロールプレス		△	○	○	量産検討

?：詳細発表無し　　　◎＝量産，○＝量産予定，△＝検討中

第 1 章　現在の動向

1.3　大型～コイン型 EDLC の最新の世界動向

　著者は，欧州以外の日米韓の主な国際会議に参加し，この10年間の電気二重層キャパシタ（以後，EDLC と略す＝Electric Double Layer Capacitor）の主な参入企業とその主な電気二重層キャパシタの製品群を表1に網羅する。

　まず，EDLC の先発企業は，日本（Panasonic, Elna, NEC–Tokin），米国（Cooper Electronic Technologies,Inc., (Cooper Bussmann＝旧社名：PowerStor), Maxwell），豪州（CAP–XX Pty.），韓国（Korchip（旧三星電子），NESSCAP（旧大宇電子部品），欧州（EPCOS（旧名：Panasonic–Siemens））である。

　最近の新規参入企業は，米国では，Alumapro，京セラ AVX で，日本では，繊維企業（カネボウ，日清紡，帝人）である。キャパシタ，電池関連企業（ニチコン，日本ケミコン，FDK，昭栄エレクトロニクス，日立）等で，電気，自動車関連企業（日産ディーゼル，富士重工業，京セラ，指月電機製作所，明電舎等）である。

　この傾向は世界的で，米国，韓国，台湾も同様の傾向で，韓国の例を挙げると，韓国の新規参入企業は，Vina–Tech（旧大宇グループ），LG 電子，Smart Thinkers, Enarland, SYHITECH, VITZRO 等で，台湾では，永隆科技公司等である。海外も日本同様に材料メーカーからの新規参入が現実化している。

文　　　献

1）直井，西野「大容量キャパシタ技術と材料」，シーエムシー，P 7（1998）
2）西野，直井「大容量キャパシタ技術と材料 II」，シーエムシー出版（2003）
3）西野敦「大容量キャパシタの最前線」，NTS 社，P354（2002）
4）西野敦ほか「【自動車用】電気二重層キャパシタとリチウムイオン二次電池の高エネルギー密度化・高出力化技術」，技術情報協会（2005）
5）日経エレクトロニクス，P120，10月10日号（2005）
6）日経エレクトロニクス，P29，7月19日号（2004）
7）岸和人，電気化学会，講演予稿集，P289，No73（2006）
8）A. Nishino, A. Yoshida, Proceedings of the An International Seminar on Double Layer Capacitors and Similar Energy Storage Devices (1991)
9）A. F. Burke ibid (1991)
10）A. F. Burke, J. E. Hardin, The 11th International Elec. Veh. Symp. Florence 1992

2 次世代 EDLC と P–EDLC の研究動向

直井勝彦[*1], 荻原信宏[*2]

2.1 はじめに

　価格高騰による石油依存エネルギー社会体系の見直しや，地球温暖化による省エネルギー化対策の激化を背景に，クリーンでパワフルな新しいエネルギーデバイスであるキャパシタに強い関心が寄せられている。キャパシタは数々の有用性，例えば非常に長いサイクル寿命，安全性，高出力，高効率のエネルギー回生，負荷変動の応答性のよさなどは認められていても，エネルギー密度（10 Wh kg^{-1}以下）の低さからメモリーバックアップなどの小型用途に限定されていた。しかし，ここにきて従来の2～4倍のエネルギー密度を有する20 Wh kg^{-1}以上の大容量キャパシタが登場しはじめている。そのためこれまで無理とされてきたハイブリッド自動車用アシスト電源などの大型用途への大容量キャパシタの導入が期待されている。実際に，2006年5月に米国で開催されたハイブリッド車用の電源に関する会議 AABC (Advanced Automotive Battery and Ultra-capacitor Conference) では，大容量キャパシタに関する研究開発動向がトヨタや富士重工業，日本ケミコン，旭硝子，パワーシステムなどの日本企業や米国の企業から次々と発表されている。また，日本国内の取り組みを見ても内閣府の総合科学技術会議で国家的に重要な研究開発課題の一つとしてキャパシタが議題に取り上げられたり[1]，キャパシタに関するNEDOプロジェクトが採択されたり[2]と次世代大容量キャパシタへの関心の高さが伺える。本節では，大きな盛り上がりを見せている次世代大容量キャパシタ研究・開発の最新動向を，従来型キャパシタ（EDLC）と擬似容量キャパシタ（P–EDLC），その他の次世代キャパシタとを比較しながら紹介する。

2.2 次世代大容量キャパシタ

　現行の電気二重層キャパシタは，高比表面積（約2000 m^2 g^{-1}）を有する活性炭を電極材料に用いて，電極・電解液界面におけるイオンの吸脱着により，100 F g^{-1}程の容量を発現し，その作動電圧はおよそ2.5～2.7Vである[3~7]。図1にはキャパシタの更なる高エネルギー密度化のアプローチを示し，図2には種々の次世代キャパシタのセル放電カーブの比較を示してある。高エネルギー密度化は，①高容量密度化，②高作動電圧化，の二つに大別できる。容量密度を上げるには，ナノレベルで構造規制され大表面積を有する新しい電極材料を用いることが提案されてい

---

* 1　Katsuhiko Naoi　東京農工大学大学院　共生科学技術研究院　教授
* 2　Nobuhiro Ogihara　東京農工大学大学院　共生科学技術研究院　助手

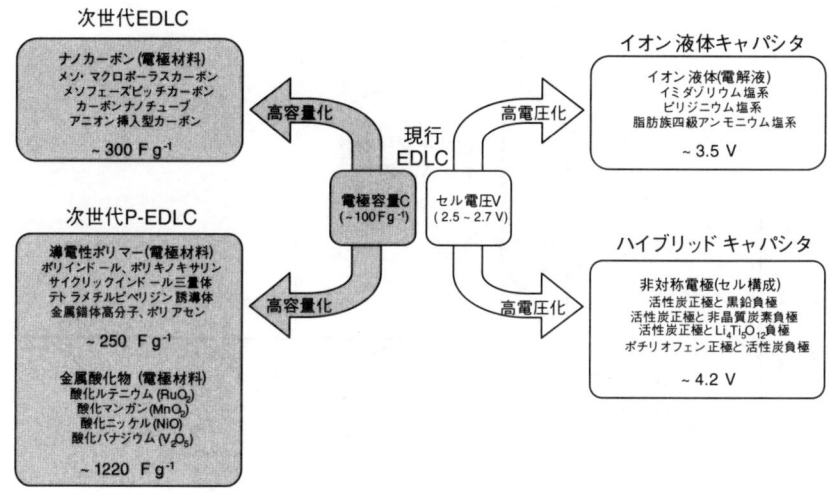

図1　次世代キャパシタの高エネルギー密度化アプローチ

る。その材料としてはナノカーボンや導電性ポリマー，金属酸化物などが挙げられる。ナノカーボン材料は利用率が高い表面積を有するメソ・マクロ孔支配のメソポーラスカーボンやファイバー構造により電気伝導度が高いカーボンナノチューブ，アニオン挿入（吸着）可能なカーボンなどが電極材料として提案されており，現行の活性炭の2～3倍大きな300 F g^{-1}程の容量を発現する。ナノカーボン材料の放電カーブは図2aに示すような純粋なキャパシタ的な挙動と，アニオン挿入（吸着）カーボンの場合では図2bに示すような2段階の直線的変化を示す。更に大容量化が期待できる次世代キャパシタとして，電気二重層容量に加えて，複数のレドックス反応が広い電位で起こることにより得られるレドックス容量（あるいは擬似容量）を用いたレドックスキャパシタP-EDLCがある。これらは劣化が少なくかつ電気化学的に安定なドーピング反応を利用する導電性ポリマーや表面反応を利用する金属酸化物を電極材料として用いることにより可逆なレドックス反応を示し，現行の活性炭電極に比べ2～10倍以上の容量（～1200 F g^{-1}）を発現することが報告されている。そして，広電位範囲にて複数のレドックス反応が連続的に起こるため，図2cに示すような電気二重層キャパシタに似た放電カーブを示す。

　高作動電圧化するためには正負極間の電位差を大きくすることが必要である。代表的な例としては耐酸化還元性を有するイオン液体を電解液として用いたイオン液体キャパシタや，電池とキャパシタの電極材料とを組み合わせた非対称型ハイブリッドキャパシタ（リチウムイオンキャパシタ）などがある。イオン液体は通常の電気二重層キャパシタ用電解液（Et$_4$NBF$_4$/PC）に比

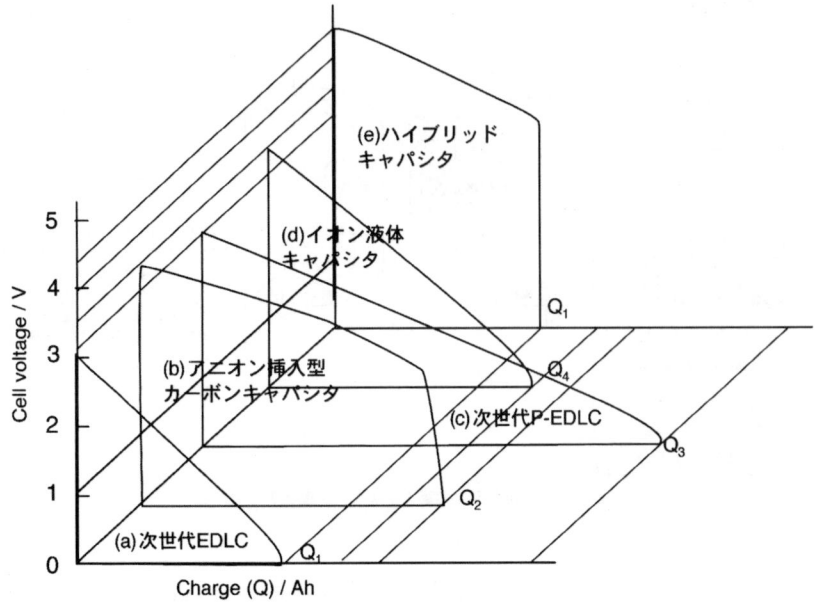

図2　各種次世代キャパシタのセル放電カーブ

べて電位窓が広いことから，高電圧設計（～3.5 V）が可能である（図2 d）。リチウムイオンキャパシタは，すでにいくつもの組合せが提案されているが，代表的なものとして卑な電位で動作するリチウムイオン電池用黒鉛を負極に，活性炭を正極にすることでリチウムイオン電池に匹敵する4 V以上の動作電圧が得られる。そして図2 eに示すような電池に似た放電カーブを示す。

2.2.1　次世代EDLC（ナノカーボン電極材料）

表1に示すような種々の機能性ナノカーボン材料が次世代EDLCとして検討されている。ここではナノカーボン材料である3種類の「メソ・マクロポーラスカーボン」，「カーボンナノチューブ」，「アニオン挿入型カーボン」について紹介する。

（1）　メソ・マクロポーラスカーボン

メソ・マクロポーラスカーボンは，4～120 nmのシリカオパールナノ粒子をテンプレートとして用いてフェノールやセルロースを樹脂化して炭化した後，シリカを除去することで得られる多孔性カーボンである。作製した多孔性カーボンは，メソ細孔（2～50 nmサイズの細孔）・マクロ細孔（50 nm以上の細孔）支配の細孔構造を有し理想的な電気二重層を形成するため，非水系電解液にて95 F g^{-1} [8])，水系電解液にて200 F g^{-1}程度の高い静電容量を発現する[9]。これらはか

第1章 現在の動向

表1 EDLC用ナノカーボン材料

材料	電解液	容量密度	文献
メソポーラスカーボン	LiPF$_6$/EC+DEC	95F g^{-1}	H.Zhou et al. [8]
メソポーラスカーボン	H$_2$SO$_4$aq.	200F g^{-1}	I. Moriguchi et al. [9]
メソフェーズピッチカーボン	Et$_3$MeNBF$_4$/PC	148F g^{-1} (37)	T. Fujino et al. [10]
SWCNT	Et$_3$MeNBF$_4$/PC	72F g^{-1}	T. Morimoto et al. [11]
MWCNT	Et$_3$MeNBF$_4$/PC	72F g^{-1}	T. Morimoto et al. [11]
高配向 CNT	Et$_4$NBF$_4$/PC	60F g^{-1} (15)	M.Ishikawa et al. [12]
スーパーグロース SWCNT	Et$_4$NBF$_4$/PC	140F g^{-1} (35)	H.Hatri et al. [13]
アニオン挿入型カーボン	Et$_4$NBF$_4$/PC	120mAh g^{-1}	M. Yoshio et al. [14]
アモルファスカーボン	1M LiPF$_6$/EC+DEC (3:7)	—	A.Yoshio et al. [39]

カッコ内はセル容量

さ高い材料であるために体積当たりの容量は低くなるが，メソ・マクロ細孔に擬似容量を発現する金属酸化物などを担持することで，高容量でかつ超高速充放電可能な金属酸化物・多孔質カーボン複合体を作製する試みが行われている。

（2）カーボンナノチューブ（CNT）

一次元的に垂直配向したCNTsheet電極に関するキャパシタ特性では，620Ag^{-1}の大電流においても静電容量を発現する報告がある[12]。これは，CNTの電子伝導性が非常に高いことと，垂直配向した細孔のイオン拡散性が速いためであると考えられている。

別のCNTに関する報告例としては，超高効率成長CNTを大量合成する手法である「スーパーグロース」[13]により作製した単層CNT（SWCNT）電極がある。半導体的性質をもつSWCNTのイオンドーピングにより容量が電位に依存して増加することや，エッジ面が少ないため電解液分解を抑制して高作動電圧動作（4 V）が可能となることを報告している[14]。容量は100～200 F g^{-1}程度を発現し，かつ高速（大電流）充放電にも対応できることが特徴である。スーパーグロースによるSWCNT電極はNEDOの開発プロジェクトとして2006年6月に採択されており[2]，エネルギー密度20 Wh kg^{-1}，パワー密度10 kW kg^{-1}級の超高出力型のキャパシタの開発を目標としている。

（3） アニオン挿入（吸着）型カーボン

アニオンであるBF$_4^-$やPF$_6^-$などを利用したアニオン挿入（吸着）型カーボン材料が大容量を発現することが示された[15]。正極にアニオン挿入（吸着）型カーボン材料，負極に活性炭材料，電解液にEt$_4$NBF$_4$/PCを用いたキャパシタの充放電試験では，0～2.0 Vと2.0～3.5 Vの電圧範囲において2段階の直線的な電圧変化を有する挙動をとり，正極当たり約120 mAh g^{-1}を発現す

る。2.0～3.5Vの電圧範囲で90％以上の容量を発現し，従来の活性炭における電気二重層形成（静電的相互作用）や黒鉛層間へのアニオンのインターカレーション反応とも異なる電荷貯蔵機構をとると考えられている。このようなアニオン挿入型カーボン材料を用いたキャパシタではエネルギー密度は約19 Wh kg^{-1}（26 Wh L^{-1}），パワー密度は約2.3 kW kg^{-1}であり，10Cレートにおける充放電試験では35,000サイクルまで約80％の容量を維持することが報告されている。

2.2.2 次世代 P-EDLC（導電性ポリマー電極材料）

広い電位範囲で可逆な酸化・還元により電荷を貯蔵・放出する導電性ポリマーが数多く見いだされており，レドックスキャパシタ材料として検討されている。すでに実用化したものや今後期待される材料としては，ポリインドール（図3a），ポリキノキサリン（図3b），炭化水素から成るポリアセン（図3c），安定化ラジカル体であるテトラメチルピペリジン誘導体（図3d），金属錯体高分子（図3e），有機超分子体であるサイクリックインドールトリマー（図3f）などが挙げられる。次は導電性ポリマーを用いたキャパシタの実用化例として「プロトンポリマー電池」，「有機ラジカル電池」，「金属錯体高分子を用いた新型キャパシタ（AESD）」と著者らが検討しているサイクリックインドールトリマーについて紹介する。

（1）プロトンポリマー電池[16]

プロトンポリマー電池は両極にプロトン交換型の導電性ポリマーを利用することで，これまでのEDLCの使い勝手を継承しつつ，容量を飛躍的に増大させたものである。正極材料にはインドール系ポリマーやオリゴマー（図3a）[16]，負極材料はキノキサリン系ポリマー（図3b）[17]電解液に硫酸水溶液が用いられており，作動電圧は約1.2Vとなる。プロトンポリマー電池のエネル

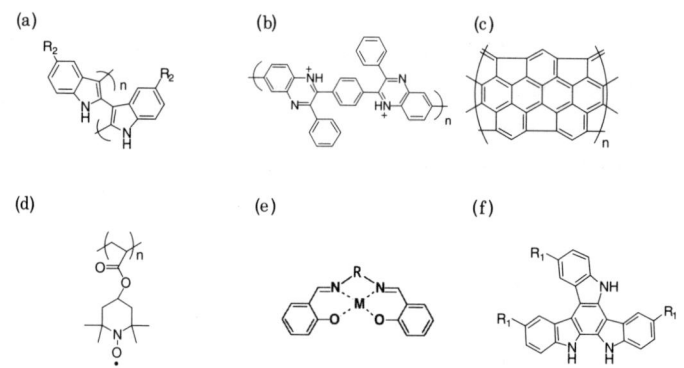

図3 P-EDLC材料として提案されている代表的な導電性ポリマー
(a)ポリインドール誘導体，(b)ポリキノキサリン，(c)ポリアセン，(d)テトラメチルピペリジン誘導体，(e)金属錯体高分子，(f) サイクリックインドールトリマー

ギー密度は5～10 Wh kg^{-1}，入力・出力密度は1 kw kg^{-1}であり，およそ5分の定電圧充電で全容量の80%の充電ができる。また，サイクル性は3000サイクルまで初期容量の90%を維持する。プロトンポリマー電池はこれまでの電池と比べて，①10Cレートでのフル充電が可能である，②電池につきものの交換メンテナンスが不要である，③有害な金属，ハロゲン等を含まない，④－20℃の温度でも充電可能であるなどの特徴を持つものである。

（2） 安定化有機ラジカル電池[18,19]

ラジカルが移動する炭素原子にメチル基（－CH$_3$）などの保護基をつけ，変性や劣化を抑制したものが安定化ラジカル化合物である。正極活物質として用いたものは代表的な安定化ラジカルであるテトラメチルピペリジノキシル（TEMPO）を高分子鎖にもつ2,2,6,6,-テトラメチルピペリジノキシメタクリレート（PTMA）（図3 d）であり，有機電解液中にて可逆な酸化還元応答を示す。作製したセルのエネルギー密度は20～30 Wh kg^{-1}，パワー密度10 kW kg^{-1}を発現し，サイクル性は1000サイクルまで容量減少がほとんどないことを報告している。安定化有機ラジカル高分子を用いたセルは電池に近い挙動を示すが，充放電の際の構造変化が少ないため高電流密度の充放電が達成できる高出力タイプである。また，最近では急速充放電の特徴を生かし，ゲル電解質を用いて薄さ約0.3 mmの超薄型フレキシブル二次電池として，ICカードや電子ペーパー，ウエアラブルコンピューター，アクティブ型RFIDタグなどの電源への応用を検討している[20]。

（3） 金属錯体高分子を用いたキャパシタ（AESD）

負極に錯体高分子（図3 e），正極に活性炭を用いた新型キャパシタ「AESD」が提案されている[21]。開発した負極材料は，金属錯体が分子レベルでスタック（積層）した構造をとり擬似容量を発現するものである。スタックした金属錯体どうしの距離をコントロールすることで高分子膜内のイオンパスを確保し，厚膜にしても十分なパワー密度を維持することが特徴である。そして，現行のEDLCと同等のパワー密度を維持しながら，エネルギー密度20 Wh L^{-1}まで達成している。正負極両方に金属錯体高分子を用いることで40 Wh L^{-1}程度にまで向上できることが可能である。その他に，①60℃の温度では安定に作動する，②サイクル寿命が10万サイクル程度であること，③EDLCと比べて，作動電圧が3.0～3.3Vと高いこと，④材料が低コストであること，⑤製品形状の自由度が高いこと，などの特徴を有する。

（4） サイクリックインドールトリマーを用いたP-EDLC

従来，ポリマー材料は充放電サイクルを重ねると過酸化や加水分解により構造劣化し，容量が低下してしまう問題があった。サイクリックインドールトリマー（図3 f）[22-24]は電気化学的に過酸化や加水分解を起こしやすい部位を予め環化させて環状の三量体にすることで電気化学的不活性化を抑制し，10万サイクル後においても容量変化がない有機系レドックスキャパシタ材料である。水系電解液（～1.2 V $vs.$ Ag/AgCl）[22,23]，非水系電解液（～4.4 V $vs.$ Li/Li$^+$）[24]のいずれ

の系でも高電位側にて電気活性を示し,その容量はそれぞれ258,234 F g^{-1}を発現することから,ハイブリッドキャパシタの正極活物質として期待できる材料である。

2.2.3 次世代 P-EDLC(金属酸化物電極材料)

金属酸化物を用いたレドックスキャパシタ材料の代表は酸化ルテニウム(RuO$_2$)[25~30]であり,以下の式に示すように Ru の価数の変化に伴いプロトン(H$^+$)をドープ・脱ドープすることで電荷を貯蔵・放出する。

$$RuO_x(OH)_y + \delta H^+ + \delta e^- \Leftrightarrow RuO_{x-\delta}(OH)_{y+\delta} \quad (1)$$

水系電解液にてゾルゲル法により作製した水和酸化ルテニウム(RuO$_2 \cdot n$H$_2$O)は720 F g^{-1} [25],層状酸化ルテニウムでは660 F g^{-1}の擬似容量が報告されている[26]。

(1) 金属酸化物・炭素複合体材料

RuO$_2$は数十 nm の厚さの最表面部分のみが電荷貯蔵に関与することが知られており,利用率を上げるためには大表面積化が効果的である。そのため,ナノ粒子化やナノ薄膜化,あるいはカーボンとのナノレベルでの複合化が検討され,600~1220 F g^{-1}という非常に高い擬似容量が報告されている(表2)。超遠心力処理(ultra-centrifugal force processing method:UC 法)により形成されるメカノケミカル反応場中において,種々の炭素材料存在下でゾルゲル反応により RuO$_2$の合成を行うことで,非常に短時間(10分)で2~3 nm のナノ粒子 RuO$_2$を炭素材料に内包したナノ複合材料を合成する方法が見いだされている[31]。中空構造の炭素材料であるケッチェンブラック(KB)を用いて作製したナノ粒子 RuO$_2$内包 KB 複合材料は,複合体当たり821 F g^{-1},

表2 P-EDLC 用金属酸化物材料

材料	電解液	容量密度	文献
RuO$_2 \cdot n$H$_2$O	H$_2$SO$_4$aq.	720F g^{-1}	J. P. Zheng et al. [25]
RuO$_2$nanosheet	H$_2$SO$_4$aq.	658F g^{-1}	Sugimoto et al. [26]
Ru$_{0.36}$V$_{0.64}$O$_2$	H$_2$SO$_4$aq.	1220F g^{-1}	Takasu et al. [27]
RuO$_2$/activated carbon	H$_2$SO$_4$aq.	600F g^{-1}	J. P. Zheng [28]
RuO$_2$/CNT	H$_2$SO$_4$aq.	295F g^{-1}	J. H. Park et al. [29]
RuO$_2$/conducting polymer	H$_2$SO$_4$aq.	715F g^{-1}	K. Naoi et al. [30]
RuO$_2$/ketjen black	H$_2$SO$_4$aq.	821F g^{-1}	K. Naoi et al. [31]
MnO$_2 \cdot n$H$_2$O	Na$_2$SO$_4$aq.	483F g^{-1}	K. R.Prasad et al. [32]
MnO$_2$/acetylen black	LiClO$_4$/EC+DME	126mAh g^{-1}	I. Honma et al. [33]
NiO	KOH aq.	300F g^{-1}	F. Zhang et al. [34]
V$_2$O$_5$	LiClO$_4$/PC	910F g^{-1}	K. B. Kim et al. [35]
Co$_3$O$_4$	KOH aq.	401F g^{-1}	H. L. Li et al. [36]

RuO_2当たり1184 F g^{-1}の高い擬似容量を発現した。

(2) その他の金属酸化物・炭素複合体材料

貴金属である Ru は高価であるため，異種金属[27]やカーボン材料[28,29,31]，導電性ポリマー[30]との複合化等のアプローチを行うことで高容量を維持したまま Ru 使用量を抑え低コスト化を目指す試みが行われている。また，別種の金属酸化物系電極材料も多く報告されており，MnO_2（〜715 F g^{-1}）[32,33]や NiO（〜300 F g^{-1}）[34]，V_2O_5（〜910 F g^{-1}）[35]，Co_3O_4（〜400 F g^{-1}）[36]等が大きな擬似容量を発現することが分かっている。ソノケミカル法により炭素材料であるアセチレンブラック（AB）表面に MnO_2 を薄く被覆した MnO_2/AB ナノ複合体の高出力特性が報告されている[33]。作製した MnO_2/AB ナノ複合体は電極当たり，エネルギー密度90 Wh kg^{-1}，パワー密度20 kW kg^{-1}の優れた容量と出力特性を示すが，今後はキャパシタとして求められる長期のサイクル性が達成できるかが課題である。

2.2.4 リチウムイオンキャパシタ（非対称型ハイブリッドキャパシタ）

電極の組み合わせから高電圧化を図る方法として注目されているのがリチウムイオンキャパシタである。正負極のどちらか一方に電池に使われている電荷移動反応（ファラデー反応）を利用した電極を用いて，もう一方にキャパシタで使われている分極性電極（非ファラデー反応）を組

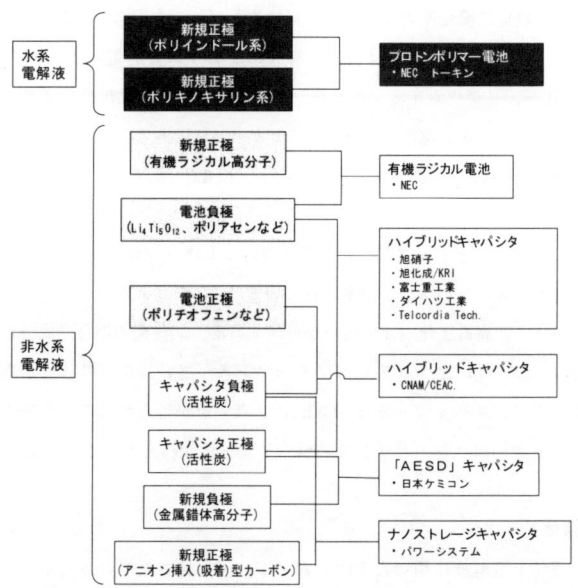

図4 材料の組合せからみたキャパシタと電池のハイブリッド化

表3 非対称ハイブリッドキャパシタのセル構成と電池特性

	正極	負極	電解液	作動電圧/V	エネルギー密度
NECトーキン	ポリインドール	ポリキノキサリン	硫酸水溶液	~1.2	5~10Wh kg^{-1}
NEC	有機ラジカル高分子	黒鉛	1M LiPF$_6$/EC+DEC(3:7)	~3.6	20~30Wh L^{-1}
CNAM/CEAC.	ポリチオフェン	活性炭	1M Et$_4$NBF$_4$/PC	1.0~3.0	31Wh kg^{-1}
旭硝子	活性炭	黒鉛	Li 塩系	2.7~4.2	20.0Wh L^{-1}
旭化成/KRI	活性炭	アモルファス炭素コンポジット	1M LiPF$_6$/EC+DEC(3:7)	2.0~4.0	20.0Wh L^{-1}
富士重工業	活性炭(Liドープ)	ポリアセン(Liドープ)	1M LiPF$_6$/EC+PC+DEC(3:1:4)	2.2~3.6	30Wh L^{-1}
ダイハツ工業	活性炭	ハードカーボン	1M LiPF$_6$/EC+DEC(1:1)	1.0~4.2	—
Telcordia Tech.	活性炭	Li$_4$Ti$_5$O$_{12}$	1M LiPF$_6$/EC+DMC(2:1)	1.5~3.0	25Wh kg^{-1}
日本ケミコン	活性炭	芳香族系金属錯体	—	3.0~3.3	20~40Wh L^{-1}
パワーシステム	アニオン挿入(吸着)型カーボン	黒鉛	3M Et$_4$NBF$_4$/PC	3.0~3.5	~30Wh L^{-1}

み合わせたものが提案されている (図4)。最も研究されている組合せとしては，正極にキャパシタ用活性炭材料，負極に黒鉛やポリアセン，活性炭とピッチを混合し焼成したアモルファス炭素などのリチウムイオン電池用炭素材料，電解液にリチウム含有電解液を使用したものである[37~39]。EDLC に比べ，リチウムイオンキャパシタは黒鉛負極が活性炭負極よりも卑な電位で充放電するため，リチウムイオン電池に匹敵する2Vから4V以上での電圧で動作が可能である。その結果，エネルギー密度（約20 Wh kg^{-1}）は現行のEDLC（約6~8 Wh kg^{-1}）に比べ2倍以上の値を示す（表3）。

負極として予めリチウムをドープさせた（リチウムプレドープ法）ポリアセン負極（図3c）を用いたリチウムイオンキャパシタが提案されている[38]。このリチウムプレドープ法は，①セルに過剰な電圧をかけずに高電圧化（4V級）が可能である，②負極の不可逆成分が抑えられる，③低抵抗である，④EDLCに比べコストパフォーマンスが高い，などの利点がある。高エネルギータイプのセルでは，エネルギー密度30 Wh L^{-1}と高い値が得られることを報告している。今後は現行キャパシタ並の耐久性（サイクル特性）や安全性が得られるかどうかが検討課題である。

2.2.5 イオン液体キャパシタ

近年，イオン液体を電解液に用いた EDLC が考案，実用化されている。イオン液体は，室温状態で陰イオンと陽イオンがイオン結合状態で存在する液体で①難燃性である，②不揮発性であ

る，③高イオン伝導性（10^{-3}〜$10^{-4}\Omega^{-1}cm^{-1}$）である，④電位窓が広い，などの様々な特徴を有する。自動車のアシスト電源にイオン液体を用いた EDLC を搭載することで，漏れたときの発火の抑制が期待できるため安全であるといえる。イオン液体は陽イオン成分としてイミダゾリウム塩系，ピリジニウム塩系，脂肪族四級アンモニウム塩系等が，また陰イオン成分として，BF_4^- や PF_6^- などの無機イオン系から $CF_3SO_3^-$ や $(CF_3SO_2)_2N^-$ などのフッ素含有有機陰イオンの系が一般的に知られている。イオン液体は通常の電解液よりも高濃度での調製が可能であるため，単位表面積当たりに貯まる電気二重層容量が大きい。更に，広い電位範囲で電気化学的に安定であり，これを EDLC の電解液に用いることで作動電圧が広がる。脂肪族四級アンモニウム塩系イオン液体の電位窓は約6.0 V（-3.0〜$+3.0$ V $vs.$ Ag/AgCl）であり，EDLC のセルの定格作動電圧が2.5 V から3.0 V へと広がることと，内部抵抗を低く抑えることが報告されている。このことによりエネルギー密度10.7 WhL^{-1}，パワー密度10.8 kW L^{-1} を達成している[40]。イオン液体は粘度（10^2〜10^3 cP）が高く，高温特性（100℃）には問題はないものの，低温特性（-20℃）が悪いため，実際には低粘度溶媒と混ぜて用いる必要がある[41,42]。イオン液体を EDLC 用電解液として普及させるためには，コストや量産化の設備，水分濃度の管理などが今後の課題であろう。

2.3 おわりに

　本節では大容量キャパシタに関する研究・開発動向について述べてきた。次世代大容量キャパシタの登場によりバックアップ電源などの小型用途から自動車アシスト電源などの大型用途への市場拡大が起こりつつある。このように自動車産業へ大量のキャパシタが投入されれば，必然的に大幅なコスト削減が期待されるため，他の市場へも大きな影響を与えることになる。その結果，キャパシタの更なる急速な市場拡大が起こると予想できる。キャパシタは環境負荷が小さく負荷変動特性に優れているため太陽電池・風力発電・燃料電池との相性もよいというメリットがある。消費者からみても，充電の待ち時間がいらない，待機電力がかからない，パワフルな加速が得られるなどの数々の利便性がある。限りある資源エネルギーを高効率で有効利用できる次世代大容量キャパシタは，石油枯渇の危機からの脱却や地球温暖化防止などの耐環境性から見ても，省エネルギーなどの経済性から見ても，重要なエネルギーデバイスである。

文　　献

1） http://www8.cao.go.jp/cstp/siryo/haihu50/haihu-si50.html

2) http://www.nedo.go.jp/informations/koubo/180601_3/180601_3.html
3) 西野敦, 直井勝彦監修, 大容量キャパシタ技術と材料, シーエムシー (1998)
4) 直井勝彦, 西野敦, 森本剛監訳, 電気化学キャパシタ基礎・材料・応用, エヌ・ティー・エス (2001)
5) 田村秀雄監修, 大容量電気二重層キャパシタの最前線, エヌ・ティー・エス (2002)
6) 西野敦, 直井勝彦監修, 大容量キャパシタ技術と材料 II, シーエムシー出版 (2002)
7) 直井勝彦, 西野敦, 森本剛監修, 電気化学キャパシタ小辞典, エヌ・ティー・エス (2004)
8) H. Zhou et al., J. Power Sources, **122**, 219 (2003)
9) I. Moriguchi et al., Electrochem. Solid-State Lett., **7**, A221 (2004)
10) 森口勇ほか, キャパシタ技術, **13**, No.2, 63 (2006)
11) 森本剛, 第42回電気化学セミナー「カーボンとナノテク, エネルギー変換材料への期待」, 30 (2002)
12) 石川正司ほか, 第45回電池討論会要旨集 (京都) p.472 (2004)
13) S. Iijima et al., Science, **306**, 1362 (2004)
14) 棚池修ほか, 第46回電池討論会要旨集 (名古屋) p.314 (2005)
15) 芳尾真幸ほか, 電気化学会第73回大会講演要旨集 (八王子) p.286 (2006)
16) 西山利彦, 電池技術, **13** (2001)
17) E. H. Song et al., J. Electrochem. Soc., **145**, 1193 (1998)
18) K. Nakahara et al., Chem. Phys. Lett., **359**, 351 (2002)
19) H. Nishide et al., Electrochim. Acta, **50**, 827 (2004)
20) http://www.nec.co.jp/press/ja/0512/0702.html
21) 日本ケミコンホームページ, http://www.chemi-con.co.jp/Welcome.html
22) K. Naoi et al., Electrochemistry, **73**, 489 (2005)
23) K. Naoi et al., Electrochemistry, **73**, 813 (2005)
24) K. Naoi et al., Electrochemistry, **73**, 1035 (2005)
25) J. P. Zheng et al., J. Electrochem. Soc., **142**, L6 (1995)
26) W. Sugimoto et al., Angew. Chem. Int. Ed., **42**, 4092 (2003)
27) Y. Takasu et al., Meeting Abstracton 206th ECSmeeting, Hawaii, USA, Oct. 2-8, Abs. 632 (2004)
28) J. P. Zheng, Electrochem. Solid-State Lett., **2**, 359 (1999)
29) J. H. Park et al., J. Electrochem. Soc., **150**, A864 (2003)
30) K. Naoi et al., Electrochemistry, **72**, 404 (2004)
31) 荻原信宏ほか, 電気化学会第73回大会講演要旨集 (八王子) p.281 (2006)
32) K. R. Prasad et al., J. Power Sources, **135**, 354 (2004)
33) I. Honma et al., J. Electrochem. Soc., **152**, A1217 (2005)
34) F. Zhang et al., Mater. Chem. and Phys., **83**, 260 (2004)
35) I. H. Kim et al., J. Electrochem. Soc., **153**, A989 (2006)
36) L. Cao et al., J. Electrochem. Soc., **152**, A871 (2005)
37) 森本剛ほか, 「大容量キャパシタ技術と材料 II」, シーエムシー出版, 7章, 4節 (2003)
38) 羽藤之規ほか, 2005年電気化学秋季大会 講演要旨集, p.256 (2002).

39) A. Yoshio *et al.*, *J. Electrochem. Soc.*, **151**, A2180 (2004)
40) T. Sato *et al.*, *Electrochim. Acta*, **49**, 3603 (2004)
41) M. Ue *et al.*, *Electrochem. Solid-StateLett.*, **5**, A119 (2002)
42) M. Ue *et al.*, *J. Electrochem. Soc.*, **150**, A499 (2003)

第2章　概要（開発の歴史，学会・セミナー活動，応用の歴史）

1　電気二重層キャパシタ（EDLC）の概要

西野　敦*

1.1　EDLC の特性上の概要

電気二重層キャパシタ（EDLC）は活性炭分極性電極と電解質界面に生じる電気二重層を利用したコンデンサである。EDLC は1970年代に開発製品化され，1980年代に揺籃期を迎え，1990年代から成長展開期を迎えた製品である[1~11]。

EDLC は電池とコンデンサの中間の特性を有する。従来の二次電池と比較して，一充電当りの充電容量は小であるが，瞬時充放電特性に優れ，50~100万回の充放電にも基本的には特性劣化もなく，充放電時に充放電過電圧がないため電気回路が簡単で安価となる。また，残存容量が計測し易く，また，使用温度範囲が広く，−30~＋90℃の耐久温度特性を有する。構成諸材料が無公害性であるため，これまでの EDLC の典型的な応用であるリアルタイムクロック（RTC）[1]やメモリーバックアップ用[2]，ピーク電流アシスト用のような小型携帯機器応用の他に，この数年，自動車用や業務用コピー機などに着実に新用途を開拓している製品である[12,13]。

特に，有機電解液中で，高比表面積を有する粉末活性炭やフェノール系活性炭繊維（ACF と略す）は，EDLC の分極性電極として，特に優れている。このような活性炭を用いた小型 EDLC（0.1~20F 級）は，IC, LSI, 超 LSI などの小型メモリバックアップ用永久電源として使用され，その後，VTR，カメラ，腕時計，携帯電話，デジカメのような小型携帯機器等に応用され，エレクトロニクス用活性炭は，急成長しつつある。

また，この数年，低抵抗の中型~大型 EDLC（30~5000F 級）が開発製品化され比較的瞬時大電流（100~400A）を必要とする EV 車用や HEV 車用等の新規用途（大型電池代替，自動車用や風力発電用アシスト電源）に展開中である[14]。なお，電気二重層キャパシタの電気化学キャパシタの中での位置づけを図1に示す。図1の中で，PSEUDO−EDLC（以後，P−EDLC と略す）も最近注目されているが，陽極側を擬似化した P−EDLC が韓国でこの数年実用化されているが，陰極側を擬似化した P−EDLC は，世界的に研究または試作段階で，実用化はされていない[15,16]。

---

*　Atsushi Nishino　西野技術士事務所　所長　技術士

第2章 概要（開発の歴史，学会・セミナー活動，応用の歴史）

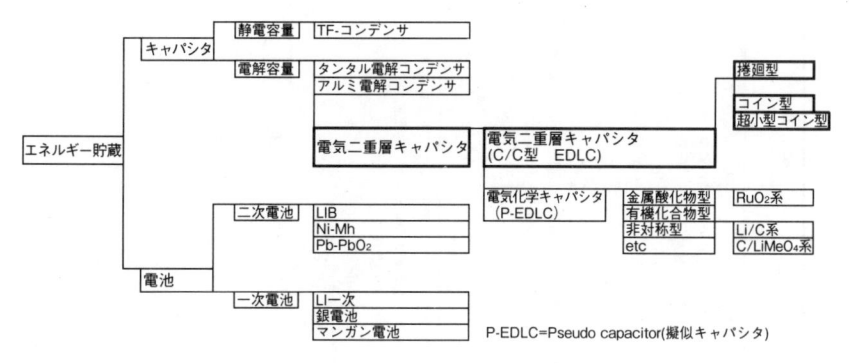

```
エネルギー貯蔵 ─┬─ キャパシタ ─┬─ 静電容量 ── TF-コンデンサ
              │            ├─ 電解容量 ─┬─ タンタル電解コンデンサ
              │            │          └─ アルミ電解コンデンサ
              │            └─ 電気二重層キャパシタ ─┬─ 電気二重層キャパシタ ─┬─ 捲廻型
              │                                  │  (C/C型 EDLC)        ├─ コイン型
              │                                  │                      └─ 超小型コイン型
              │                                  └─ 電気化学キャパシタ ─┬─ 金属酸化物型 ─┬─ RuO₂系
              │                                     (P-EDLC)          ├─ 有機化合物型  ├─ Li/C系
              │                                                       ├─ 非対称型    └─ C/LiMeO₄系
              │                                                       └─ etc
              └─ 電池 ─┬─ 二次電池 ─┬─ LIB
                      │          ├─ Ni-Mh
                      │          └─ Pb-PbO₂
                      └─ 一次電池 ─┬─ Li一次
                                 ├─ 銀電池
                                 └─ マンガン電池    P-EDLC=Pseudo capacitor(擬似キャパシタ)
```

図1　エネルギー貯蔵電気化学素子

1.2　EDLC 開発の主な歴史

　表1は，電気二重層キャパシタの開発の主な歴史を網羅したものである。1980年代は，Helmholtz, Gouy-champman, Stern 等[8~10]の種々の電気二重層の構造，モデルが提案され，論議された時代である。具体的な電気二重層キャパシタの応用は，1957年に GE 社の H. I. Becker[17]が Tar lamp black を分極性電極に用いる基本構成で特許出願を行ったのが世界最初である。この時代は，初期の ST 型真空管時代で，B 電圧が，220～250V で，200～250mA 時代のためこの優れた発明は，特許有効期限内に実用化されなかった。

　1960年代にトランジスタが実用化され，1970年代に IC, LSI が実用化され，電子回路の低電圧，小電流化が加速され，特に，C-MOSIC の実用化が電気二重層キャパシタの実用化に大きく貢献した。

　このような技術革新時代に，米国 SOHIO 社が1962年に活性炭と硫酸電解液を用いる系で，特許出願し，1979年に日本の NEC 社で製品化された[18~20]。松下電器は，1978年に活性炭粉末と有機電解質を用いて，特許出願と共に発売を開始し，1980年に活性炭繊維布（ACF）を用いたコイン型を世界で始めて特許出願と共に発売開始し，LSI，VLSI のメモリーバックアップ用として，世界の注目を浴びた[1~11]。

　1990年代に米国，韓国でも EDLC の生産が開始された。2000年に入り，500～5000F の大型 EDLC が自動車用，エレベーター用に試作納入され，2003年からトヨタ社が67F の中型 EDLC を自動車用ブレーキアシスト[12]に採用開始した。また，2004年からリコー社が業務用高速複写機に EDLC を採用し[14]，待機時間の短縮化，省エネ化，環境対策などに呼応する新製品が話題を呼んでいる。また，自動車用ハイブリッドシステムやアイドリングストップにも EDLC の応用が盛んに研究されている[21~27]。

大容量キャパシタ技術と材料Ⅲ

表1 電気二重層キャパシタ開発の主な歴史

年	1876~1924	1957	1962	1978	1979	1980	1985	1990	1991	1997	1998	1999~2002	2003~2006
開発	二重層の存在を認識	GE社Becker特許出願	米国SOHIO社特許出願	松下電器特許出願製品化A-,D-型	NEC社SOHIO社の特許の傘下に製品化		松下電器活性炭繊維を使用した新E、F-型のコイン型を製品化	松下電器大型大容量を製品化	米国Maxwell社EDLC開発に着手	米国PoereStor(Cooper E)中、大型製品化	韓国NESS社中、大型EDLCを製品化発表	SOHIO社、Panasonicの基本特許が失効し、世界中で製品化、競争激化、日産D製品化	Panasonic、Toyota、自動車用Break-Assistに搭載、採用機種拡大化大型、コイン型増産P-EDLCの製品化
構成	界面二重層の構造を把握	Tar-lump black/H₂SO₄	C/H₂SO₄原理特許のみ製品化	活性炭粉末、有機電解質使用	C/H₂SO₄	活性炭繊維布/有機末/電解液使用	活性炭粉末、有機電解液使用	活性炭粉末、有機電解質	活性炭繊維布、粉末活性炭/有機電解液	エアロゲルカーボン/有機電解液	活性炭粉末、有機電解質	P-EDLCのR&D活発LIB用活物質プロトン導電膜RuO₂等の導入	活性炭粉末、有機電解質イオン液体実化3-4mmΦの超小型コイン型生産
市場背景	真空管時代		トランジスタ、IC、LSI C-MOSIC(1.5V)の製品化低圧、低電流回路		IC、VLSI C-MOSICの低電圧化Solar Cell大衆化		システムLSI、C-MOSIC(1.0V以下)の低電圧化Solar Cellの低コスト化青色レーザーの製品化、低コスト化、道路標識	システムLSI、カスタムLSIの製品化		携帯電話のユビキタス対応開始自動車用アシストに採用	システムLSI、カスタムLSIの量産化、低コスト化、低電圧化、小電力化が超小型コイン型の需要拡大 コイン型～大型まで世界的に増産中	
市場性	原理認識のみ	真空管時代で実用化出来ず低圧のため応用機器市場になし	家電機器=安全電磁ホルダー、瞬間湯沸器、ガスレンジ 電子機器=Memory Back up用途(VCR、OA、PC、Microcomputersに搭載)			ソーラー付柱時計、腕時計に採用		各種LSIのBack up用PDA、デジカメ、携帯電話に採用各種ソーラー応用機器、電動玩具、電動工具に採用			電解質、溶媒の開発競争、イオン液体の製品化活性炭の低コスト化、高性能化競争1980年代の基本特許が失効、参入企業増加繊維、新素材、鉄鋼、石油業界から参入	

また，10mmΦ以下の超小型コイン型EDLCは，2000年から携帯電話などの小型電子機器に大量採用され，コイン型～中型EDLCは，この数年，生産量が急増している[12]。

1.3 EDLC関連のセミナー，国際会議

この数年，燃料電池の開発競争に沈静化と反省がみられる[28]。日経エレクトロニクス，2006，1/30号 P69は，米国の自動車工業会が自動車に燃料電池の搭載を当分断念し，ガソリン：電池系のハイブリッドを本命とする記事が掲載されている。また，日経新聞では，2006年3/7号にGM社：トヨタ車の燃料電池の共同開発提携の解消が報道され，世界で携帯機器用燃料電池を除く，比較的中～大型の燃料電池の開発熱が冷め，電気二重層キャパシタの開発にシフトされる傾向が顕在化している今日である。日本の電気化学学会，2005年秋期大会で，3回も会場を大きくする程の入場者で，2006年春期大会では250人の大会場が準備される程の過熱ぶりである。

表2は，日米の主な電気二重層キャパシタに関連する学会，セミナーを網羅したものである。また，電気二重層キャパシタに関連する米国のセミナー会社がFESの2社[29,30]から5社[31,32]となり，参加者も13年前の150人程度から350～400人となり，参加者の増加と参加業種に広がりをみせている。

表2 日米の主なEDLCに関する学会，セミナー

国	主催者	開始時期	主催者	セミナー，学会参加者数（EDLC分科会）	備考
日本	(社)電気化学会（ISE）		(社)電気化学会	100～200	
	キャパシタ技術委員会		キャパシタ技術委員会	80～150	平成10年度から独立
	出版・セミナー会社		㈱エヌ・ティー・エス	15～30	
	出版会社		㈱シーエムシー出版	15～30	
	出版・セミナー会社		㈱技術情報協会	15～30	
	出版・セミナー会社		サイエンステクノロジー㈱	15～30	
米国	米国電気化学会（EDLC分科会）		米国電気化学会	100～200	1999年ハワイ大会から独立
	FES: International Battery Seminar	1983～	Dr. S. P. Wolsky	200～300	EDLC，二次電池
	EDLC and Hybrid Energy Device	1990～	Dr. S. P. Wolsky / N. Marincic	200～380	EDLC&電池
	AABC: Advanced Automotive Battery Conferance	2003～	Dr. M. Anderman	200～380	二次電池，EDLC
	ACWS: Advanced Capacitor World Summit	2003～	Dr. J. Miller	200～300	キャパシタ中心

EDLC は，当初，1968年に米国の IEEE で発表され，日本では1980年代から日本の電気化学学会で発表され，1990年からキャパシタ技術委員会が独立し，運営されてきた。また，米国では，1960年代の終わり頃から当初，IEEE で発表され，その後，米国電気化学学会や1990年から Dr. Wolsky が Florida で，電気二重層キャパシタのセミナーを毎年，12月の第2週に開催し，14年目[29]になる。この4年間に日米で，EDLC に関する講演会，セミナーが急増し，参加者も表2のように急増している現状である。

また，素材メーカーの新規参入も期待され，電気二重層キャパシタの総合性能の改善に活性炭，導電助剤，接着剤，セパレータ，電解質，各種溶媒等に新材料が貢献しつつある。

さらに，このような傾向は，材料関係だけでなく，粉体，分級，混練，コーティング，ハウシングなどの各種単位操作に関連する化学工学機械や組み立て生産機械にも新規参入や新たに韓国，中国の機械メーカーの新規参入が顕在化している。

表3 キャパシタの種類と主な用途

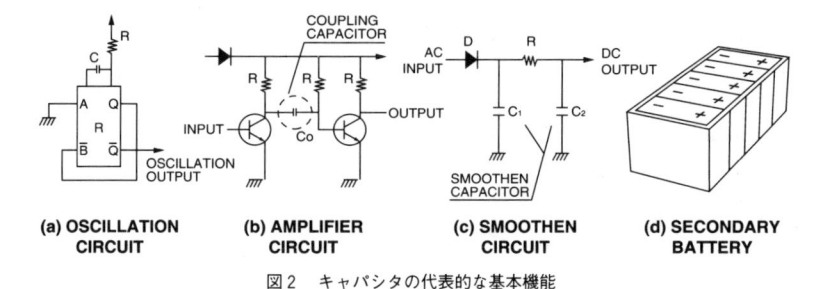

キャパシタの種類	構成	主な用途
アルミ電解キャパシタ	液体 固体	電子機器用 高周波回路用
タンタル電解キャパシタ	固体 液体	電子機器用 通信用，電話交換機器用
セラミックキャパシタ	チップ型 面実装型	電子機器用 電子機器用
フイルムキャパシタ	低圧用	電子楽器用 雑音防止用 電源ユニット用
	高圧用	低圧進相用 高圧進相用
電気二重層キャパシタ（EDLC）	小型 中型 大型	LSI 等小型 Back Up 用 中型 Back Up, Actuater 用 大型 Back Up, Actuater 用
可変キャパシタ	小型 小型バリコン	セラミック，フイルム，エアー 同調用，送信機器用

図2 キャパシタの代表的な基本機能

(a) OSCILLATION CIRCUIT　(b) AMPLIFIER CIRCUIT　(c) SMOOTHEN CIRCUIT　(d) SECONDARY BATTERY

第2章　概要（開発の歴史，学会・セミナー活動，応用の歴史）

1.4　EDLCのキャパシタの中での位置づけ

　キャパシタはこれまで，日本では，工業的にはコンデンサ（凝縮器の意味を含有するため）と呼称されてきたが，日本の工業力の国際化と工業生産のグローバルな展開を勘案し，キャパシタ技術委員会の発足と共に，コンデンサからキャパシタへの呼称変更が確認された。しかし，社名や事業部がコンデンサで登録されているため呼称の徹底がなされていない現状である。

　キャパシタの種類は表3に示し，キャパシタの主な機能を図2に示した。表3に示すように，キャパシタには6種類あり，それぞれ種類別に役割機能が異なる。

　また，キャパシタの主な機能は図2に示すように，電子回路の中で（a）発信回路，（b）増幅回路，（c）平滑回路，（d）充電回路（二次電池機能）が有り，EDLCは充電機能を有する。EDLCは，小型～大型まであり，図2に示すように二次電池のような充電機能を有する。二次電池との違いは，後に詳述するが，1充放電サイクル容量は小であるが，充放電サイクル寿命が半永久的である。電池が200～500回の充放電サイクル寿命に対して，EDLCは，50～100万回の充放電サイクル寿命を有する。

1.5　キャパシタの世界市場とEDLCの市場

　図3～7に世界のキャパシタの生産，消費動向を概説[33]している。図3は世界のキャパシタの種類別金額比率を示したものである。アルミ電解キャパシタとセラミックキャパシタがそれぞれ1/3を占め，EDLCの比率はまだ，小である。

　図4は，世界のキャパシタの地域別消費量を示す。図5は，キャパシタの品種別消費量を示す。図6，7は，世界のキャパシタの全生産量と金額の経年推移を示す。

　図6，7から世界で16～22×10^9\$（約1.9～2.4兆円，1999～2003年間で，\$＝117円）が工業的に生産されている。金額，数量的に大きなものは，アルミ電解キャパシタとセラミックキャパシタで，総生産額の約60%を占めている。この中で，EDLCは，約350億円／年間（図8）で，キャパシタの中でまだ，約2%未満の今後，急成長が期待される新商品である[34～39]。

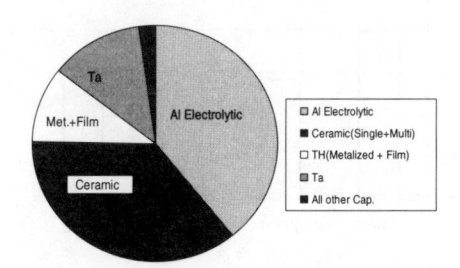

図3　世界の全キャパシタの種類と売上金額比率（millions dollars／1999年度）

大容量キャパシタ技術と材料Ⅲ

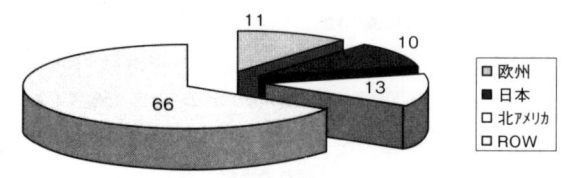

図4　世界の地域別キャパシタ消費量（$）

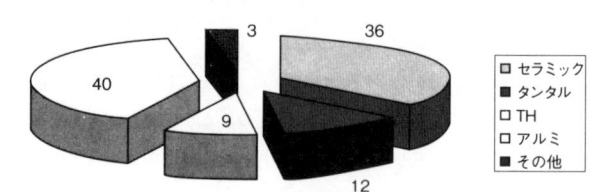

図5　キャパシタの品種別消費量2003年度（$）

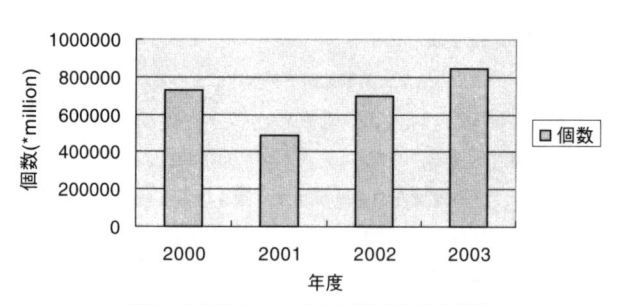

図6　全世界のキャパシタの消費量の経年推移

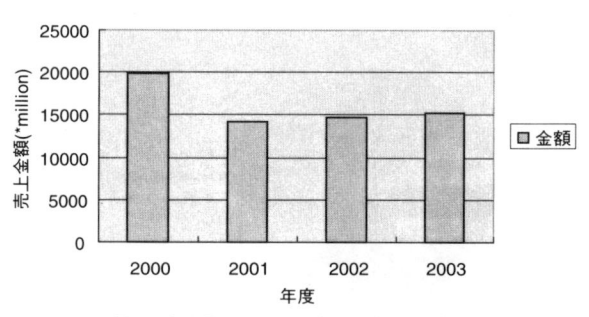

図7　全世界のキャパシタの売上高の経年推移

第2章 概要（開発の歴史，学会・セミナー活動，応用の歴史）

キャパシタの生産個数（図6）は，2001年度の世界的な大不況時に最低を記録し，個数的には，増加傾向であるが，キャパシタの単価が低コスト化（図5）に進行し，金額的には，2000年度が最高で，2001〜2003年度は，金額的には，横ばいの傾向である。これは，LSIでの加工時に回路内にキャパシタを組み込むLSIやカスタムLSIが一般化されている技術動向が影響している。

図8，9は，EDLCの日本の生産高の経年推移を示し，富士経済，矢野経済[34〜37]の調査資料を表示したものである。2004年度版の富士経済が実態に近く，矢野経済は，1／2の生産高を示している。2006年度版の富士経済は，金額は，1／100で有るため著者が修正し，図9に示した。本稿には示していないが両社の調査資料には，韓国NESSCAP社（約40億円），Korchip社（約20億円）やセイコーSIIM社の生産高（45〜65億円（2003〜2005年））が示されていない。

2004年度7月に米国のSan-Diegoで開催されたAdvanced Capacitor World Summit[32]で，NEC-Tokinの佐伯[38]がEDLCの市場予測を発表したものを図10と図11に示す。この図にも昭栄エレクトロニクス社，SIIM社の売り上げが含まれていない。また，同ACWS会議で米国のMaxwell Technologies社のBobby Maher等が米国でのEDLC市場を発表したものを図12に示す。この図には，米国最大のEDLCメーカーのCooper Bussmann（旧PowerStor社），Kyocera-AVX社，

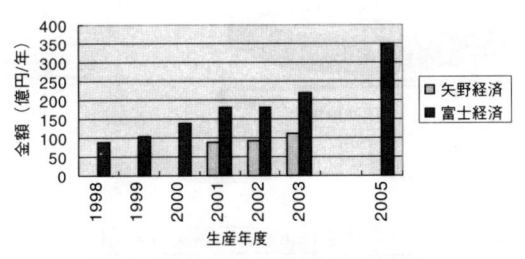

図8　日本のEDLCの生産金額の経年推移

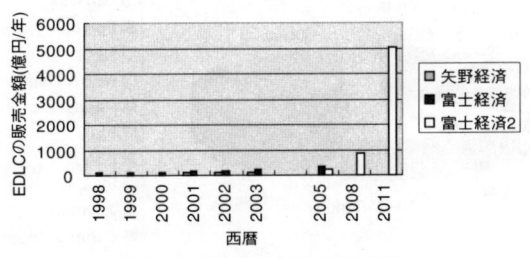

図9　EDLCの売上金額（億円／年）

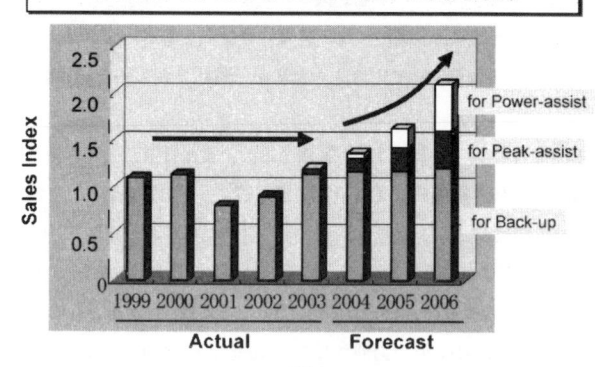

図10

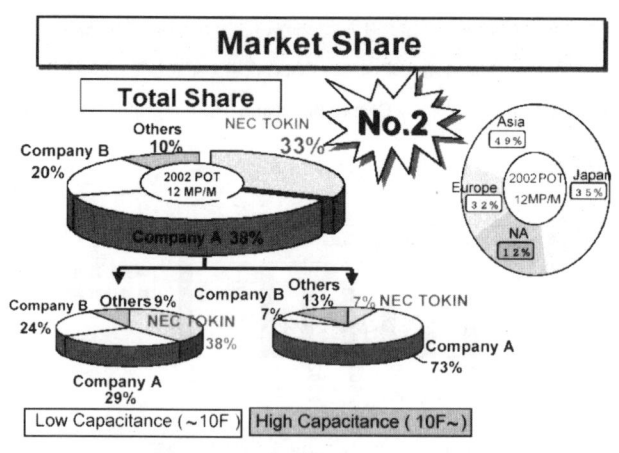

図11

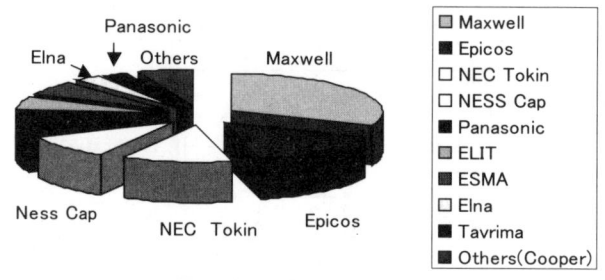

図12 米国市場での販売高シェア

Alumapro社が示されていない。

このことは，EDLCの生産の歴史も浅く，金額も全キャパシタの約2％であるため工業会もこれからで，EDLCだけの統計が未確立のためである。

1.6 EDLCのエネルギー貯蔵の中での位置づけ

図1，表4は，エネルギー貯蔵の中での電池とキャパシタ（EDLC）の位置づけを示したものである。既存の各種電池の中で，キャパシタ（EDLC）は，種々の新しい機能を有し，エネルギー貯蔵の中では，これからの新製品である。

この図1で，EDLCの世界の傾向は，日本，米国，欧州，ソ連は，主にC/C系EDLCを生産しているが，韓国は，$LiMn_2O_4$/C系のP-EDLC（擬似キャパシタ）を製造している。韓国製P-EDLCは，従来のEDLCに比較して，容量は2.5～3.0倍であるが，寿命は，EDLCが100万回以上のほぼ半永久的であるが，P-EDLCは，電池の機能を有するため1,000～10,000回の充放電サイクルと推定される。携帯電話のようなライフサイクルの短い機器には代替が考えられるが長寿命機器には，P-EDLCの交換が必要になる。

図13は，各種電池，EDLCの数量別市場規模予測を行ったものである。EDLCは，既存の電池の中で，成長が期待されるLIB，Ni-mH電池同様に今後の成長が期待されている。図14は，各種電池，EDLCの金額別市場規模予測をしたものである。EDLCは，歴史も浅く，用途実績も少ないがこの数年，捲回型では自動車[13]，業務用複写機[14]に採用され，これまでの電子機器用中心から産業用応用に展開され始めている。超小型コイン型では，ユビキタス・ネットワーク社会の到来を迎えて，携帯電話，デジカメやPDA等のような携帯機器に採用され，急速に生産量が急増している現状である。現状では，総生産金額は小であるが，図8，9に示すように今後の成長が期待されている。

表4

Electrochemical Capacitorの分類

Electrochemical Capacitor
    1)Electric Double Layer Capacitor(EDLC)
        (Ultracapacitor(USA)と呼ぶ)
        a)Aqueous Electrolyte
        b)Organic Electrolyte
    2)Redox Capacitor
        a)Oxide Capacitor,Nitride Capacitor
        b)Electro Conductive Polymer

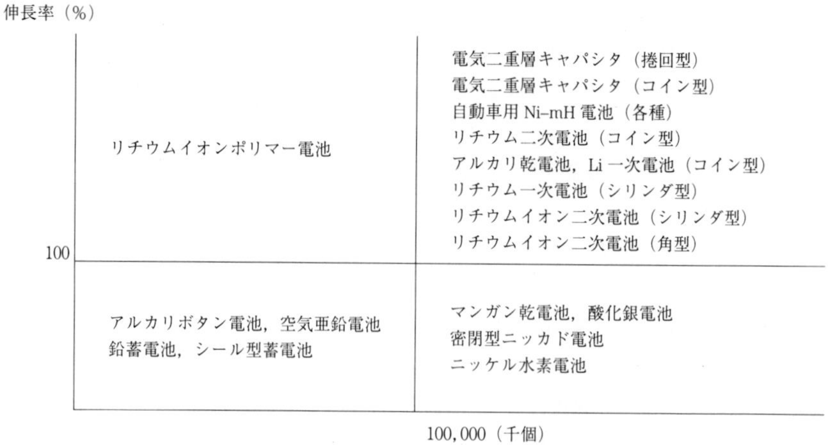

```
伸長率（%）
            |                              | 電気二重層キャパシタ（捲回型）
            |                              | 電気二重層キャパシタ（コイン型）
            |                              | 自動車用 Ni-mH 電池（各種）
            | リチウムイオンポリマー電池      | リチウム二次電池（コイン型）
            |                              | アルカリ乾電池, Li 一次電池（コイン型）
            |                              | リチウム一次電池（シリンダ型）
            |                              | リチウムイオン二次電池（シリンダ型）
            |                              | リチウムイオン二次電池（角型）
      100   |------------------------------|-------------------------------------
            | アルカリボタン電池, 空気亜鉛電池 | マンガン乾電池, 酸化銀電池
            | 鉛蓄電池, シール型蓄電池        | 密閉型ニッカド電池
            |                              | ニッケル水素電池
                              100,000 (千個)
```

図13　各種電池，EDLC の数量別市場規模予測

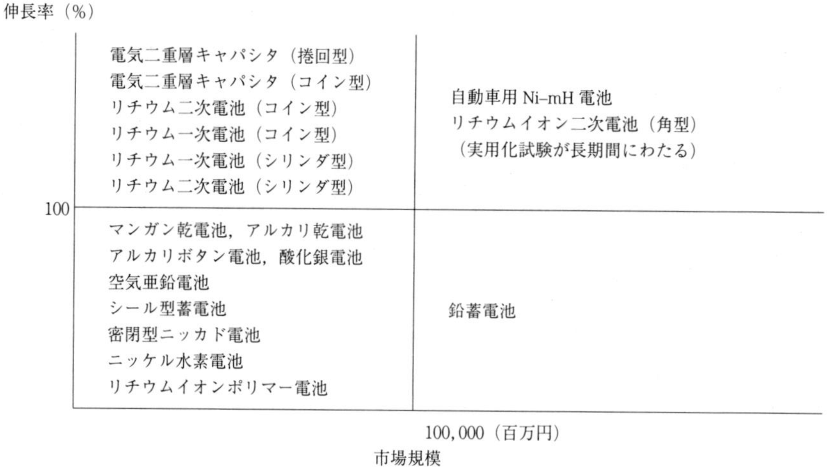

```
伸長率（%）
            | 電気二重層キャパシタ（捲回型）   |
            | 電気二重層キャパシタ（コイン型）  |
            | リチウム二次電池（コイン型）      | 自動車用 Ni-mH 電池
            | リチウム一次電池（コイン型）      | リチウムイオン二次電池（角型）
            | リチウム一次電池（シリンダ型）    | （実用化試験が長期間にわたる）
            | リチウム二次電池（シリンダ型）    |
      100   |------------------------------|---------------------------
            | マンガン乾電池, アルカリ乾電池   |
            | アルカリボタン電池, 酸化銀電池   |
            | 空気亜鉛電池                   |
            | シール型蓄電池                 | 鉛蓄電池
            | 密閉型ニッカド電池              |
            | ニッケル水素電池               |
            | リチウムイオンポリマー電池      |
                              100,000 (百万円)
                                市場規模
```

図14　各種電池，EDLC の金額別市場規模予測

1.7　EDLC の電池，コンデンサとの特徴比較

　電池は，充放電時には，ファラディク（電気化学反応を伴う）な反応により，電流量が律速されるため，瞬時の充放電には限界を有する。しかし，EDLC は，二重層容量を利用するため，充放電時に電気化学反応を伴わない。このため，瞬時の充放電や低温，高温での充放電が可能になる。表5，6に EDLC と二次電池，キャパシタとの相違を表示する。

第2章　概要（開発の歴史，学会・セミナー活動，応用の歴史）

表5　電池とキャパシタの相違

	電気二重層キャパシタ		二次電池
	EDLC（現在）	EDLC（将来）	(Ni-mH/Li-二次)
容量比	1	2.0～4.0	60～80
使用温度範囲（℃）	－25～＋85	－30～＋95	－5～＋45
充放電サイクル（回）	半永久的	半永久的	200～500
充放電時の制御	無	大容量時必要	有
充放電過電圧	極小	極小	有
充電時間	瞬時	瞬時	長時間
充放電回路	簡単	将来：必要	複雑でコスト高
ショート時	問題なし	問題なし	破損
主原料の環境対策	問題なし	問題なし	重金属汚染

表6　EDLCと電池との特徴比較

- リサイクル寿命
  使用条件により1万～20万回以上の繰り返し充放電が可能
- 急速充放電
  数十秒～数十分の充放電が可能
- 高充放電効率
  適正な充放電時間で，90～95％の充放電効率が可能
- 環境性
  構成材料がアルミ箔，炭素，紙で無公害
- メンテナンスフリー
  補水・補充電が不要で，過放電による劣化やメモリー効果がない
- 正確な残量測定
  電圧による蓄電量の計測が可能

電気二重層キャパシタの特性比較

項目	鉛蓄電池	←優位性	電気二重層キャパシタ	優位性→	アルミ電解コンデンサ
電気容量（F）	10以上	←×	0.01～10,000	○→	0.1以下
充電時間	1～10時間	←○	0.1～10分	×→	1ms以下
放電時間	0.3～3時間	←○	0.1～10分	×→	1ms以下
エネルギー密度（Wh/Kg）	10～40	←×	0.2～10	○→	0.1以下
パワー密度（W/Kg）	50～130		100～2,000	×	100,000以下
充電効率（％）	70～85	←○	85～98	×→	95以上
サイクル寿命（回）	200～1000	←○	100,000以上	△→	100,000以上
使用温度範囲（℃）	－20～60	←○	－25～70	×→	－40～105

資料）CCR資料を基に作成

文　献

1) 西野敦, 炭素, **132**, 57 (1988)；西野敦, 電池技術, **5**, 23 (1993)
2) A.Nishino, JECS Spring Meeting Extend Abstract Vol.93-1, No36, P55 (1993)
3) 西野敦, セラミックデータブック, '94別冊, P217〜223 (1994)
4) 西野敦, ソフトエネルギー分野-第2講, エヌ・ティー・エス, 高分子学会編, P27 (2000)
5) 西野敦ほか, 電気化学キャパシタ小辞典, エヌ・ティー・エス (2004)
6) 西野, 田島, 村中, 特願54-7768, (54.1.25) 特公60-15138
7) A. Nishino, *J. Power Sources*, **60**, 137 (1996)；電気化学, **69**, 397 (2001)
8) 直井, 西野, 大容量キャパシタ技術と材料, シーエムシー, P7 (1998)
9) 西野, 直井, 大容量キャパシタ技術と材料II, シーエムシー出版 (2003)
10) 西野敦, 大容量キャパシタの最前線, エヌ・ティー・エス, P354 (2002)
11) 西野敦ほか, 【自動車用】電気二重層キャパシタとリチウムイオン二次電池の高エネルギー密度化・高出力化技術, 技術情報協会 (2005)
12) 日経エレクトロニクス, P120, 10月10日号 (2005)
13) 日経エレクトロニクス, P29, 7月19日号 (2004)
14) 岸和人, 電気化学会, 講演予稿集, P289, No73 (2006)
15) B. E. Conway, *et al., J. Power Sources*, **66**, 1 (1997)
16) 高須芳雄, 電気化学秋期大会, 講演要旨集, 78 (1998)
17) H. I. Becker, U. S. P. 2800616, July. 23 (1957)
18) Donald L. Boos, U. S. P. 3536963, Oct. 27 (1970)
19) Donald L. Boos, U. S. P. 3634736, Jan. 11 (1972)
20) Donald L. Boos, H. A. Adams., T. H. Hacha and J. E. Metcalfe, 21st, Electronics Compornents Conf., May 10〜12, p338 (1971)
21) I. Tanahashi, A. Yoshida, A. Nishino, 電気化学, **56**, 10, 892 (1988)
22, 23) A. Yoshida, A. Nishino, IEEE CHMT-10, 1, 100 (1987), CHMT-11, 3, 318 (1988)
24) A. Nishino, A. Yoshida, Proceedings of the An International Seminar on Double Layer Capacitors and Similar Energy Storage Devices (1991)
25) A. F. Burke ibid (1991)
26) A. F. Burke, J. E. Hardin, The 11th International Elec. Veh. Symp. Florence (1992)
27) S. Trasatti and G. Buzzanca, *J. Electroanal Chem.*, **29**, Appl. 1 (1971)
28) 日経エレクトロニクス, P69, 1/30 (2006)
29) Shep P. Wolsky：FES (EDLC and Hybrid Energy Device) 1983〜
30) Nikola Marincic：FES (No13th Florida Edicational Seminar) Dec.8-10 (2003)
31) Menahem Anderman：AABC (No4th of AABC) San Francisco, Jun. 1-4 (2004)
32) J. Miller, No2nd Capacitor World Summit, Washington DC, Jul. 14-16 (2004)
33) World Capacitor Trade Statistics, April 5 (2000), (2003)
34) ㈱矢野経済研究所, 電気二重層キャパシタ市場の徹底研究 (1999)
35) ㈱富士経済, 電気二重層コンデンサ市場　2004 (2004)
36) ㈱富士経済, エネルギー, 大型二次電池, 材料将来展望 (下巻) (2006)

37) ㈱富士経済,2001電池関連市場実態総調査,p107 (2000)
38) Yoshihiko Saiki, NEC, Advanced Capacitor World Summit, Proceeding, San-Diego (2004)
39) Bobby Maher, Mike Everett, Maxwell Tech. ibid (2004)

2 EDLC 採用応用製品の歴史

西野　敦*

2.1 電気二重層キャパシタの特性とその主な応用

　EDLC の充放電サイクルの主な特徴は，ACF や粉末活性炭成型電極の表面で，電解液からイオンの物理的吸脱着サイクルが充放電サイクルになる。すなわち，電池の充放電時のような物質移動を伴った酸化還元反応とは異なり，50万回以上の充放電サイクルを繰り返してもその充放電特性の変化はほとんど認められない。

　表1は EDLC と二次電池（Li-二次電池）との特性を比較したものである。EDLC は1充電当りの充電容量は Ni-Cd 電池の約1/60～80であるが，充放電時に化学反応を伴わないため，瞬時充電ができ，充放電過電圧が無く，充放電電気回路が安価となる。また充放電サイクルが半永久的であり，高温，低温特性に優れ，使用温度範囲が電池より広く，短絡しても破壊の心配もない等の諸特長を有している。

　この様な EDLC の特性を生かして，表2は，超小型 EDLC から大型 EDLC の主な形状と EDLC の用途及び EDLC の応用の将来展望を示した。図1～5に EDLC の応用の歴史を示した。

　図1は実用化された EDLC のサイズ，使用電流量別に応用用途[1~4]を示した。

　図2，3[1~4]は，1980～1990年代の EDLC の初期応用時代である。EDLC が歴史上始めての商品であるためエンドユーザーの商品確認に時間を要した。図2，3に示すようにコイン型の主な用途は，C-MOS-IC のメモリーの Back up 及び RTC（リアルタイムクロック用）に使用され，時計（ソーラー時計，柱時計，セイコー社の AGS（Automatic Generated System）式腕時計，電

表1　電池とキャパシタの相違

	電気二重層キャパシタ		二次電池
	EDLC（現在）	EDLC（将来）	（Ni-mH/Li-二次）
容量比	1	2.0～4.0	60～80
使用温度範囲（℃）	-25～+85	-30～+95	-5～+45
充放電サイクル（回）	半永久的	半永久的	200～500
充放電時の制御	無	大容量時必要	有
充放電過電圧	極小	極小	有
充電時間	瞬時	瞬時	長時間
充放電回路	簡単	将来：必要	複雑でコスト高
ショート時	問題なし	問題なし	破損
主原料の環境対策	問題なし	問題なし	重金属汚染

＊　Atsushi Nishino　西野技術士事務所　所長　技術士

第2章 概要（開発の歴史，学会・セミナー活動，応用の歴史）

表2 EDLCの形状別の応用機器の歴史

形状	超小型コイン型	コイン型	中型捲回型	大型（捲回型，角形バイポーラー）
サイズ(mmφ)	3.8〜10.0	10.0〜22.0	6.0〜70.0	
容量(F/Cell)	0.01〜2.0	0.1〜3.0	2.0〜500	500〜
1960s	未開発	研究開始	開発中	未開発
1970s	未開発	開発中	製品化：サンプル出荷	未開発
1980s	未開発	日本：ソーラー時計，柱時計，家電機器用，電卓，電子辞書，LSIのBack up，欧州：婦人体温計	ガス機器の安全電磁ホルダー用電源Back upに採用，ガステープル，ガス瞬間湯沸器	未開発
1990s	未開発	家電機器，電子機器，事務機器，携帯用PC等の大型モバイル機器に採用	各種家電機器，電子機器，道路標識，ソーラー道路鋲，玩具，電動玩具	500〜5000Fで，自動車，電車，バス，新幹線，風力発電，エレベーター，自動ドアーでモニター開始
2000〜	GSM式携帯電話，PDA，デジカメ等の小型携帯機器に採用	採用機種の機種拡大	血圧計等健康関連機器，ロボット，各種産業機器，宇宙産業に採用開始	モニター数，ロットを増加
2003〜	ユビキタス・ネットワーク社会対応の各種携帯応用機器，機種拡大，大量増産中	採用機種の機種拡大	自動車：Brake by wireに採用，業務用複写機，携帯電話基地局に採用	エレベーター，自動ドアー，風力発電，産業用空調等の産業機器に採用開始

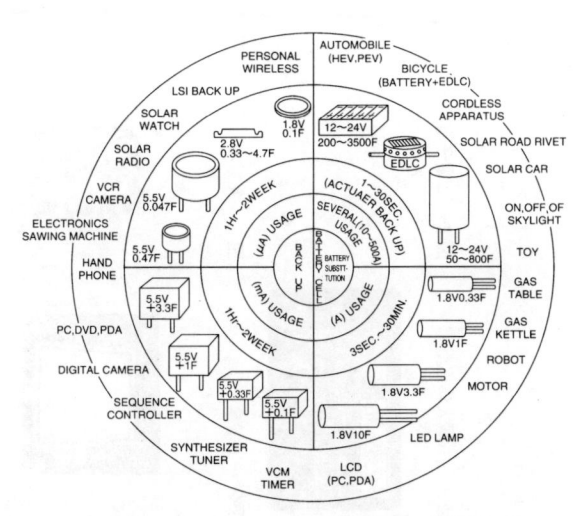

図1 実用化されたEDLCサイズ，使用電流量，応用用途一覧図

大容量キャパシタ技術と材料Ⅲ

a) コイン型応用製品

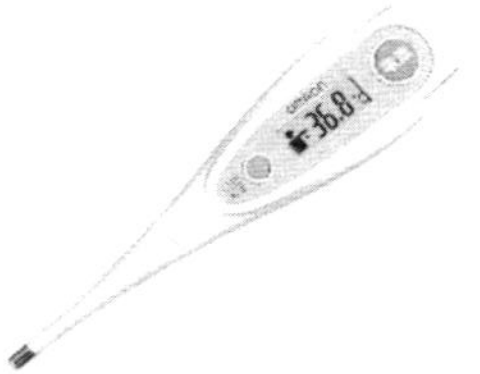

図2-1 婦人体温計

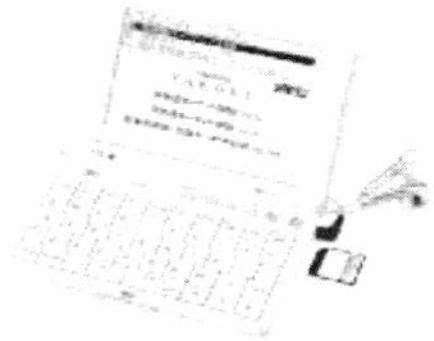

図2-2 電子辞書

図2-3 電卓

図2-4 電卓

図2-5 柱時計

図2-6 ソーラ腕時計

b) 捲回型応用製品

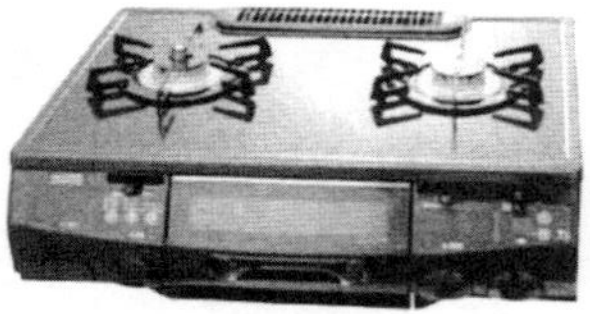

図2-7 ガスステーブル

図2-8 ガス瞬間湯沸かし器

図2-9 コイン型捲回型の外観図

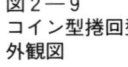

図2-10 コイン型、コイン積層型の外観写真

図2 1980年代の主なEDLC応用製品一覧

第2章 概要（開発の歴史，学会・セミナー活動，応用の歴史）

a) コイン型応用製品

図3-1 振動誘電発電腕時計 　図3-2 電動タイプライター，ワープロ

図3-3 多機能メモリー電話　図3-4 VCR，ビデオカメラ

Back-up for Telephone

b) 捲回型応用製品

図3-5 ソーラーラジコン電動玩具

図3-6 電動玩具（レーシングカー）
Mini Car/can drive at a 5 sec charging

図3-7 道路標識

図3-8 ソーラー道路鋲

図3-9 立山登山道の道路標識

図3　1990年代の主なEDLC応用製品一覧

大容量キャパシタ技術と材料Ⅲ

a) コイン型応用製品

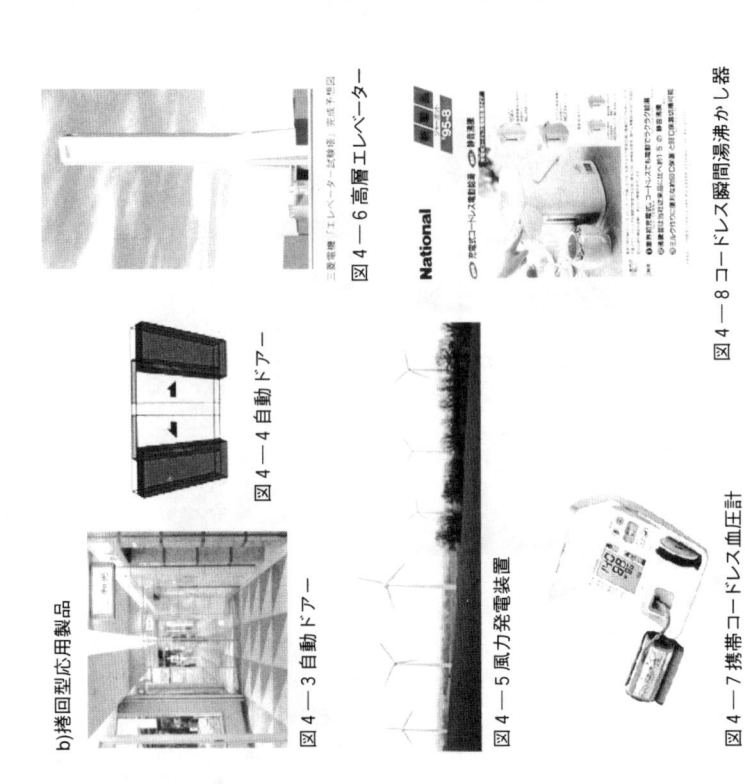

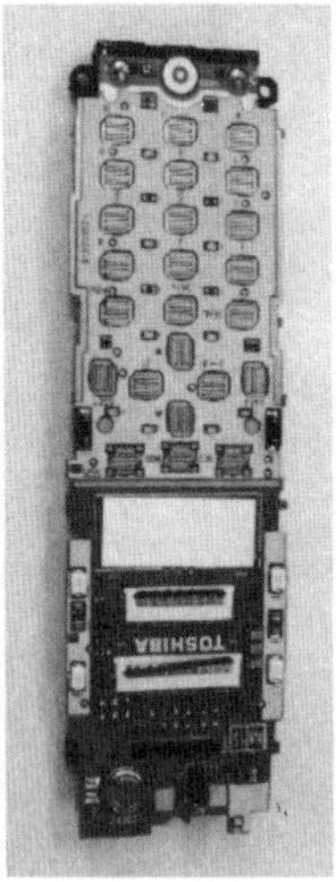

図4-1 GSM方式携帯電話

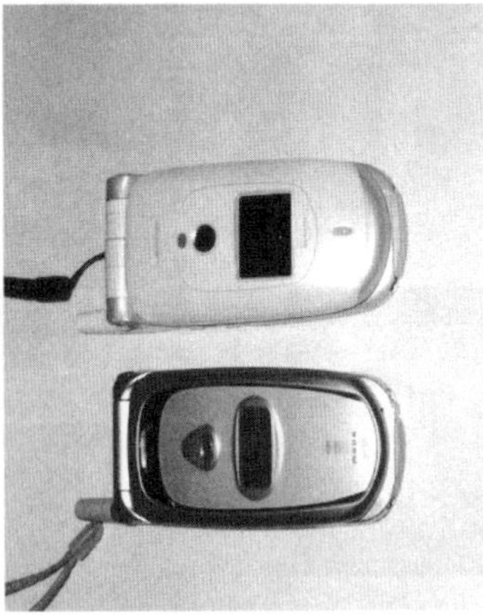

図4-2 カメラ搭載携帯電話機

b) 捲回型応用製品

図4-3 自動ドアー

図4-4 自動ドアー

図4-5 風力発電装置

図4-6 高層エレベーター

図4-7 携帯コードレス血圧計

図4-8 コードレス瞬間湯沸かし器

図4 2000年代の主なEDLC応用製品一覧

第2章 概要（開発の歴史，学会・セミナー活動，応用の歴史）

a)コイン型応用製品

b)捲回型応用製品

図5—1 超小型コイン型　図5—2 超小型コイン型(3.8mmφ)

図5—3 ユビキタス時代の多機能携帯電話

図5—4 携帯電話でのEDLCの効率改善

図5—5 携帯電話基地局

図5—6 自動車応用(Break by Wire)

図5—7 業務用複写機への応用

図5—8 軍用トラックへの応用

図5—9 現在の応用　将来の展望

図5—10 現在モニター中，将来展望

図5 2003年以降の主なEDLC応用製品一覧

37

子機器(電卓,婦人体温計,VCR,ビデオカメラ,ワープロ等)に採用された。

捲回型の初期応用製品は,アクチエーター用として,ガス機器(ガス瞬間湯沸かし器,ガステーブル)の安全電磁ホルダーに使用された。ガス機器,石油機器が着火時にカチカチ音を必要とした圧電着火方式からピアノタッチ式に安全に,確実に,着火可能になる画期的商品が誕生した。また,電動ハイテク玩具(ラジコンカー,レーシングカー,ロボット)が米国,欧州でNi-Cd電池の発売禁止に伴う代替エネルギー源として多用され,瞬時充電で,10～20分間高速走行するため極めて好評であった。また,ソーラーとの併用による道路標識,道路鋲もNi-Cd電池の代替電池として,日本の仙台以北の寒冷地での天窓の自動開閉用電池代替電源として,多用されている。低温,高温に優れることからこれらの標識の主力エネルギー源になった。

図4,5は,2000年以後のEDLCの応用製品を示したものである。大きくは,2つの新しい傾向が認められる。一つは,3.2～6.8mm ϕ の超小型コイン型[6]が携帯機器に大量に採用されるようになったことである。他の一つは,中型,超大型EDLCを用いて,自動車[5],業務用複写機[7]に採用され,また,風力発電,エレベーター,自動ドア[9]などの産業用に具体的に実用化または試験採用の時期を迎えたことである。

また,近年,ユビキタス・ネットワーク社会の到来を期待して,携帯機器の電話,デジカメ,PC,PDAの小型化,多機能化[8]が着実に進行している。これらの機器に超小型EDLCの搭載が必須条件で,EDLCの効果が期待されている。

文　　献

1) 直井,西野「大容量キャパシタ技術と材料」,シーエムシー,P7 (1998)
2) 西野,直井「大容量キャパシタ技術と材料Ⅱ」,シーエムシー出版 (2003)
3) 西野敦「大容量キャパシタの最前線」,NTS社,P354 (2002)
4) 西野敦ほか「【自動車用】電気二重層キャパシタとリチウムイオン二次電池の高エネルギー密度化,高出力化技術」,技術情報協会 (2005)
5) 日経エレクトロニクス,P29,7月19日号 (2004)
6) 日経エレクトロニクス,P120,10月10日号 (2005)
7) 岸和人,電気化学会,講演予稿集,P289,No73 (2006)
8) Yoshihiko Saiki,NEC, Advanced Capacitor World Summit, Proceeding, San-Diego (2004)
9) Bobby Maher, Mike Everett, Maxwell Tech. ibid (2004)

第Ⅱ編　EDLCの材料開発

第1章　活性炭

1　EDLC 電極用活性炭について

前野徹郎*

1.1　はじめに

　活性炭とは，石炭やヤシ殻などの炭素材料を高温でガスや薬品と反応させて作られる，微細孔（直径1～20nm）を多く持つ炭素で，この微細孔の壁が大きい表面積（500～2500m^2/g）となり，その表面に種々の物質を吸着する。この吸着現象を利用して昔から非常に多くの用途に使用されてきた。

　電気二重層キャパシタ（EDLC）電極用活性炭も微細孔壁面で電解質イオンを吸脱着させることにより，充放電を繰り返す用途である。近年 EDLC の用途が拡大しつつあるが，市場拡大のためにはさらなる高性能化が必要で，活性炭の高性能化（蓄電容量，耐久性，抵抗等）に対する要望が強い。活性炭の物性とキャパシタ特性との関連については，過去から多くの研究がなされ，成書[1,2]にもまとめられている。

　例えば EDLC 用活性炭に必要とされる物性は，①比表面積は，通常のガス賦活品ではある程度以上大きい事（メソ炭素のアルカリ賦活品では異なった結果が得られている。），②細孔構造が電解質イオンに適している事，③充填密度が高い事，④表面酸素濃度の低い事，⑤電気抵抗が低い事等である。

　しかし活性炭の構造や表面物性に未知な部分が多いため，蓄電メカニズム等，十分解明されているとは言えず，まだまだ高性能化開発の余地は十分残されていると考えられる。

　クラレケミカルは活性炭の総合メーカーとして，長年培った高温熱化学の技術，多様な炭素原料の利用技術を生かして，EDLC 電極材の高性能化に取り組んでいる。

1.2　EDLC 用活性炭の製法について

　EDLC 用活性炭の概略の製造工程を図1に示す。

　EDLC 用活性炭は他の用途に比べ，特に品質の均一性を要求され，また不純物（金属等）の混入を嫌うため，各工程において，厳密な品質管理が必要である。

　クラレケミカルでは EDLC 用活性炭の高性能化を図るため，各工程の最適化開発を継続して

＊　Tetsuro Maeno　クラレケミカル㈱　開発室　室長

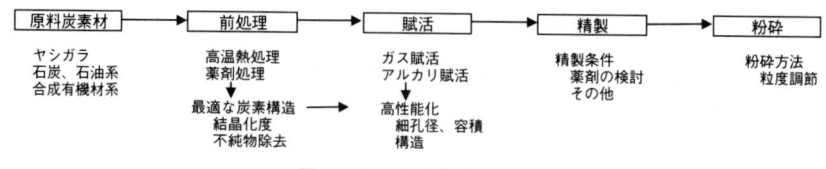

```
原料炭素材  →  前処理    →  賦活       →  精製       →  粉砕
ヤシガラ       高温熱処理    ガス賦活      精製条件      粉砕方法
石炭、石油系   薬剤処理      アルカリ賦活  薬剤の検討    粒度調節
合成有機材系                               その他
               最適な炭素構造 高性能化
               結晶化度       細孔径、容積
               不純物除去     構造
```

図1　EDLC用活性炭製造工程

行っている。

(1) **最適炭素材の探索と選定**

現在主に使用されている原料炭素材としては、ヤシ殻、石油石炭系炭素、合成有機材系等があり、クラレケミカルでは、ヤシ殻、フェノール樹脂、メソ炭素等を使用している。

(2) **各種炭素材に対する最適前処理技術の開発**

原料炭素材に対し、高温熱処理、薬剤処理等を最適な条件で行う事により、炭素以外の不純物の減少、結晶化度の調節等が可能であり、また後の賦活技術との組み合わせにより、細孔径の制御、製品収率の向上を図ることが可能になる。EDLC用は耐久性向上のため不純物の減少は必須であり、また蓄電容量アップには細孔構造の制御が必要である。

(3) **最適賦活技術の開発**

EDLC用活性炭の賦活には、ガス賦活またはアルカリ賦活が行われている。ガス賦活の活性炭はアルカリ賦活炭に比べ、蓄電容量は低いが耐久性は良く、安価である。

一方アルカリ賦活法はガス賦活では賦活出来ない炭素材でも賦活出来、収率が高く、細孔も一定の均一なものが出来るという特長があり、EDLC用として蓄電容量の高いものが出来る。

一方多量のアルカリを使用するため、材質の腐蝕や金属Kによる危険があり、大型の製造プラントを稼動させることが困難で、現状コストが高いという欠点がある。

クラレケミカルでは、賦活材の種類や量、処理方法、プラント材質の開発を行い、腐蝕が大幅に軽減出来、安全性の高い、連続式の量産プラントの開発を行っており、大型量産プラントの目処を立てつつある。大型になれば、コスト低減も可能である。

(4) **最適精製、粉砕技術の開発**

EDLC用は耐久性向上のため、不純物の除去が重要で、精製条件の最適化を行う必要がある。またEDLCの電極として使用するためにはシート化する必要がある。現在シートは圧延、塗布等の方法で作られており、密度のアップ、加工速度アップが性能向上とコストダウンに重要である。各々の方法に最適の粒度分布を得るため、各種の粉砕技術を開発している。

第1章 活性炭

1.3 主な製品の概要，特長

表1にクラレケミカルの主な製品と用途，特長を示す。

各種原料，及び賦活法の特徴を生かし，用途に応じ，現時点で最適の表面及び細孔構造を作り上げて，高容量，低抵抗，高耐久性を実現している。また粉末炭については，顧客の要望に応じ，各種粒度分布のものを生産する事が可能である。

表1 主な製品と用途，特長

形状	銘柄	種類	製法原料	用途	特性
粉末状	YP	YP50	ヤシガス賦活	水，有機系	容量重視，低抵抗，低コスト
		YP60		有機系	容量，出力バランス，低コスト
		YP80		有機系	出力重視，低温特性良好
	RP	RP15	樹脂ガス賦活	水系	高容量，高純度
		RP20		有機系	容量重視，高耐久性
	NK	NK260	メソ炭素アルカリ	有機系	高容量
		NK330		水，有機系	最高容量，膨張有り
	NY	NY1250	NEWアルカリ	有機系	高容量，低コスト
		NY1280		有機系	出力重視，低コスト
繊維状	CH	CH25	ガス賦活	有機系	クロス状，低抵抗，高純度

1.3.1 YPについて

精選したヤシ殻原料を用い，ガス賦活により作られる。ヤシ殻は活性炭原料として，最もコストが低いこと，また炭素以外の不純物が少なく，細孔分布もキャパシタ用に適しており，汎用タイプとして現状最も多く使用されている。

表2に各種EDLC用活性炭の代表物性の例を示す。YP50は容量重視の用途にまたYP80は出力重視の用途に使用されている。YP80は50に比べ，比表面積，細孔容積共に大きい。

表2 主要銘柄の代表物性

Sample Name		NK330	NK260	NY1250	RP-20	YP-50	YP-80	CH-25	analysis
Pore Volume	ml/g	0.45	1.05	0.55	0.72	0.64	1.05	0.75	t-plot
Surface Area	m^2/g	1000	2300	1450	1700	1560	2050	1800	BET
Capacitance	F/g	40	41	33	31	27	29	30	TEA/PC
	F/cc	35	27	25	20	18	16	—	(KC method)
Ash	%	0.1	0.1	0.3	0.1	0.6	0.7	0.1	
		粉末						繊維	

＊It is not guaranty value.

図2 YP50とYP80の細孔分布

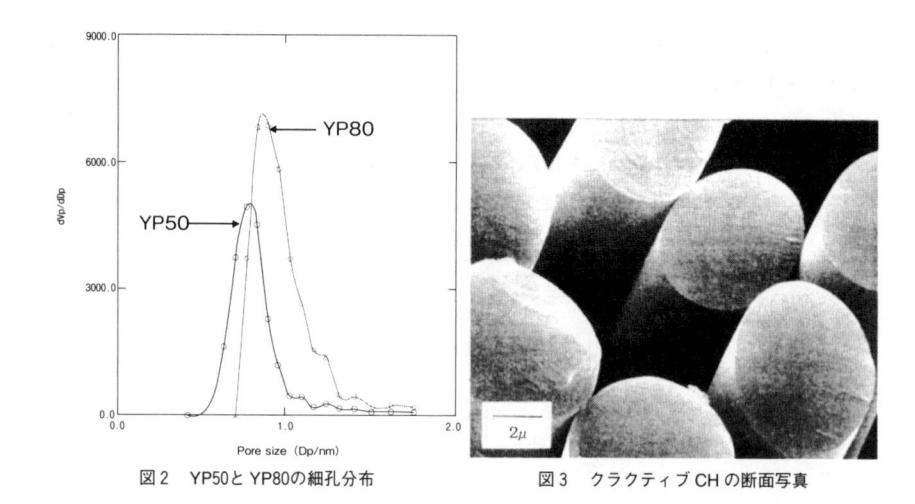

図3 クラクティブ CH の断面写真

　図2に YP50と80の細孔分布を示す。YP80は細孔径が大きく，電気抵抗が低いという特長が有る。一方密度が低いため，容積当りの蓄電容量はやや低い。

1.3.2 RP について

　特殊なフェノール樹脂を原料とし，ガス賦活により作られる。

　フェノール樹脂は，活性炭原料として収率が高く，合成品であるので，炭素以外の不純物が全く無いという特長が有り，また細孔も均一であるので，キャパシタ用として好適である。蓄電容量はヤシ系より大きいが，コストはヤシ系よりやや高い。

　RP-15は水系の EDLC 用として，また RP-20は有機系 EDLC 用として使用されている。有機系の方が比表面積，細孔容積の大きいものが必要である。

1.3.3 NK について

　メソ系の特殊な炭素材料を使用し，アルカリ賦活により作られる。

　原料と賦活技術の組み合わせにより，比表面積や細孔容積を用途に応じ調節することが可能であり，表2に示すように，NK330は現状クラレケミカルの活性炭の中で，最も容積あたりの蓄電容量が高く，容量重視タイプの EDLC 用として好適である。ただメソ系炭素使用のためか，使用時電極の膨張が見られる。しかし電解液，電解質の適切な選択により，かなり軽減出来る。

　NK260は比表面積を330より大きくしたタイプで，容積当りの蓄電容量は少し低いが，ガス賦活品よりは高く，膨張は殆ど無く，耐久性も良好である。

1.3.4 NY について

　特殊な炭素材を使用し，アルカリ賦活により作られるが，アルカリ賦活のコストを低く抑えようと，開発中のものである。NKシリーズに比べ将来コストを低く出来ると考えている。

　NY系の蓄電容量はNK260と同程度であるが，抵抗はより低い。

　原料炭素材と賦活技術を組み合わせることにより，蓄電容量，抵抗の調節がある程度可能であり，用途に応じ，最適なものを処方することが可能である。

1.3.5 活性炭繊維　クラクティブCHについて

　フェノール樹脂繊維をクロス状に織ったものを原料として，炭化，ガス賦活により作られる。クラクティブの断面写真を図3に示す。

　繊維の直径が8～10μと一定で，きわめて平滑であるが，その表面に直接ミクロ孔（細孔径1～2nm）が形成され，均一で高度に賦活されており，比表面積は1800m^2/g以上に達する。また炭素以外の不純物も最も少なく，EDLC用として好適である。

　電極として直接使用できるので，使い易く，また電気抵抗が粉末炭のシートに比べ低く，電解液の浸透性が高いという特長がある。

　一方粉末炭シートに比べコストが高いため，小型のEDLC用に適している。

1.4 おわりに

　今後は大容量EDLCの市場開発が進むと思われる。大容量EDLCには従来の小型EDLCに比べ格段に多量の電極シートが使用される。このため品質の均一性，安定性がより一層要求される。また大容量EDLCの市場拡大のためには，性能向上とともに，コストダウンが必要である。クラレケミカルはこれらの要望に応えるため，品質安定性の追及や，製造技術の開発を続けて，EDLC市場拡大に貢献していきたいと考えている。

文　　　献

1) 吉田昭彦ほか，活性炭の応用技術，テクノシステム，p.473（2000）
2) 岡村廸夫，電気二重層キャパシタと蓄電システム，日刊工業新聞社，p.49（1999）

2 EDLC用特殊活性炭A-BAC-PWの生産技術

宮原道寿*

2.1 はじめに

活性炭はEDLCの性能を決定する基礎材料である。したがって，その特性が材料選定の判断基準になることは当然である。しかし，工業レベルでの実用化を考えていく段階では，単に材料特性が良いことだけでなく，量的，質的に安定してかつ経済的に生産可能な材料であること，すなわち工業材料としての評価が重要になる。そして，この評価のためには原料まで含めて総合的に生産技術を考えていく必要がある。

現在，㈱クレハ（旧：呉羽化学工業㈱）では，ガス処理，水処理などの工業用途から血液浄化剤等の医療用途に至る非常に幅広い分野において様々な機能を持った活性炭を製造・販売している。この節では，この中のEDLC用特殊活性炭A-BAC-PWを例にして，工業材料としての適性を考える上で押さえるべき生産技術のポイントを中心に述べる。

2.2 A-BAC-PWの物性

EDLCの特性に影響を及ぼす活性炭の特性は，

① 物理的特性：細孔径分布，表面積，粒子径分布，粒子形状，かさ密度など
② 化学的特性：表面官能基，不純物など

の2つに大別できる。これらはエネルギー密度や寿命などのEDLCの性能に影響を与える[1]。EDLC用活性炭とは，これらの特性をEDLCの性能を最大化するように設計・制御した活性炭である。

表1にA-BAC-PWの一般物性をまとめる。A-BAC-PWはEDLC用活性炭としてすでに多くの採用実績を持ち，その優れた特性は広く市場に認知されている。

表1 A-BAC-PWの一般物性

特性		A-BAC-PW
平均粒径	μm	15
比表面積	m^2/g	1150
細孔容積	ml/g	0.59
水分	%	3以下
灰分	%	0.1
充填密度	g/ml	0.55
不純物	鉄	ppm	300以下
	クロム	ppm	50未満
	マンガン	ppm	50未満
	ニッケル	ppm	50未満

2.3 A-BAC-PWの製造方法

A-BAC-PWの製造方法の大きな特徴は，高品位（低不純物）の原料の使用，前駆体の球状化，そして流動下で行なう均一な不融化・賦活処理にある[2]。この製造プロセスの概要を図1に示

---

* Michihisa Miyahara ㈱クレハ 総合研究所 電材研究室 室長 技術士（化学）

第1章 活性炭

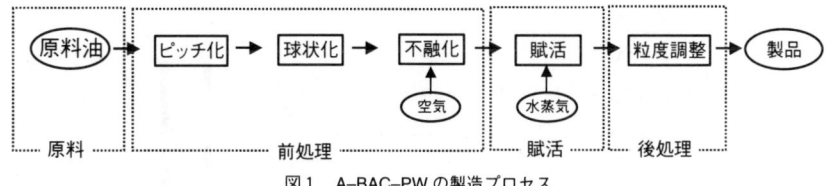

```
原料油 → ピッチ化 → 球状化 → 不融化 → 賦活 → 粒度調整 → 製品
                                ↑        ↑
                               空気     水蒸気
  原料        前処理              賦活      後処理
```

図1 A-BAC-PW の製造プロセス

す。

活性炭の製造プロセスは，原料，前処理工程，賦活工程，後処理工程に大別して考えることが出来る[3]。以下，この4工程に分けて A-BAC-PW の生産技術の特徴について述べる。

2.3.1 原料

活性炭の原料は製品の品質へ影響するだけでなく，その製造プロセスにも大きな影響を与える。したがって，原料に何を用いるかは生産技術の性格を決定付ける重要なポイントとなる。

EDLC の寿命には不純物が大きく影響するため，EDLC 用活性炭には高度な不純物濃度の管理が求められる。一般的な品質の活性炭では，低品位の原料を用いて活性炭を製造し，賦活後の洗浄工程によって不純物を減ずる製造方法が採用されることがある。しかし，この方法は本質的に固体からの不純物抽出プロセスとなり，低い不純物レベルを達成するための技術的難易度が高い。また，アルカリ成分などを含んだ洗浄溶媒による製品の2次汚染や表面官能基の変化にも十分な注意が必要になる。さらに，原料が安価であっても，副原料の使用，廃棄物処理，あるいは製造プロセスの複雑化などによって必ずしも製造コスト上のメリットが出ない場合が多い。

これに対して，原料が高品位であれば不純物除去の負荷が軽減されて製造プロセス上有利になる。さらに，製品を汚染しない水蒸気等のクリーンなガスを用いたガス賦活法を併用すれば，低不純物の製品を簡便な製造プロセスで得ることが可能になる。生産技術の観点から見て，この製造方法の合理性は明らかであろう。図2に代表的な市販活性炭と A-BAC-PW の強熱残分（灰分）の比較を示す。

A-BAC-PW の原料には主に精製された石油系分解油が用いられているが，この原料は炭素と水素以外の元素含有量が極めて低く品位の点で優れている。また，液状であるために品質が均一であり，信頼性の高い品質管理が可能である。近年では石油系分解油だけではなく，高品位の樹脂を原料として用いる技術開発も進んでいる[4]。

2.3.2 前処理工程

細孔分布，比表面積などの EDLC に重要な活性炭の特性は賦活工程で決定されるが，このような活性炭の特性には前駆体の構造が密接に反映している。したがって，EDLC 用活性炭の製造プロセスにおいては前駆体の構造を決定する前処理工程が重要な意味を持つ。活性炭の基本特性

47

図2 強熱残分（灰分）の比較
測定方法：JIS K 1474-5.9準拠

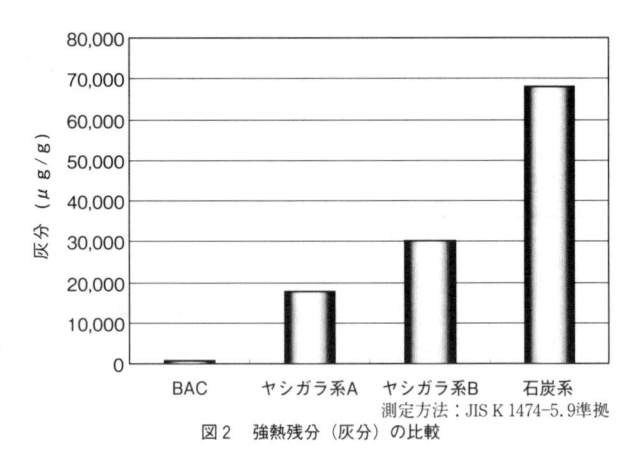

は前処理工程で決定されているといっても過言ではない。

A-BAC-PWの製造においては，この前処理工程で，原料油からのピッチ化，前駆体の球状化，及び，不融化処理を行っている。いずれの工程においてもバインダー等の不純物の原因になるような添加剤は一切使用されていない。これらの各工程を通じて，前駆体のナノオーダー[5]からマクロなスケールまでの構造が制御されている。

A-BAC-PWのBACとはBead-shaped Activated Carbonの略であるが，この名前から推測されるようにA-BAC-PWの重要な特徴の1つは前駆体の球状化工程にある。図3に球状活性炭BACの外観を示すが，これは球状化された前駆体の形状を保って製品化した活性炭である。粉体プロセスを構築する際の困難さの多くは粉体の流動性の悪さに起因するが，このように球状化されていれば粉体の流動性は著しく改善される。流動性の向上によって，化学装置，設備，あるいはその運転条件の選択の幅が広がり，材料特性を制御するための製造プロセス上の自由度が増すとともに，流体のように均一な処理が可能になる。

また，この前駆体の球状化には品質管理面での利点も多い。例えば，装置のデッドゾーンへの滞留は不良品混入の原因になるが，流動性の高まった前駆体を用いればこのような問題は起き難い。また，形状や粒径のばらつきは品質の不均一さの原因となるが，粒径の揃った球形の前駆体を用いることでこの問題も解消される。

2.3.3 賦活工程

現在，工業レベルで確立されている賦活方法

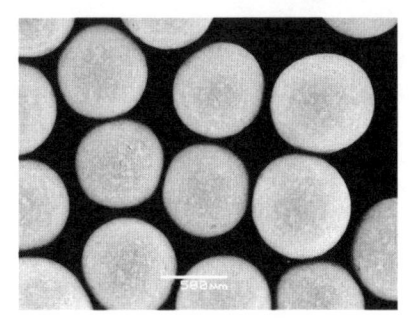

図3 球状活性炭BACの外観

第1章　活性炭

は，ガス賦活法（物理賦活）と，カリウム賦活も含めた広義の薬品賦活法（化学賦活）に大別される。薬品賦活法はシャープな細孔分布を作れるという特徴があるが，EDLC用途のように低い不純物のレベルが要求される場合には薬品による汚染の問題が避けられない。さらに，機器の腐食，環境汚染，製造プロセスの複雑化，薬品の回収等の点でも解決すべき課題が多い[6]。これに対して，このような問題の少ないガス賦活法はEDLC用活性炭の製法として適した方法である。中でも水蒸気賦活法のようにクリーンで安全かつ安価なガスを用いる方法は最適な選択肢のひとつであろう。

ガス賦活法では，ガスの種類，濃度，温度，および，時間が主要な制御因子となる。しかし，これらの因子を厳密に制御したとしても，一般的には細孔分布の精密なコントロールは難しい。これは炭化した前駆体での未組織化部分と組織化部分での反応の違い，温度分布や形状変化の影響，金属や塩類等の不純物の存在による反応速度の違い，複数の反応経路の存在など，前駆体の組成や構造が賦活ガスと炭材との反応に複雑な影響を及ぼすためである[7]。しかし，A–BAC–PWのように構造，組成，粒子径およびその粒子形状まで精密に制御された前駆体を用いれば，ガス賦活法であっても細孔分布の精密なコントロールが可能となる。ガス賦活法を採用する場合，高品位の原料および構造を精密に制御された前駆体という特徴があって初めてEDLC用活性炭としての高い要求特性が実現できるのである。

生産技術的には大量の粉体を均一に賦活処理する点にこの工程の難しさがある。工業規模での均一賦活装置としては，例えば，流動床式反応炉のような形態が考えられる。しかし，このような装置を用いたとしても，反応条件の完全な均一性を保証するためには前述した前駆体の粒子形状が重要な意味を持ってくる。ガス賦活がガス拡散に影響されるものである以上，小粒子と大粒子では反応の進行度が異なってくる。また，形状が異なればやはり反応の進行度の差が生じる。このように前駆体の大きさや形状がバラバラであれば，同じ時間，温度，および，雰囲気下で賦活したとしても，粒子間に細孔分布の差が生じることは避けられない。したがって，材料特性のばらつきの少ない活性炭を得るには，前駆体の形状及び粒度の均一性を保つことが重要なポイントになる。

2.3.4　後処理工程

後処理工程では必要に応じて表面官能基の調整を行なう場合もあるが，この工程の主目的は粒度の調整にある。前述したように賦活工程で粒度が変わると材料特性に大きな影響が生じるため，製品の粒度調整はこの後処理工程で行なうことが合理的である。

製品に対するユーザーからの粒度の要求は様々であるが，どのような粒度分布であっても粉砕操作，分級操作，混合操作の組み合わせによって実現可能である。一例としてA–BAC–PW15の粒度分布を図4に示す。

図4　A-BAC-PW15の粒度分布

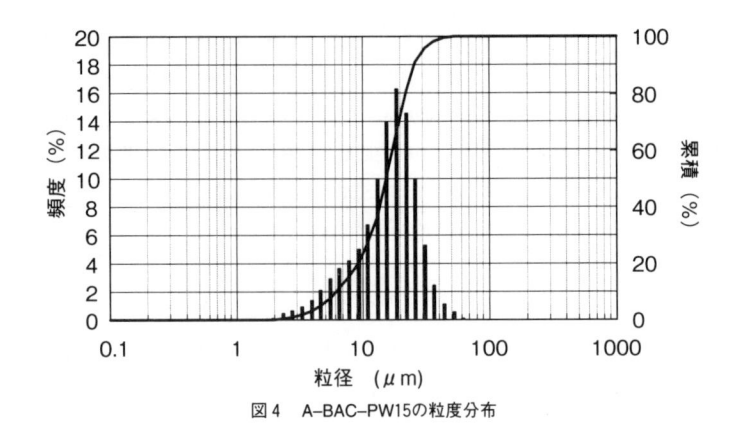

2.4 おわりに

EDLC用活性炭では，最終的な材料特性とこれを決定する賦活工程が注目される傾向がある。しかし，生産技術の視点から見れば，原料，および，前駆体の構造を決定する前処理工程が重要なポイントになる。この点で，高品位の原料と前駆体を均一かつ精密に構造制御できる前処理工程を採用しているA-BAC-PWは，材料特性のみならず工業材料としての高い評価も与えられる数少ないEDLC用活性炭のひとつであると言える。

㈱クレハでは，幅広い分野にわたる炭素材料の研究開発を基礎から応用に至るまで総合的におこなっている。これらの成果はEDLC用特殊活性炭A-BAC-PWの生産技術にも常にフィードバックされており，今後も工業材料としての改良が期待される。

文　献

1) 平塚和也，真田恭宏，森本剛，栗原要，電気化学，59, No.7, p607 (1991).
2) 竹内雍監修，最新吸着技術便覧―プロセス・材料・設計―，㈱エヌ・ティー・エス，p543-p547 (1999).
3) 立本英機，安部郁夫監修，活性炭の応用技術　その維持管理と問題点，㈱テクノシステム，p51-p63 (2000).
4) 会田智之，吉原淳，市川幸男，永井愛作，活性炭の製造方法，特開2001-58808.
5) 園部直弘，永井愛作，会田智之，野口実，岩井田学，駒澤映祐，電気二重層キャパシタ用炭素材及びその製造方法，特開平11-214270.
6) 真田雄三，鈴木基之，藤元薫編，新版活性炭　基礎と応用，講談社，p54-p70 (1992).
7) 北川睦夫，柳井弘，国部進，江口良友，活性炭工業，重化学工業通信社，p23-p81 (1974).

3 石油コークスを原料としたEDLC用活性炭

猪飼慶三*

3.1 はじめに

EDLC用活性炭の原料には，ヤシ殻やフェノール樹脂の炭化物，石油や石炭ピッチなどが使用されている[1]。

当社は，高純度および高結晶性の石油コークスである"ニードルコークス"を生産しており，この高品質な石油コークスを原料に用いた，EDLC用活性炭の開発を行っている。

ここでは，まず新日本石油のニードルコークスについて紹介し，続いてニードルコークスを原料としたEDLC用活性炭の製造方法，物性，およびEDLC電極としての性能について述べる。

3.2 新日本石油のニードルコークス

製油所では，タンカーで運ばれてきた原油を蒸留によっていろいろな成分に分ける。沸点の低いものから順に，LPガス，ナフサ，ガソリン，灯油，軽油，重質油となる。このとき，沸騰せずに残った成分を"残渣油"と言う（図1）。

この"残渣油"は，さらに接触流動分解（Fluidized Catalytic Cracking：FCC）によって，ガソリン分などの軽質油と"FCC残渣油"に分けられる。

新日本石油のニードルコークスは，上記の"蒸留残渣油"と"FCC残渣油"を混合してコーキングすることにより製造される（図2）。

コーキングで得られたニードルコークスを1000〜1500℃で焼くと，製品ニードルコークスとな

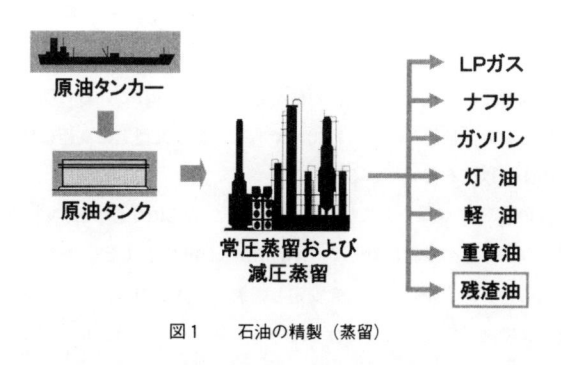

図1　石油の精製（蒸留）

---

*　Keizou Ikai　新日本石油㈱　研究開発本部　開発部　炭素利用プロジェクトグループ
　　グループマネージャー

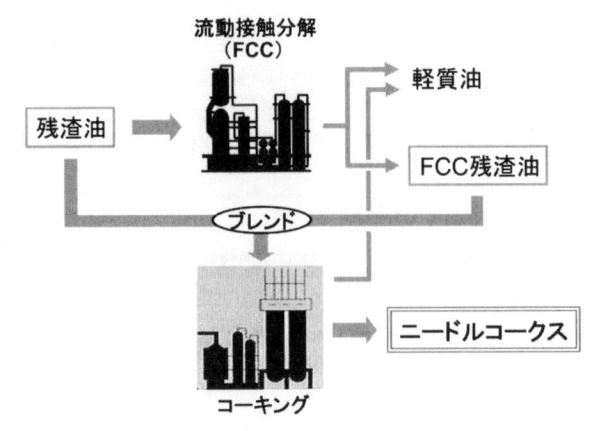

図2　残渣油の分解とコーキング

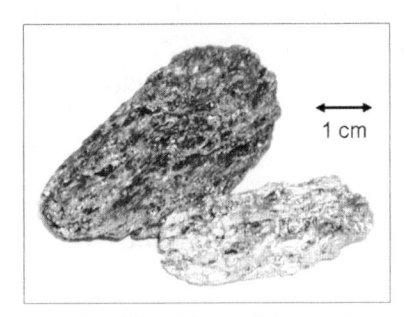

図3　新日本石油のニードルコークス

り，これは電気製鋼で使用される黒鉛電極の材料として販売されている（図3）。

　販売量は年間10万トン，世界シェアの約10％であり，特に大型黒鉛電極に使用される最高級品では世界シェアの50％以上を占めている。

　2001年に，当社のニードルコークス顧客であるドイツのERFT CARBON社から，長年に渡る高品質なニードルコークスの供給に対して"AWARD"が授与された[2]。

　このように高品質のニードルコークスを安定して製造できるのは，コーキングに用いる残渣油（図4）の物性にまで遡って反応制御を行っているからであり，当社ならではの特徴である。

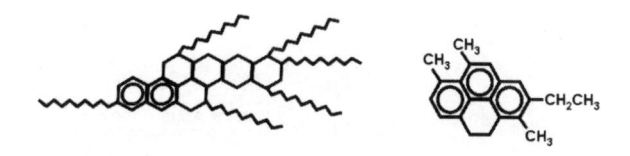

第1章　活性炭

<減圧蒸留残渣油>　　　　<FCC残渣油>

図4　コーキング原料油の模式構造

表1　当社活性炭の代表的なサンプル性状

項目		サンプルA	サンプルB	サンプルC
BET比表面積（m^2/g）		2200	1600	700
全細孔容積（cm^3/g）		1.05	0.76	0.33
粒度分布（μm）[a]	D10	8	6	6
	D50	13	11	12
	D90	23	19	25
表面官能基（mmol/g）[b]		<0.9	<0.7	<0.5
抽出pH[c]		6〜8	6〜8	6〜8
灰分（％）		<0.03	<0.03	<0.07
不純物（ppm）[d]	K	<50	<50	<400
	Fe	<20	<20	<20
	Ni	<20	<20	<20
	Cr	<10	<10	<10
	Cu	<1	<1	<1
	S	<20	<20	<20

a）レーザ散乱法　b）NaOH水溶液振盪法　c）JIS（K1474）　d）ICP

3.3　ニードルコークスを原料としたEDLC用活性炭

　当社では，水酸化カリウムを用いたアルカリ賦活法[3]で，ニードルコークスからEDLC用活性炭を製造している。

　反応条件は既知の通りであり，コークス重量に対して1〜3倍量の水酸化カリウムとコークスを混合し，窒素雰囲気下で600〜800℃に加熱する。得られる活性炭のBET比表面積は，最大で約2700m^2/gである。比表面積は反応条件を調節することで変更可能であり，100m^2/g程度の非常に小さな比表面積にすることも可能である。

　賦活後は，賦活剤のアルカリ金属などの不純物を除去するために，酸洗や水洗を行う。活性炭

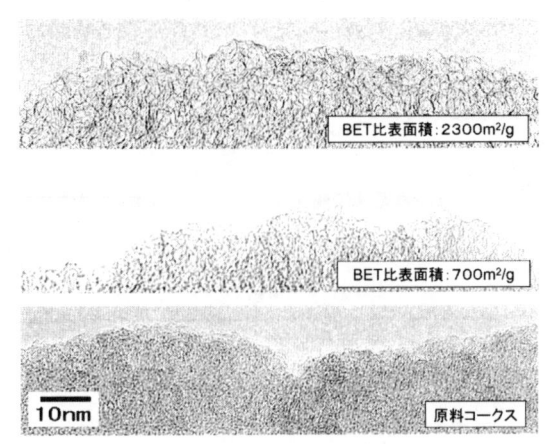

図5 原料コークスおよび活性炭の TEM 写真

に残存する金属などの不純物は，賦活プロセスで混入するものと，元から原料炭に含まれているものがある。後者の点では，当社のニードルコークスは高純度であり硫黄分や金属分が非常に少なく，得られる活性炭も，賦活プロセスでの混入を抑制すれば，高純度なものが得られる。

表1に，当社活性炭サンプルの代表的な性状値を示した。

図5に，原料コークスと，比表面積 $700m^2/g$ および $2300m^2/g$ の活性炭の透過型電子顕微鏡(TEM)写真を示した。既報[4]と同様に，ニードルコークスの微細な黒鉛結晶の層間が，アルカリ賦活によってふやけたように膨らんでおり，比表面積の大きい活性炭の方がより膨らんでいることが分かる。

3.4 EDLC 電極としての初期特性

当社にてコイン型のセルを組み，初期の静電容量を評価した結果を紹介する。

活性炭（80重量％），カーボンブラック（10重量％），および顆粒状 PTFE（10重量％）を，乳鉢でよく混合したものを，ロールプレス機で厚みが 0.2〜0.3mm になるように圧延してシートを作製した。このシートから $16mm\phi$ の円盤状にくり貫いたものを活性炭電極とし，集電体のアルミホイルとセルロース系セパレーター（$50\mu m$ 厚）を，図6のように積層して圧着し，コイン型セルとした。電解液には，1M の $TEMABF_4$ の PC 溶液を用いた。

代表的なサンプルの値を表2に掲載する。静電容量と抵抗は，表2の注釈に記載した計算式に従って求めた。

サンプルAは，比表面積の大きなタイプである。市販の EDLC 用活性炭に近い材料と言える。

第1章　活性炭

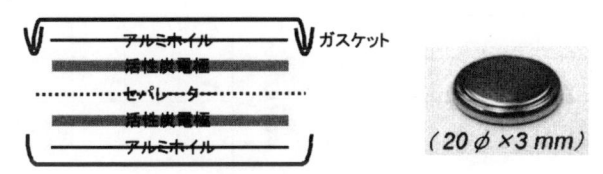

図6　EDLCの初期評価を行ったコイン型セル

表2　代表的なサンプルの静電容量と抵抗値[1]

	静電容量		抵抗 [Ω]	
	[F/g]	[F/cc]	20℃	-30℃
サンプルA[2]	48	25	34	86
サンプルB[2]	45	30	60	70
サンプルC[2]	40	34	280	―

1）電極面積2 cm^2，電極厚0.3mm，放電電流1 mA，試験温度20℃

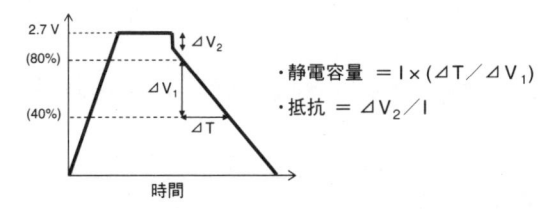

・静電容量 ＝ I×($\Delta T / \Delta V_1$)

・抵抗 ＝ $\Delta V_2 / I$

2）BET比表面積：2200m^2/g（サンプルA），1600m^2/g（サンプルB），700m^2/g（サンプルC）

サンプルBは，サンプルAに比べて体積あたりの静電容量（F/cc）が20％ほど大きい。抵抗値はほぼ同等である。サンプルCは，抵抗値が大きいが，サンプルAに比べて体積あたりの静電容量（F/cc）が約40％も大きい。

図7には，活性炭の比表面積と静電容量との関係を示した。重量あたりの静電容量（F/g）は，左図のように，比表面積が増大するに連れて大きくなる。一方，体積あたりの静電容量（F/cc）は，右図のように，重量あたりの静電容量と電極密度の兼ね合いで，比表面積700m^2/g付近で極大値となる傾向が見られた。

このように，比表面積700m^2/g付近のサンプルは，体積あたりの静電容量（F/cc）が35F/ccに迫るほど大きく，EDLCのエネルギー密度向上には魅力的な材料である。ただし，当社の評価結果では抵抗値が高く出ることや，充電時に電極膨張が起こるなどの点で，使用するには工夫が必要と思われる。しかし，材料の製造面から言うと，上記3つのサンプルの中では最も量産しやすい材料であり，電解液とのマッチングや，電極およびセルの作り方の工夫が成され，広く使用されるようになれば，大型EDLCの普及に貢献できる材料ではないかと考えている。このよう

大容量キャパシタ技術と材料Ⅲ

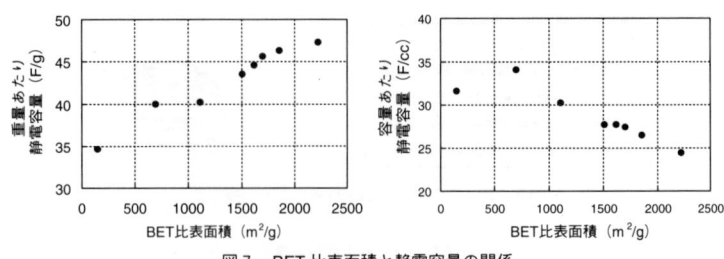

図7　BET比表面積と静電容量の関係
（静電容量は活性炭換算値）

な材料や，このような材料を用いた EDLC の開発は既に行われている[5]。

3.5　おわりに

大型 EDLC 用の活性炭には，高性能であることはもちろんであるが，高い品質安定性と，安価なコストが要求される。

そのためには，原料に用いる炭化物の品質が高く性状が安定し，かつ安価であること，および，活性炭の製造が安定して歩留りが良いことが重要である。

前者の面では既述のように，当社のニードルコークスはその品質の高さと安定性において"ナンバーワン"であり，生産量も年間10万トンを超えている。

後者の面では，現在，製造装置や製造方法などの検討を進めながら，年産能力50～100トンのパイロットプラントを建設中であり，効率的な安定製造を目指している。

このように当社では，自社内で大量生産している高品質なニードルコークスを原料として，活性炭製造までを一貫して行うことが可能である。

大型 EDLC は，環境に優しい次世代の蓄電デバイスとして，総合エネルギー会社である当社も非常に注目しているデバイスである。

当社材料が，大型 EDLC の普及に貢献できることを願っている。

文　　献

1）　西野敦，直井勝彦監修，「大容量キャパシタ技術と材料Ⅱ」，第2章，p.73,㈱シーエムシー出版（2003）．

2) http://www.eneos.co.jp/company/gaiyou/jigyousho/marifu/refinery/e71_cogajimare_product.html
3) 立本英機,安部郁夫監修,「活性炭の応用技術」,第2章,p.48,㈱テクノシステム (2000).
4) 岡村廸夫,「電気二重層キャパシタと蓄電システム」,第3章,p.56,日刊工業新聞社 (2001).
5) 藤野健,李秉周,小山茂樹,野口実,第46回電池討論会講演要旨集,p.306,p.308 (2005).

第2章　電解液

1　非水系電気二重層キャパシタ用電解液

清家英雄*

1.1　非水系電気二重層キャパシタ用電解液

　非水系電気二重層キャパシタ用電解液として主に2つのタイプの電解液が実用化されている。式（1）に示すトリエチルメチルアンモニウムBF_4塩等の第4級アンモニウム塩のプロピレンカーボネート溶液またはアミジン塩のプロピレンカーボネート溶液である。

　　4級アンモニウム塩　　　　　　アミジン塩　　　　　　　　　（1）

　当社は「パワーエレック」としてアミジン塩を溶質に使用した電解液を上市した。本稿では電解液に要求される基本的性能を説明した上で、アミジン塩の特徴について紹介する。

1.2　電解液に要求される性能

　電気二重層キャパシタ用電解液には表1に示す基本的性能が要求される。

表1　電解液に要求される基本的性能

基本的性能	性能を満足するための主な方策
高い分解電圧	広い電位窓を有する電解質、溶媒を使用
高電気伝導率	イオン数をUP，イオンの移動速度をUP
高い電気二重層容量	イオン数をUP
低温でも使用可能	低温でも析出しない電解質を使用
高温でも使用可能	沸点が高い溶媒を使用

　基本的性能を満足するには電位窓（電流がほとんど流れない電圧領域）が広く、電解質の溶媒に対する溶解性が高い物が好ましい。イオンの移動速度を上げるには溶媒の粘度を下げる方策が

---

*　Hideo Seike　三洋化成工業㈱　開発研究本部　エネルギーデバイス材料研究部
　　ユニットチーフ

第2章　電解液

あるが，一般的に粘度を下げると沸点が下がるため，現在は粘度，融点，沸点，毒性，電解質の溶解性，価格等のバランスに優れるプロピレンカーボネートが主に使用されている。

1.3 当社電解液「パワーエレック」の特徴
1.3.1 電位特性
パワーエレックは図1に示すように，広い電位窓を有する。
1.3.2 電解質の溶媒に対する溶解性
アミジン塩は，4級アンモニウム塩と比較し有機溶媒に対する溶解性が極めて高いため，イオン数をUPさせることができ，低温でも析出しないため，電気伝導率，電気二重層容量の点で優位な性能を示す。

図2には，トリエチルメチルアンモニウム（TEMA）BF_4とアミジン塩のプロピレンカーボネート溶液の電解質濃度と電気伝導率の関係を示した。

$TEMABF_4$はプロピレンカーボネートへの溶解に限界であるが，アミジン塩はプロピレンカーボネートと任意に混和し，電解質濃度100％でも液体である。また，電解質によって得られる最高の電気伝導率は$TEMABF_4$では濃度2 mol/lのときで約18mS/cmであるのに対し，アミジン塩では約3 mol/lのときに23mS/cmにもなり30％も高い性能が得られた。

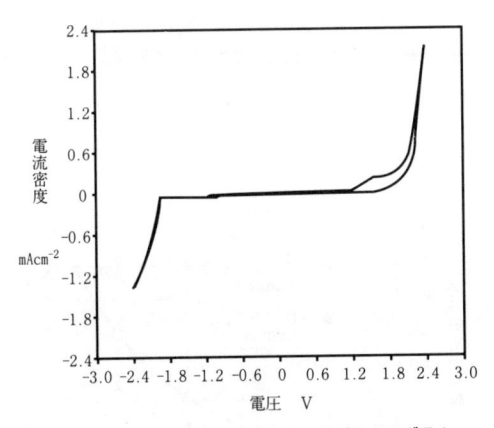

図1　パワーエレックのサイクリックボルタモグラム

試験方法
下記装置で電圧掃引速度10mV／S，20℃にて測定した。
　　＜電極＞　参照電極：銀／銀イオン電極，対向電極：白金線
　　　　　　　作用電極：グラッシーカーボン電極（表面積0.785mm^2）
　　＜装置＞　ALS製　Electrochemical Analyzer Model 660

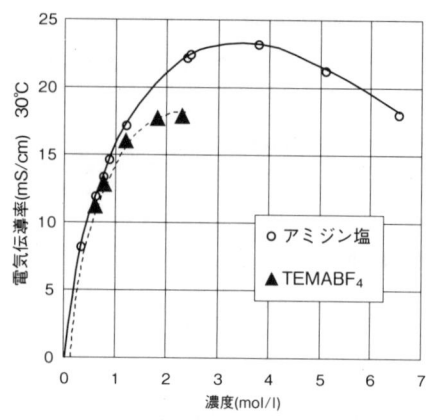

図2 電解質濃度と電気伝導率の関係

図3には，TEMABF₄およびアミジン塩のプロピレンカーボネート溶液の電気伝導率の温度依存性を示した。TEMABF₄では低温での溶解度の関係で濃度は1.8mol/lが限界，アミジン塩では2.5mol/lでも安定した溶解状態を示し，電気伝導率は大幅に高い値を示した。アミジン塩では特に低温領域で高い電気伝導率を与え，高性能の電解液であることが判った。

1.3.3 アルカリを抑制する電解液[1～3]

非水系の電気二重層キャパシタにおいて，電圧を印加したときに電解液中の微量の水分が酸素とともに式（2）のように還元されて，負極近傍でOH^-イオンを発生させる。このOH^-イオンは，負極の封口部を腐食し電解液の漏れの原因となってキャパシタの信頼性を低下させる場合が

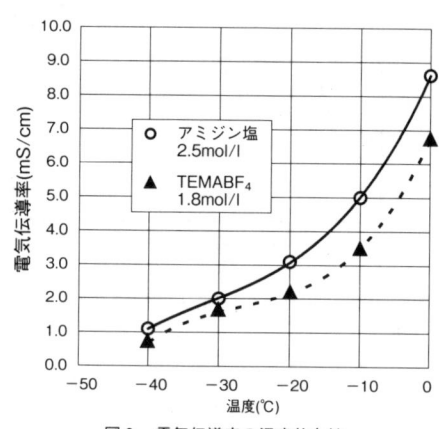

図3 電気伝導率の温度依存性

第2章　電解液

ある。

$$H_2O + 1/2\,O_2 + 4\,e^- \rightarrow 2\,OH^- \tag{2}$$

電解質が4級アンモニウム塩の場合は，このOH⁻イオン生成は顕著であるが，当社アミジン塩はこのように発生したアルカリを効果的に低減させる機能を有している。

図4には電解液として4級アンモニウム塩，及び当社アミジン塩のプロピレンカーボネート溶液を使用し，電解液を電気分解した時の負極部のpH測定を行った結果を示した。4級アンモニウム塩では電気分解が進むにつれて，負極付近のpHが非常に高くなっているのに対し，アミジン塩ではpHはあまり上がらず，OH⁻イオンの生成が大幅に抑制されていることがわかる。

2つの窒素に挟まれた炭素に水素原子が結合しているアミジン系電解質の場合，このC-H構造は水のように低い電圧で電気分解を受けないにもかかわらずプロトン性の性質を持っている。重水中や，重メタノール中で¹H-NMR測定を行うと，このプロトンは容易に重水素と交換して，経時的に観測されなくなり，プロトン解離能を示すことが知られている。

このような電解質は，式（2）で発生したOH⁻イオンと反応してOH⁻イオンを消失させるものと思われる。すなわち，OH⁻イオンのような強いアルカリに対しては酸として作用しアルカリの発生を抑制する性質を持つものと考えられている（式（3））。

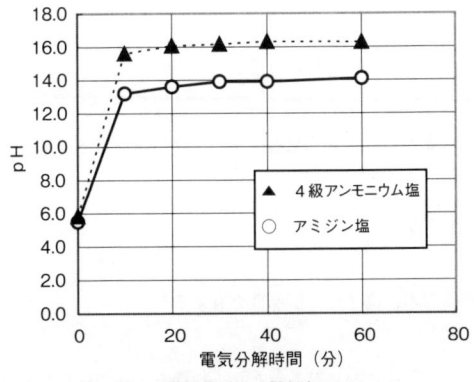

図4　電流電解時の陰極部のpH

試験方法
電解方法：室温，大気中でのH型セルによる定電流電解（50mA）
電極：白金プレート，面積は両面で10cm²
電解液量：負極室・正極室それぞれ15ml
pH測定：東亜電波工業㈱製 HM-40VpH メータおよび
　　　　GST-5421C pH複合電極を用いた

$$\underset{\underset{|}{R-N}}{\overset{\overset{H\cdots\cdots OH^-}{|}}{\underset{|}{\overset{|}{N-R}}}} \longrightarrow \underset{\underset{|}{R-N}\underset{|}{\overset{|}{N-R}}}{\overset{H^+ \cdots\cdots OH^-}{}} \quad (3)$$

このように，アミジン塩を電解質に使用した電解液を用いることにより，キャパシタの液漏れが抑制され，キャパシタの信頼性が向上する。

1.4 イオン液体の電気二重層キャパシタ用電解液への適用について

アミジン塩も構造によってはイオン液体となる。イオン液体は式（4）に示すような化学構造を有している。

〈カチオン例〉

(4)

〈アニオン例〉

$(BF_4)^-$　$(PF_6)^-$　$((CF_3CF_2SO_2)_2N)^-$

下記の特徴を有することから，電気二重層キャパシタ用電解液への適用検討も活発に行われている。

・不揮発性であり，難燃性
・広い温度域で液体
・高イオン密度であるため，高イオン伝導性を有する
・高い電位窓
・カチオン，アニオンの組み合わせが多数あり，物性をデザインしやすい

従来の有機溶媒を使用する電解液と比較し，不揮発性，難燃性という特徴を有するものの，下記の課題を有している。

・価格が高い
・高イオン密度であるため，粘度が高い
・屋外用途で使用する場合に必要な極低温領域（－20℃以下）では液状を保持しにくい

イオン液体は次世代の電気二重層キャパシタ用電解液となる可能性もあり，課題の克服が期待

第 2 章　電解液

されている。

1.5　おわりに

　電気二重層キャパシタは従来の電子機器のメモリーバックアップ電源等の用途から自動車等の大容量が必要な用途へ拡大している。それに伴い，さらなる高性能化，高信頼性化が求められている。そのキー材料の一つが電解液であり，研究開発の推進，目標の達成が期待されている。自らもその一助となるよう努力していきたい。

文　　　献

1)　再公表特許 WO95/15572
2)　特開平09-212788
3)　Y. Takamuku, H. Shimamoto, Y. Kobayashi and K. Shiono, in 21th International Conference on Solution Chemistry, Fukuoka, July 26-31, p.95(1999)

2 スピロ型第四級アンモニウム塩を用いた電気二重層キャパシタ用電解液

千葉一美*

2.1 はじめに

　優れた特性の電気二重層キャパシタの開発において，電解液の高性能化は不可欠の課題である。現在までに電解液には大きく分類して水系（主に硫酸水溶液）と非水系（主にオニウム塩の非プロトン性極性溶媒溶液）がある[1]。非水系は水系に比較して電導度で約2桁劣るものの耐電圧が水系の2倍以上あることなどから，電気二重層キャパシタの高エネルギー密度化が期待でき，特にハイブリッド自動車用途に代表される中・大型品の開発において広範に使用されている[2～4]。

　本節では，非水系電気二重層キャパシタ用電解液において一般的に必要な諸特性について考察した後，当社が開発したスピロ型第四級アンモニウム塩であるスピロ-(1,1')-ビピロリジニウム（SBP）塩[5,6]を用いた電解液を中心に解説する。

2.2 電解液に求められる特性

　優れた電解液の条件としては，①電解質の溶媒に対する溶解度が大きい，②電導度が大きい，③電解液の粘性率が小さい，④電解質イオン径が小さい，⑤電気化学的安定性が高い，等が挙げられる[7]。

　このうち①から③は，互いに密接な関係にある。活性炭電極へ吸着するイオンの数を増やしてキャパシタ静電容量を増加させるとともに電解液の電導度を増大させてキャパシタ内部抵抗を低下させることを目的として電解質濃度を増大させると，特に低温下にて電解液の粘性率が増加してキャパシタ特性が低下することがある。電気二重層キャパシタは多くの場合，-30℃から+70℃までの動作温度が要求されるため，電解質濃度はある一定の範囲（0.6から2.0mol/L程度）が望ましいことが経験的に確認されている。

　また④の電解質イオン径については，活性炭細孔まで入り込んで二重層容量を発現させるために，なるべく小さなイオンであることが望ましいが，それは新規電解質を開発する際，候補となる化学構造に選択肢が非常に少ないということを示している。そのため従来，実用化された電解質陽イオンは，主に以下の4種に限られていた。それらの電解液特性を表1に示す。

・対称型第四級アンモニウム塩であるテトラエチルアンモニウム（TEA）
・非対称型第四級アンモニウム塩であるトリエチルメチルアンモニウム（TEMA）

＊　Kazumi Chiba　日本カーリット㈱　R&Dセンター　研究員

第2章 電解液

表1 各EDLC用電解質の特性（陰イオンはBF$_4$，溶媒はPC）

名称	陽イオン構造	最大溶解度 (mol/L 298K)	最高電導度 (mS/cm 303K)	1.0mol/L時の電解液粘性率 (mPa・s 298K)	イオン径 (nm)
TEA		1.1	16	3.8	0.7[6]
TEMA		2.2	19	3.9	0.6[6]
DEME		5.1	14	4.7	0.8[8]
EMI		6.6	20	4.1	0.3[7]
SBP		3.6	20	3.8	0.4[7]

・イオン性液体でもある非対称型第四級アンモニウム塩であるジエチルメチル（2-メトキシエチル）アンモニウム（DEME）

・イオン性液体でもあるイミダゾリウム塩である1-エチル-3-メチルイミダゾリウム（EMI）

電解質陰イオンと溶媒に関しては，⑤の電気化学的安定性を考慮して，それぞれホウフッ化物（BF$_4$）イオンとプロピレンカーボネート（PC）純溶媒を採用する場合がほとんどである。

これら①から⑤までの要求特性を全て高いレベルで満足する電気二重層キャパシタ用電解液は開発途上であり，各社が精力的に高性能電解液の研究等を行っている。

2.3 スピロ型第四級アンモニウム

スピロ型第四級アンモニウムは，基本構造としては窒素原子に四つのアルキル基がついた通常の第四級アンモニウムと相違ない。しかしその最大の特徴は，四つのアルキル基が二つずつで二つの環を形成しており，結果として窒素原子を二つの環が共有している（スピロ構造）という点である。特に二つの環がどちらも五員環を形成している場合（SBP型）に最も優れた電解液特性を与えることが分かっている。特性の概略を表1に示す。

このSBP構造は，四つのアルキル基が等価であると解釈できる構造であるが，従来の対称型であるTEAと異なり，PCへの溶解度が極めて大きい。第四級アンモニウム塩（イミダゾリウム

塩を含む）のPCへの溶解性に関する理論としては，従来，主に以下の四点が考えられていた[7]。
① 分子構造の対称性が下がると結晶格子エネルギーが低下して最大溶解度が増大する。
② 分子が小さすぎると陽イオン－陰イオン間の静電的相互作用が強く働き最大溶解度が減少し，大きすぎても高濃度時に陽イオン－陰イオン間距離が近接することで最大溶解度が減少する。
③ イオンが持つ電荷を非局在化できれば最大溶解度が増大する。
④ 溶媒の比誘電率が高いと分子の解離度が大きくなり最大溶解度が増大する。
しかしながらスピロ型では，溶媒に起因する④以外の要素は以下のような状況である。
①' SBPの対称性は非対称型であるTEMAよりも高いが，最大溶解度はSBPの方が大きい。
②' SBPのイオン径はTEMAよりも大幅に小さい[8]が，イオン解離度は大きく[9]，最大溶解度はSBPの方が大きい。
③' 電荷は窒素原子上に局在化していると思われるが，SBPの最大溶解度は非常に大きい。
このように，スピロ型であるSBP塩のPCへの溶解性については従来の考え方では説明できない点があるものの，該塩を用いた電解液及び電気二重層キャパシタは優れた特性を示すことが分かった。

2.4 SBP電解液の特性

2.4.1 電導度

図1に，SBP-BF$_4$，TEMA-BF$_4$及びTEA-BF$_4$のPC溶液における電導度と電解質濃度の関係を示す。SBP-BF$_4$は最大溶解度がTEA-BF$_4$の3.5倍，TEMA-BF$_4$の1.5倍を有するため，最高電導度は20mS/cmに達する。電解質濃度と電解液粘性率の間には比例関係があるため電解質濃度は高

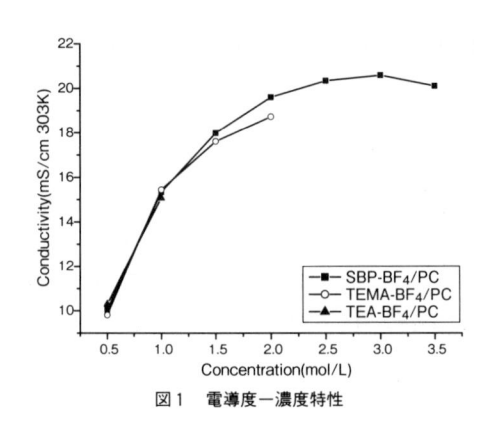

図1 電導度－濃度特性

第2章 電解液

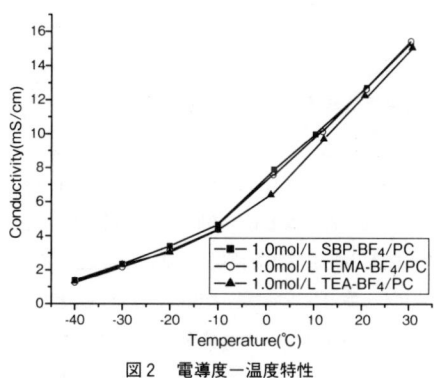

図2 電導度－温度特性

ければ良いというものではないが，最大溶解度1.0mol/LのTEA-BF_4では，中・大型キャパシタでの使用時に特性が不足することが多い。

図2に，いずれも第四級アンモニウム塩であるSBP-BF_4，TEMA-BF_4及びTEA-BF_4のPC溶液における電導度の温度特性を示す。三者ともに同じ電解質濃度で同じPC溶媒の場合は，相違がほとんど見られない結果となった。

2.4.2 粘性率

図3に，SBP-BF_4，TEMA-BF_4及びTEA-BF_4のPC溶液における粘性率の温度特性を示す。ここでは電導度の温度特性の場合と全く異なった傾向が見られた。室温付近では三者の間にはほとんど相違が見られないが，−20℃付近からTEA電解液の凝固が始まり急激な粘性率増大が起こっている。一方で，SBP電解液はTEMA電解液と比較しても30％程度低い粘性率を示してお

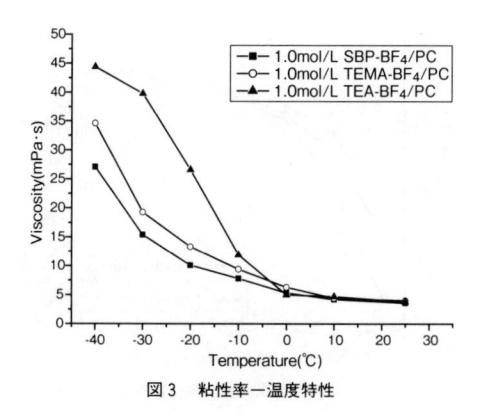

図3 粘性率－温度特性

り，−40℃の極低温でも安定して動作する電解液であることが分かった。

2.5 SBP電解液を用いた電気二重層キャパシタの特性
2.5.1 静電容量

電気二重層キャパシタの特徴の一つとして，優れた低温特性が挙げられる。そこで，電解質種による低温特性の変化及び前述の電解液としての特性との相関性を評価した。

図4に，SBP，TEMA，TEAの各電解液を使用した際の，2032コイン型電気二重層キャパシタの静電容量の温度特性を示す。室温付近では三者の間にはほとんど相違が見られないが，−20℃付近から差が見られはじめ，−40℃といった極低温域ではSBPの場合に大きな優位性が認められ，図3で示した電解液の粘性率が電気二重層キャパシタの低温特性に最も強く影響を与えていることが分かった。また，この優位性は使用する電極の種類によって程度が異なり，平均細孔径が小さな電極は電解質の種類による特性差が大きく現れる結果となった。

2.5.2 内部抵抗

図5に，同様の比較条件での内部抵抗の温度特性を示す。静電容量と同じく，図3の粘性率のグラフとの強い相関が認められた。内部抵抗の場合にも電極の種類による優位性の差が見られ，平均細孔径が小さな電極で大きな差が見られた。

2.5.3 レート特性

電気二重層キャパシタのもう一つの特徴として，急速充放電を行うことができることが挙げられる。そこで，急速放電特性（レート特性）が電解質種によって，どのように変化するか評価を行った。図6に，SBP，TEMAの各電解液を使用した際の放電特性を示す。実験の都合上，電解質濃度と電極の種類は前項までと異なっているが，使用した電気二重層キャパシタは上記と同じ

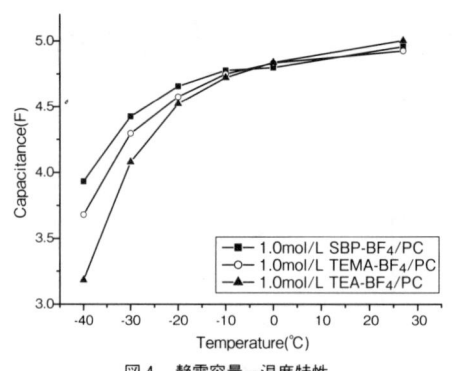

図4 静電容量−温度特性

図5 内部抵抗—温度特性

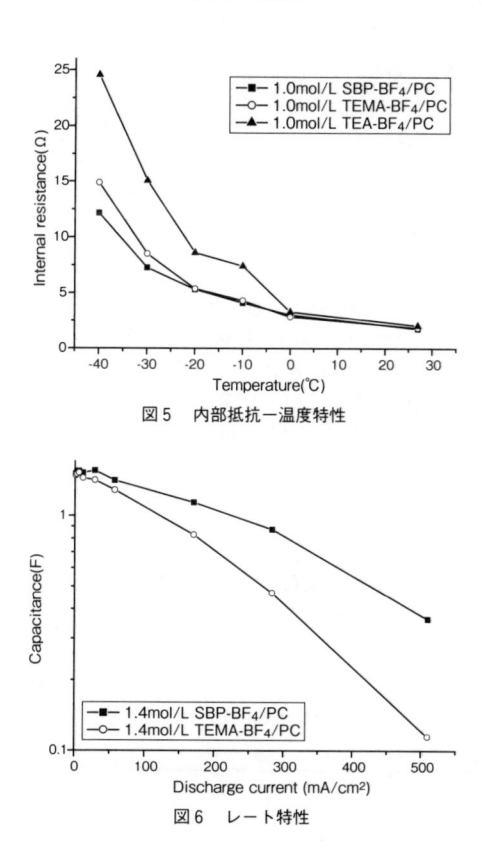

図6 レート特性

く2032コイン型である。結果としては，レートが大きくなるほど電解質種による差が広がり，電極面積あたりの放電電流値が500mA/cm^{2}程度を超えると，SBP と TEMA の場合の見かけの静電容量値の差は3.3倍に拡大しており，SBP 電解液を用いると非常に優れたレート特性が得られることが分かった。

2.6 まとめ

当社は，スピロ型第四級アンモニウム塩である SBP-BF$_4$ が諸特性に優れていることを見いだしたが，これは電解液の構成要件（電解質陽イオン，陰イオン，溶媒，添加剤，電極とのマッチング）のうちの一要件の改善に過ぎない。電気二重層キャパシタのさらなる飛躍のためには，より低い内部抵抗，高い静電容量，高い耐電圧が必須であり，電解液の特性向上への試みは未だ途上である。当社では引き続き各構成要件についての最適化を図り，電気二重層キャパシタの発展

に貢献していきたいと考えている。

文　　献

1) 宇恵誠, 電気化学および工業物理化学, **66**, 904 (1998).
2) 矢島弘行, キャパシタ技術, **12**, No.1, 7 (2005).
3) 佐藤貴哉, *Electrochemistry*, **72**, No.9, 711 (2004).
4) 六藤孝雄, *Electrochemistry*, **72**, No.11, 775 (2004).
5) 千葉一美, 永松亮太, 上田司, 亀井照明, 山本秀雄, 電気化学会第72回大会講演要旨集1 H21 (2005)
6) 千葉一美, 山本秀雄, キャパシタ技術, **13**, No.1, 25 (2006).
7) 田村英雄, 松田好晴, 高須芳雄, 森田昌行, 大容量電気二重層キャパシタの最前線, p.74, エヌ・ティー・エス (2002).
8) 芳尾昌幸, 中村仁, 特開2005-294780.
9) M. Ue, K. Ida, and S. Mori, *J. Electrochem. Soc*., **141**, 2989 (1994).
10) 櫛原俊明, キャパシタ技術, **13**, No.1, 11 (2006).

第3章　電気二重層キャパシタ電極用バインダー

森　英和[*1]，山川雅裕[*2]

1　はじめに

　電気二重層キャパシタは1F以下のバックアップ電源として，「μA」，「mA」レベルの微弱電流を取り出す用途で市場を形成してきたが，ソーラー道路鋲，玩具など「A」レベルの用途に続き，「数10A」の用途でもブレーキ制御，瞬低防止電源として使用され始めている。

　また21世紀課題である省資源省エネルギー，二酸化炭素排出量削減に貢献する負荷平準化や自然エネルギー電力安定化，車載動力用電源として大きな期待が寄せられている。

　しかしながら，NEDO成果報告書で見られるように実証化研究の成果は数多く見られるが，容量不足あるいは高コストが原因で実用化は困難な状況で止まっているのが実態である。

　容量不足に関しては電気化学会第73回大会で発表が見られたように，期待できる提案が見られるようになってきている[1~3]。

　一方コストに関しては，活性炭，導電剤，バインダーポリマーを溶剤を用いて混練し，ロール圧延，あるいは押出し圧延して電極を製造する方法から，リチウムイオン二次電池で実績のある塗布法への転換が進められてきている。セルコストで見ると期待される21世紀課題に適用できるレベルには未だ届かないが，現時点では塗布法が最もコスト面で可能性のある電極製造法である。

　当社では，リチウムイオン二次電池用のバインダーを開発してきた。図1に蓄電デバイスの内部構造概念図を示すが，使用される材料は異なるものの，リチウムイオン二次電池と電気二重層キャパシタは，類似の構造で作られている。

　当社では，リチウムイオン二次電池用バインダーの開発で培った技術蓄積をもとに電気二重層キャパシタに適したバインダーを開発してきたので紹介したい。

　電気二重層キャパシタで用いられる活性炭は，水蒸気賦活炭から容量の大きなアルカリ賦活炭

[*1]　Hidekazu Mori　日本ゼオン㈱　総合開発センター　インキュベーションセンター　主席研究員

[*2]　Masahiro Yamakawa　日本ゼオン㈱　総合開発センター　インキュベーションセンター　主席研究員

大容量キャパシタ技術と材料Ⅲ

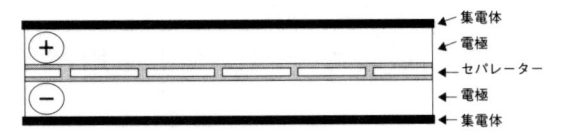

	正極		セパレーター	負極	
	集電体	活物質		集電体	活物質
リチウムイオン二次電池	アルミ	金属酸化物	オレフィン系ポリマー	銅	カーボン
電気二重層キャパシタ	エッチドアルミ	活性炭	セルロース系など	エッチドアルミ	活性炭

図1　蓄電デバイスの内部構造概念図

へと開発が進められているが，活性炭の性質によって使用されるバインダーも変わってくるし，塗布法による電極製造も一部のメーカーを除くとこれからといったところが現状である。正直なところ，バインダーの開発もさまざまな変化に合わせて行っていくことが必要であり，この機会に読者の方々からご指摘をいただきながら，よりニーズに合った開発を進めていきたい。

2　塗布法への電極製造プロセスの転換

電気二重層キャパシタ電極の製造方法として，従来より行われている活性炭，導電剤，及びバインダーとしてポリテトラフルオロエチレン（以下 PTFE と略す）とを，少量の溶剤を添加して混練し，ロール圧延，あるいは押出し，圧延して電極を製造する方法（以下押出し圧延法と略す）の概要を図2に示す[4]。押出し圧延法ではバインダーとして用いられる PTFE を糸状にする（ミクロフィブリル化）ために溶剤を用いて混練操作が行なわれ，ついで一次シート成形後圧延されて所定の厚みの電極シートが得られる。得られたシートは導電性接着剤を塗布した集電体に貼り付けられる[5]。

押出し圧延法の詳細については必ずしも明確にされていないが，生産スピード，歩留まり，あるいは電極シート製造後，導電性接着剤を塗布した集電体に貼り付ける工程が必要なこと，溶剤を使用するため乾燥が必要なこと等がコストを上げる要因になっていると思われ，セルコストで見た場合，10,000円/Wh 程度といった意見が聴かれる。

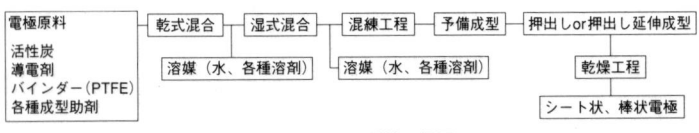

図2　押出し圧延法の概要

第3章 電気二重層キャパシタ電極用バインダー

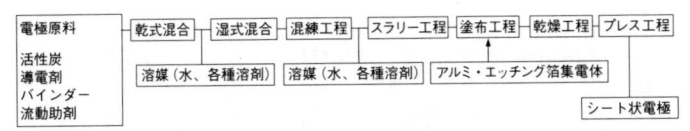

図3 塗布法の概要

電極原料	→	乾式混合	→	湿式混合	→	混練工程	→	スラリー工程	→	塗布工程	→	乾燥工程	→	プレス工程
活性炭 導電剤 バインダー 流動助剤				溶媒(水、各種溶剤)		溶媒(水、各種溶剤)				アルミ・エッチング箔集電体				
										シート状電極				

そのためコスト低減のためリチウムイオン二次電池で実績のある塗布法の検討が進められてきている。塗布法では，現状のセルコストは6,000~7,000円/Whだが，将来的には3,000円/Whが可能と言われている。

塗布法の概要を図3に示す[6]が，塗布法による電極は材料をスラリー化し，集電体上にコーターを用いて電極スラリーを塗布，乾燥して得られる。塗布法では集電体の上に電極スラリーを塗布して乾燥させるので，導電性接着剤を塗布した集電体は不要だし，また歩留まりも高い。

但し，実際にはセルコストは電極厚みによっても影響を受けるため3,000円／Whが現実の用途で実現するかどうかは予断を許さない。

実際塗布法で製造できる電極厚みは約30~150μmで，押出し圧延法に比べて電極厚みの薄い領域を得意とする方法である。30μmよりも薄い電極では従来のリチウムイオン二次電池電極を製造するコーターとは異なる工夫が必要になってくる。また，150μmよりも厚いところでは乾燥の問題等から乾燥炉の長さを長くする必要が出てきたり，乾燥条件によっては電極が脆くなってしまう。

そういった様々な課題を持ってはいるが，現状では塗布法が最も安価に電極を得る方法であり，リチウムイオン二次電池で実績のあるプロセスなので，押出し圧延法から塗布法へ製造方法の転換が進むのは間違いないと考えている。以下塗布法を中心に説明していきたい。

3 バインダーの種類と特徴

図4に各種バインダーの構造と結着モデルを，また表1に各種バインダーの特徴を示す。

PTFEはおもに押出し圧延法のバインダーとして用いられる。PTFEをバインダーに用いた場合，電極は極めて柔軟で曲げに対して強い特性を持っており，メモリーバックアップ用を中心とする現行の用途では，最も一般的に使用されている。電極の形態保持性はPTFEをミクロフィブリル化することで，活性炭を蜘蛛の巣状に抱え込む結着様式で発現させている。

しかしながら，PTFEのディスパージョンをバインダーに用いて塗布法で電極を製造した場合，集電体との密着性が不足する傾向が見られ，PTFEは押出し圧延法で比較的厚みのある電極を得るのに適したバインダーと言える。

バインダー種

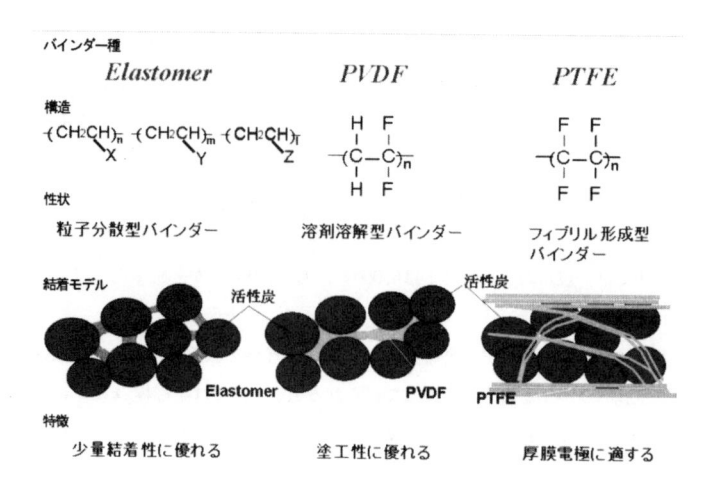

Elastomer	PVDF	PTFE

構造

Elastomer: ─(CH₂CH)ₘ─(CH₂CH)ₙ─(CH₂CH)ᵧ─
              │X   │Y   │Z

PVDF:
$$-\left[\begin{array}{c}H\ F\\-C-C-\\H\ F\end{array}\right]_n-$$

PTFE:
$$-\left[\begin{array}{c}F\ F\\-C-C-\\F\ F\end{array}\right]_n-$$

性状

粒子分散型バインダー	溶剤溶解型バインダー	フィブリル形成型バインダー

結着モデル（活性炭とバインダーの結着図：Elastomer／PVDF／PTFE）

特徴

少量結着性に優れる	塗工性に優れる	厚膜電極に適する

図4　バインダーの構造と結着モデル

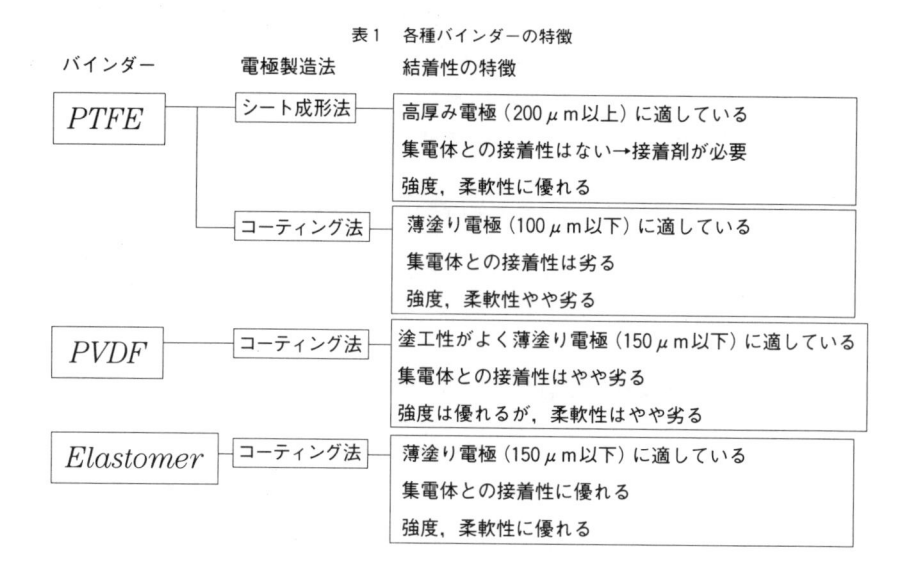

表1　各種バインダーの特徴

バインダー	電極製造法	結着性の特徴
PTFE	シート成形法	高厚み電極（200μm以上）に適している 集電体との接着性はない→接着剤が必要 強度，柔軟性に優れる
PTFE	コーティング法	薄塗り電極（100μm以下）に適している 集電体との接着性は劣る 強度，柔軟性やや劣る
PVDF	コーティング法	塗工性がよく薄塗り電極（150μm以下）に適している 集電体との接着性はやや劣る 強度は優れるが，柔軟性はやや劣る
Elastomer	コーティング法	薄塗り電極（150μm以下）に適している 集電体との接着性に優れる 強度，柔軟性に優れる

次にコーティングプロセスで検討されている二種類のバインダーに関して説明する。リチウムイオン二次電池では，開発当初，正極，負極ともにバインダーにポリビニリデンフルオライド（以下 PVDF と略す）を N-メチルピロリドン（以下 NMP と略す）に溶解させたものが用いられてきた。その後，負極では耐還元性に優れる水分散型エラストマーへ転換が進められた。電気

第3章　電気二重層キャパシタ電極用バインダー

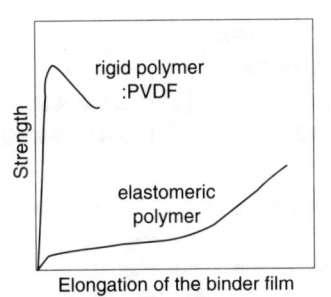

図5　バインダーフィルムのS–Sカーブ（模式図）

二重層キャパシタでもその影響を受けてかどうかは不明だが一部メーカーにて検討されている。しかしながら，図5に示すとおりPVDFは剛直なポリマーで，電極に柔軟性が求められる場合には適さないことが分かる。またPVDFはNMPに溶解させた形で使用されるため（溶剤溶解型バインダー），乾燥過程で活性炭表面を覆い易いと思われる。

また電気二重層キャパシタのバインダーに用いる場合NMPが活性炭細孔中に入り，残留してサイクル特性に影響を与えることも懸念されている。

以上のような背景から，電気二重層キャパシタでは塗布法で電極を得る場合粒子分散型エラストマー系バインダーが一般的に用いられてきている。

粒子分散型エラストマー系バインダーは，水中にエラストマー微粒子が分散しているもので，電極乾燥過程で活性炭粒子間の狭い隙間に集まり，活性炭粒子を点接着するため比較的少ないバインダー量で結着することができる。

4　塗布工程と電気二重層キャパシタ電極用バインダーの関わり

図6に電極のモデル図を示すが，バインダーの基本的な役割は集電体との結着，導電剤の固定，活性炭同士の結着である。活性炭，導電剤，集電体の効果的な接着を行なうことでキャパシタの高性能化を図ることが可能になる。

また，バインダーは電極製造面でも重要な働きをしている。図7には電極製造工程とバインダーの果たす役割を示した。以下工程順に説明する。

4.1　スラリー安定性

安定なスラリーの作製は電極の塗布工程安定化だけでなく，得られる電極の特性にも大きく関

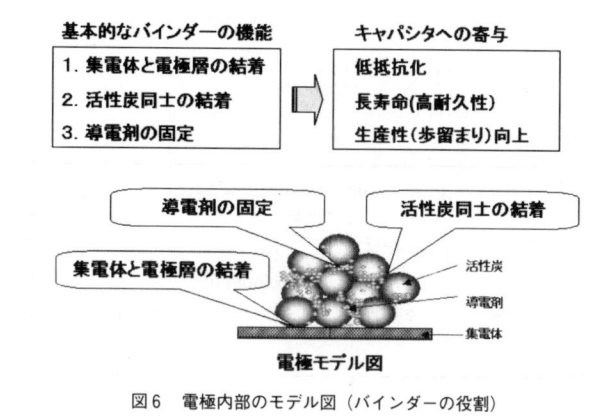

大容量キャパシタ技術と材料Ⅲ

基本的なバインダーの機能
1. 集電体と電極層の結着
2. 活性炭同士の結着
3. 導電剤の固定

⇒

キャパシタへの寄与
低抵抗化
長寿命(高耐久性)
生産性(歩留まり)向上

電極モデル図
- 導電剤の固定
- 活性炭同士の結着
- 集電体と電極層の結着
- 活性炭
- 導電剤
- 集電体

図6 電極内部のモデル図（バインダーの役割）

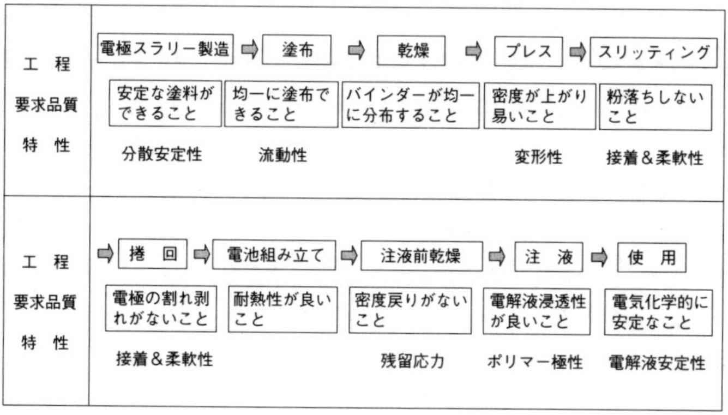

工程	電極スラリー製造 ⇒	塗布 ⇒	乾燥 ⇒	プレス ⇒	スリッティング
要求品質	安定な塗料ができること	均一に塗布できること	バインダーが均一に分布すること	密度が上がり易いこと	粉落ちしないこと
特性	分散安定性	流動性		変形性	接着＆柔軟性
工程	⇒ 捲回 ⇒	電池組み立て ⇒	注液前乾燥 ⇒	注液 ⇒	使用
要求品質	電極の割れ剥れがないこと	耐熱性が良いこと	密度戻りがないこと	電解液浸透性が良いこと	電気化学的に安定なこと
特性	接着＆柔軟性		残留応力	ポリマー極性	電解液安定性

図7 電極製造工程とバインダーのかかわり

わってくる。スラリー安定性には使用する活性炭の種類の影響が大きい。

そのため，使用する活性炭に対して安定なスラリーを作製することが出来るバインダーを選定することが重要である。表2には代表的な活性炭と弊社バインダーの適合性を示したが，ヤシ殻炭，アルカリ賦活炭では特に注意が必要である。

4.2 スラリー作製のポイント

水分散型バインダーを用いる場合，それ自身はスラリーに流動性を付与する特性を有していないので，カルボキシメチルセルロースのような水溶性ポリマーの使用が不可欠である。また，水分散型バインダーは熱力学的に準安定な状態でエラストマー微粒子が水に分散しているので，水分散型バインダーにせん断力をかけないため，活性炭，導電剤を予め水溶性ポリマーで分散した

第3章　電気二重層キャパシタ電極用バインダー

表2　活性炭とバインダーの適合性

	BM-400B	AD-181	AD-630	AZ-9001
フェノール系水蒸気賦活炭	○	○	○	○
やし殻系水蒸気賦活炭	○	○	△*	○
アルカリ賦活炭	○	○	△*	△*

＊：△評価でも CMC と併用することで良好なスラリーが得られる

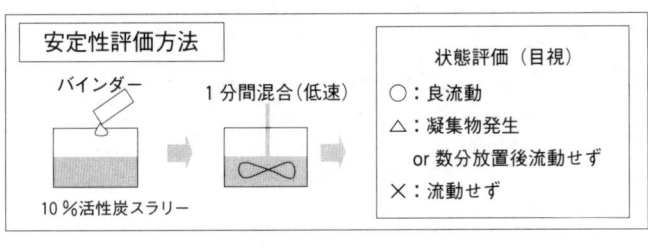

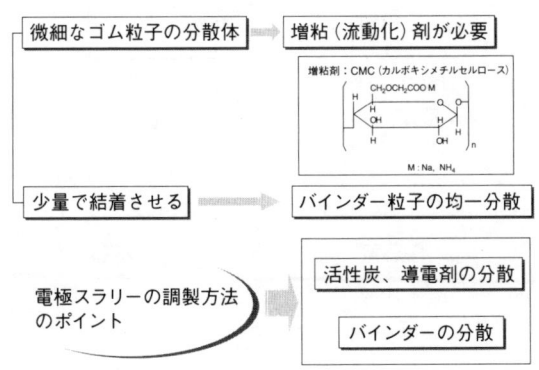

図8　エラストマーバインダーを用いた電極スラリー調製のポイント

後，水分散型バインダーを添加し，均一に分散する方法が好ましい。そうすることでより少ないバインダー使用量で十分な結着性を付与できる。また，活性炭のより高度な分散を行なうためには塗料化工程をきちんと制御する必要がある。そのためには使用する活性炭の吸液特性の評価が重要である。その一例を図9に示す。弊社では活性炭に CMC 溶液を加えながらその流動状態を目視で観察し，流動性レベルを評価する方法で塗料化のポイントになる時点の固形分濃度を決定している。

これから実施する場合は数値化可能な方法として吸液量測定装置を用いる方法が推奨される。たとえば㈱あさひ総研で販売している吸収量測定器 S-410D などがある。

測定器に一定量の活性炭を仕込み一定速度で CMC 水溶液を滴下してトルクを測定する。最大

把握方法；活性炭粉末5grを秤量し、低粘度CMC(セロゲン7A)の1％水溶液を少しづつ添加しながら混合します。流動状態を確認し、下記図を描くことにより好ましい混練ポイントを把握します。流動レベルは表の目視観察レベルで判断します。

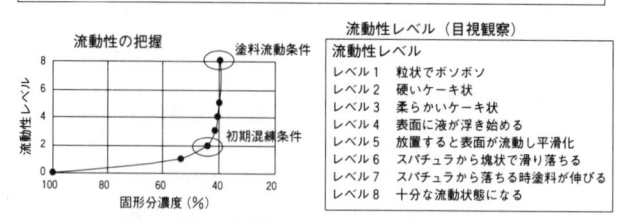

流動性の把握

縦軸：流動性レベル（0〜8）
横軸：固形分濃度（％）（100〜20）

塗料流動条件
初期混練条件

流動性レベル（目視観察）

流動性レベル	
レベル1	粒状でボソボソ
レベル2	硬いケーキ状
レベル3	柔らかいケーキ状
レベル4	表面に液が浮き始める
レベル5	放置すると表面が流動し平滑化
レベル6	スパチュラから塊状で滑り落ちる
レベル7	スパチュラから落ちる時塗料が伸びる
レベル8	十分な流動状態になる

図9　活性炭粉末の吸液挙動の把握

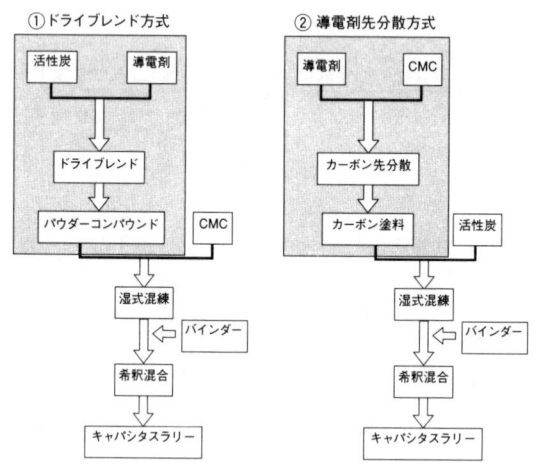

① ドライブレンド方式

活性炭　導電剤
　↓
ドライブレンド
　↓
パウダーコンパウンド ← CMC
　↓
湿式混練 ← バインダー
　↓
希釈混合
　↓
キャパシタスラリー

② 導電剤先分散方式

導電剤　CMC
　↓
カーボン先分散
　↓
カーボン塗料 ← 活性炭
　↓
湿式混練 ← バインダー
　↓
希釈混合
　↓
キャパシタスラリー

図10　スラリー作製法例

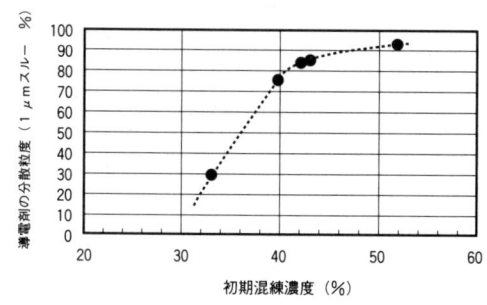

縦軸：導電剤の分散粒度（1μmスルー％）
横軸：初期混練濃度（％）

図11　導電剤の混練条件と分散粒度

第3章 電気二重層キャパシタ電極用バインダー

表3 作製スラリーの性状

コーティング標準配合		スラリー粘度（B型粘度計）	
活性炭	100重量部	回転数	
導電剤	5重量部	60rpm	6,000mPa・s
CMC	2重量部	6rpm	12,000mPa・s
Binder	3重量部	V6/V60	2.0
最終スラリー濃度	37%		

トルクを示す付近の固形分濃度で初期混練を行なうと分散の良いスラリーが得られる。また図10にスラリー作製例を二つ示す。①は一般的なスラリー作製法である。②は導電剤の分散を重視したスラリー作製法で予め導電剤を単独で分散させる方法である。より少ない導電剤量で抵抗の低い電極を得るためには粒子径の異なる二種類の粉体を一緒に混合，分散するのではなく予め導電剤のみを分散させることが好ましい。

なお，図11に導電剤の分散結果を示すが，活性炭の分散と同様に好ましい濃度で分散することが必要である。

4.3 塗布特性

塗布法電極の作製においては，平滑で均一な電極塗膜を得るため，用いるコーターに適したスラリーの流動性，粘性が必要である。表3にモデル配合でのスラリーの性状例を示す。スラリーの性状としては，コーターに適した粘度，適度な構造粘性，そして沈降性の少ないことが必要な条件である。

4.4 乾燥

塗布法電極の製造において，乾燥条件は電極の特性を左右する重要な要因である。塗布直後のまだ十分に固定化されていない状態で急速乾燥すると，電極表面にバインダーが集まり集電体近傍の下層部のバインダー濃度が低下する。これにより，電極の剥離強度の著しい低下，電解液浸透性の悪化という現象が起こる。塗布電極の乾燥は，バインダーの偏析が起こらないように，初期はマイルドに行うことが重要である。図12に，当社で行っている剥離試験の方法を示した。塗膜の剥離試験は，電極表面に接着テープを貼り付けて行うのが普通だが，当社では電極の硬さの影響を除くために，集電体近傍の弱い部分の強度を見るために，電極側を固定して集電体を剥離する方法を採用している。

4.5 プレス

塗布，乾燥後の電極のプレス処理は①導電通路の形成，②電極密度を上げることでセルのエネ

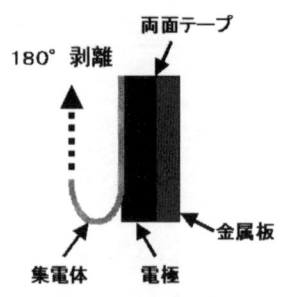

図12 当社での剥離強度試験

ルギー密度を上げるためにも好ましいが，強過ぎると却って活性炭構造が破壊されたり，エッチング箔を用いている電気二重層キャパシタでは集電体の損傷に繋がる危険性もあり注意が必要である。バインダーから見ればプレス処理で電極密度を上げ易い設計が必要であるが，バインダー使用量が多いほど電極密度は上がり易い。反面，電極の抵抗は大きくなり易い。

4.6 スリッティング

スリッティング工程では，スリット時に粉落ちしないことが必要である。粉落ち防止には，電極と集電体との接着力，電極の柔軟性を高めてやることが効果的である。また，電極内部の欠陥や凝集物の存在も粉落ちにつながりやすく，スラリー調製方法の工夫により電極内部の均一性を高めてやることも重要である。

4.7 捲回

円筒型のキャパシタで行われる捲回操作では，電極の曲げに対する強さが求められる。バインダーに求められる性能としては，柔軟性に加えて捲回時に電極にかけられる張力で剥離を起こさない結着力が求められる。図13に当社で行っている曲げ試験の方法を紹介する。この方法は，ループ状にした電極をスティフネスを計測しながら，1mmの高さまで押しつぶしてどこで割れるかを調べるものである。電極が割れた高さ（mm）をクラッキングポイントと呼んで，曲げに対する強さの尺度にしている（値が小さいほど曲げ強い）。

4.8 注液前乾燥

この工程は，電解液注液前に電極中の水分除去のために行う乾燥で，比較的高温で行われることが多い。リチウムイオン二次電池の負極用として用いられるジエン系のバインダーは，熱分解の開始温度は200℃以上であるが，200℃以下であっても高温で長時間さらされると分子間架橋が

第3章 電気二重層キャパシタ電極用バインダー

ループ試験法とクラッキングポイントの求め方

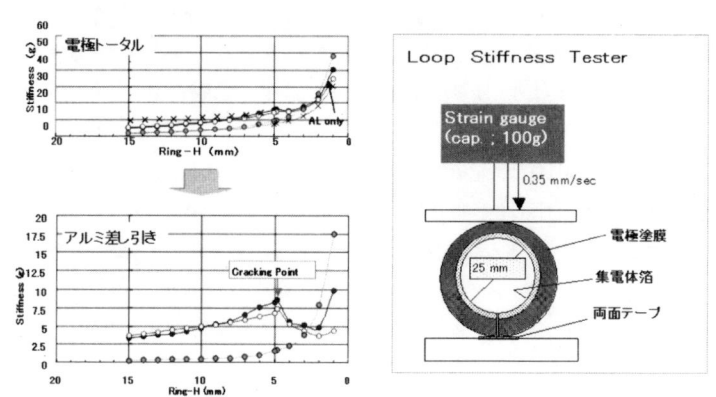

図13 当社での曲げ強度試験

進み柔軟性が失われてしまう。そのため，高温長時間の乾燥で電極の剥離といったことが起こりやすく，注液前乾燥の条件設定に注意を要する。高温乾燥時の剥離強度の改良には，飽和系のエラストマーバインダーが適しており，高温乾燥しても柔軟性を損なうことがなく，剥離強度の低下も少ない。

4.9 注液

電解液の注液工程では，電極内への液の浸透性が重要である。浸透性が悪いと製造工程での生産性に悪影響を与える。浸透性の支配要因は電極構造であるが，電極表面へのバインダーの偏在化や，バインダーと電解液の著しい親和性の低さは，浸透性の悪化を促進すると考えられる。このことから，バインダーとしては電解液との適度な親和性を持ちつつ，電解液に対する膨潤を抑えたものが望ましい。

4.10 セル特性

4.10.1 サイクル寿命

電気二重層キャパシタの特長のひとつは長寿命，高信頼性である。バインダーにおいても電気化学的に安定であることが必要で，長時間の使用で化学的な変化やガスの発生を引き起こすものは使用できない。また，電気二重層キャパシタでは通常正極，負極を分けて製造する例は少なく，バインダーは酸化にも還元にも安定であることが求められる。

4.10.2 静電容量

電極の静電容量は，活性炭の能力と電極での充填度が支配しているが，バインダーによる表面被覆も活性炭表面の有効面積の減少を引き起こし容量低下の原因となると考えられる。従って，高容量化のためには，導電剤を減らして活性炭の充填度を高められるバインダー処方，活性炭表面をできるだけ被覆しないよう，少量結着が可能なバインダーが求められる。

4.10.3 内部抵抗

キャパシタ電極の内部抵抗は，電極内の導電パスの状態と電極と集電体界面の状態が大きな影響を与える。バインダー自体は絶縁物であるため，電極内で大量に存在すると電気的な抵抗は増大する。従って，ここでもできるだけ少ないバインダー量で結着させることが必要である。また，内部抵抗に関しては，バインダーと導電剤の関係も重要で，導電剤とバインダーがともに良く分散した形で，導電性と結着性がともに発現することが望ましく，その意味から，バインダーの改良によって内部抵抗を低下させることができる。

バインダーに対する要求品質をまとめたものを図14及び表4に示す。

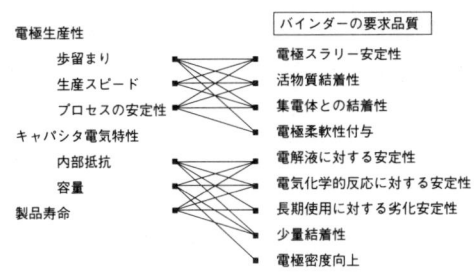

図14 キャパシタ品質とバインダーの要求品質との関係

表4 バインダーに対する要求品質

要　求	理　由	目標レベル
水系であること（塗布法）	環境方針	
耐熱性が良いこと	細孔中の水分を飛ばすため	高温（130-160℃）で変化しない
柔軟性があること	捲回するため	LIB電極並み
使用部数が少なくて済む	内部抵抗を上げないため	より少ない部数で
塗料性が良いこと	表面平滑性の良い電極が得られるように	LIB電極並み
塗料性が変化しないこと	連続操業を可能にするために	塗工適性濃度範囲を広く
不純分を含まないこと	自己放電を少なくするために	集電体を腐食しない
結着性が良いこと	サイクル性能確保のために	LIB電極並み

第3章 電気二重層キャパシタ電極用バインダー

5 電気二重層キャパシタの高性能化

　電気二重層キャパシタの高性能化の方向としては，2つの方向に流れを向けていくと思われる。すなわち，出力特性を活かしてアルミ電解コンデンサーの領域を侵食する薄膜電極による高出力設計と，二次電池の領域に踏み込む厚膜電極による高容量化設計の2つの方向への二極化である。

　バインダーもまたそれぞれの方向に向けて要求される性能が異なり，改良されていかなければならない。高出力設計についてはより低抵抗の電極を実現するためのバインダーである。図15に開発したバインダーのコイン型キャパシタを作製して測定した内部抵抗のデータを示す。バインダーの改良により，十分な結着強度を維持しながら，低内部抵抗の電極が得られる。

　また，高容量設計では厚膜化による電極強度や曲げ強度の低下に対して，改良されたバインダーが求められる。図16に曲げ強さについての改良品の試験例を示す。高容量化を目指して高厚みの電極が求められているが，塗布電極は厚みを増すほどに割れ易いため，高厚みでも曲げに強いバインダーの開発が進められている。しかし，塗布法では，電極厚み増大による強度低下をバインダー増量でカバーすると内部抵抗の増大をまねき易いことや，乾燥時のバインダーの偏析が起こり易くなり乾燥速度が上げられない等の課題もあり，塗布法での電極厚みは$150\mu m$程度が

図15　エラストマーバインダーの剥離強度と内部抵抗

図16　エラストマーバインダーの曲げ強さ

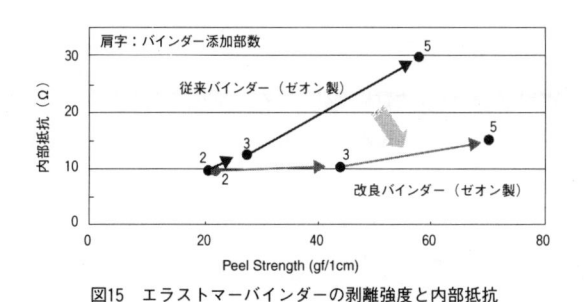

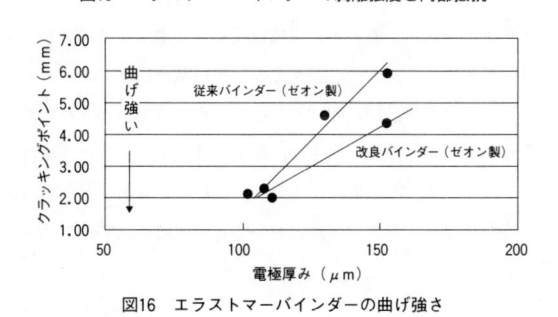

表5 日本ゼオンのキャパシタバインダーの特性

項目・試験法・条件		バインダー 活性炭	BM-400B	AD-181	AD-630	AZ-9001
適用			汎用キャパシタ対応		高容量(高電圧)キャパシタ対応	
特長			ジエン系エラストマー		飽和系エラストマー	
耐電解液性〔膨潤度（重量倍）〕 バインダーポリマーシートの電解液浸漬試験 PC/TEMAF 1.4mol/L 60℃×72hrs			1.07	1.03	1.65	1.26
スラリー安定性（ランク） 活性炭の10％懸濁水へのバインダー添加試験		活性炭A*¹	○	○	○	○
		活性炭B*²	○	○	△	○
		活性炭C*³	○	○	△	△
剥離強度（N/m） 電極の180°剥離試験		活性炭A(2部)	19.3	17.1	3.8	10.9
		活性炭B(3部)	11.5	13.7	5.9	14.4
		活性炭C(2部)	20.5	15.7	8.3	21.7
曲げ試験〔クラッキングポイント(mm)〕 電極屈曲試験：電極(120μm)が割れる屈曲高さ		活性炭A	2.8	1.9	5.5	2.8
		活性炭C	3.5	2.7	9.8	3.1
キャパシタ特性 12mmφ電極コイン 充電：10mA 2.7V 放電：10mA 0V	静電容量（F/g） 電極重量当り	活性炭A	20.9	25.4	22.1	24.9
		活性炭B	24.1	21.8	21.8	24.1
		活性炭C	37.8	38.0	38.4	38.1
	内部抵抗（Ω） 放電時間12％部接線と開始点垂線の交点までのIRドロップ	活性炭A	15.5	9.7	10.0	8.7
		活性炭B	6.8	10.2	10.8	6.6
		活性炭C	10.5	9.8	8.8	9.6

*1 フェノール系水蒸気賦活炭
*2 やし殻系水蒸気賦活炭
*3 フェノール系アルカリ賦活炭

限界と思われる。

表5に当社が開発したキャパシタ電極用バインダーの特性一覧表を示す。評価に用いた活性炭は，市販の活性炭より，フェノール系水蒸気賦活炭，やし殻系水蒸気賦活炭，アルカリ賦活炭の3種を選んで行った。

6 おわりに

現在，電気二重層キャパシタは，省エネ，環境保護に寄与するクリーンなエネルギーデバイスとして，大きな注目を集めており，今後，益々その使用領域を広げていくものと思われる。すでに，電気二重層キャパシタの高容量化に向けてのいくつかの提案がなされ，実現に向けて動き出しているところである。このような動きの中で，電気二重層キャパシタの高性能化のキーとなる技術の一つがバインダーである。そして，バインダーに対してもキャパシタの高性能化に向けて更なる性能向上の期待が高まっており，当社においてもその期待に応えるべくバインダーの改良を続けていく考えである。

第 3 章　電気二重層キャパシタ電極用バインダー

文　　　献

1) 安東信雄,　田崎信一,　藤井勉,　松井恒平,　田口博基,　小島健治,　波戸崎修,　羽藤之規,　渋谷秀樹,　電気化学会第73回大会講演要旨集,　p280 (2006)
2) 芳尾真幸,　王宏宇,　中村仁,　電気化学会第73回大会講演要旨集,　p286 (2006)
3) 石原達己,　古賀宗幹,　芳尾真幸,　中村仁,　電気化学会第73回大会講演要旨集,　p286 (2006)
4) 西野敦,　大容量キャパシタ技術と材料Ⅱ,　シーエムシー出版,　p103 (2003)
5) 岩井田学,　小山茂樹,　井上顕一,　駒沢映祐,　Honda R&D Technical Review **15**, №1, 37 (2003)
6) 西野敦,　大容量キャパシタ技術と材料Ⅱ,　シーエムシー出版,　p102 (2003)

第4章 導電性改良剤（アセチレンブラック）

和田徹也*

1 はじめに

　電気二重層キャパシタ（EDLC）では，一般に活性炭の大きな表面積で容量を稼ぐように設計されている。活性炭は比較的大きな粒子であるため，金属の集電板との間での導電性を確保するために高純度のアセチレンブラックを始めとするカーボンブラックを導電補助材として使用するのが一般的である[1]。このため，電解質に対する分散性がポイントになる。また，近年EDLCの炭素材料そのものが検討されており，ホウ素や窒素といった異価元素を混入させた炭素材料が検討されている[2]。

　アセチレンブラックは一次粒子が40nmのナノテク素材であり60余年の歴史があるが，マンガン乾電池を始めとしてリチウムイオン二次電池や燃料電池などに幅広く検討されている。本稿ではアセチレンブラックの特徴とEDLCへの応用について概説し，アセチレンブラックにホウ素を混入させた試作品についても紹介する。

2 アセチレンブラックの特徴

　アセチレンブラックはアセチレンガスを連続的に熱分解して製造される。現在では工業的に製造されるカーボンブラックは殆んど炭化水素の部分燃焼によるが，熱分解も一部行なわれている。代表的な炭化水素の分解熱（標準生成エンタルピー）の値を表1に示すが，アセチレンガスの分解熱が際立って大きいことが見て取れる。この大きな分解熱によって一旦熱分解が始まると分解反応は自発的に進むことになり，酸素などの酸化剤は不要である。断熱到達温度は計算上2,600℃以上にも達する。一方，ベンゼン，ブタジエン等共役結合，二重結合を有する化合物の分解は発熱反応ではあるが，反応を継続させるためには外部熱源（電気炉，部分酸化による不完全燃焼熱，プラズマなど）が必要である。アセチレンガスとファーネスブラックを始めとする他のカーボンブラックとの基本的な差異はこのことに基づくものである。

　従って，アセチレンブラックの特徴は以下のとおりまとめることが出来る；

---

　*　Tetsuya Wada　電気化学工業㈱　有機・高分子部門事業企画　課長

第4章　導電性改良剤（アセチレンブラック）

表1　炭化水素の標準生成エンタルピー

	$\Delta H°_f$ (kJ/mol)	炭素原子1個当り $\Delta H°_f$ (kJ/mol)
アセチレン (g)	228.0	114
メタン (g)	−74.4	−74
エタン (g)	−84.0	−42
エチレン (g)	52.2	26
ベンゼン (g)	82.9	14
1,3ブタジエン (g)	109.9	28

① 高純度である

　アセチレンガスを精製することによってイオウ，金属不純物の少ない高純度のカーボンブラックである。

② 表面官能基が少ない

　熱分解で製造するため酸化剤としての酸素が不要であり，CO，COOHなどの表面官能基が非常に少ない。これらの官能基は一般に親水性のため，官能基の少ないアセチレンブラックは疎水性である。

③ 一次粒子が均一で，ストラクチャーが発達している

　アセチレンガスは他の炭化水素に比べ炭素対水素比が大きい（H：C＝1：1）ため副生する（水素）ガスが少ない。このため粒子の核生成密度が大きく，衝突・合着して"ブドウの房"様の凝集体となる。これをアグリゲートといい，アグリゲートが大きいことをストラクチャーが発達していると表現する。電池の吸液性に関係する特性である。また，高温で反応速度が極めて速いため，一次粒子の粒径分布が均一になる。

④ 結晶が発達している

　実際の熱分解温度は2,000℃程度の炉内温度であるが，他のカーボンブラックに比べ充分に反応温度が高く，もちろん黒鉛ほどではないが結晶が発達している。カーボンブラックの中ではX線回折的には結晶子が大きく，炭素六角網目の層間距離も短い。

⑤ 電気伝導性がよい

　これらの結果として，他の物性とのバランスを有しながらも電気伝導性が優れている。

⑥ 熱伝導性がよい

　黒鉛に比較すると熱伝導性は悪いが，カーボンブラックのなかでは熱伝導性が優れている。炭素材料は室温付近では熱の伝導は電子によるのではなく，フォノン（格子振動）によると言われており，実際に樹脂，ゴムに練り込んだ場合複合体の熱伝導は結晶子の大きさと良い相関が得ら

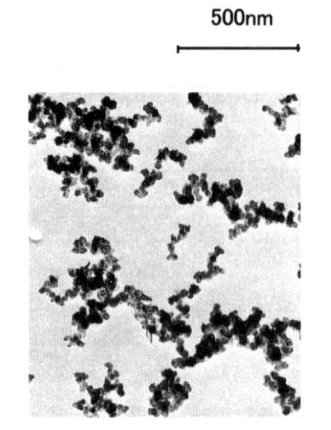

写真1　アセチレンブラックのTEM像（低倍率） 　　写真2　アセチレンブラックのTEM像（高倍率）

れている。

　写真1，2にアセチレンブラックのTEM写真を示す。写真1はストラクチャーを示し，写真2の高倍率の写真では完全ではないが黒鉛構造に由来する層状の構造が認められる。

3　粉体特性

　アセチレンブラックは乾電池用あるいはゴム充填用の一部としてJIS化されており，粉体特性の測定方法が規定されている[3]。上市されているアセチレンブラックの代表的な粉体特性値を表2に示す。非常に嵩高いため粉体本来の真性（intrinsic）電気伝導，熱伝導に関する記述はほとんどなく，一定量添加した樹脂あるいはスラリーとの複合体として相対値を示すか，粉体を一定圧力で圧縮した際の抵抗値で表されることが多い。

　一方，アセチレンブラックは自発的な熱分解反応に従って製造されるためその制御因子は少ないが，アセチレンガスの熱分解では非常に大きな発熱密度（生成ガス体積当りの発熱量）を有するため，希釈ガス，部分酸化などにより発熱密度を変化させることによって特性の異なるアセチレンブラックが得られる可能性がある[4]。特にHS-100はスラリーの分散性を上げるため低ストラクチャーとなっている（表2でDBP吸油量が少ない）。表2には代表的な導電ファーネスカーボンブラックの粉体特性も比較のため示している。既述のとおり結晶性，灰分，水分などに両者の違いが認められる。

① 嵩比重

第4章　導電性改良剤（アセチレンブラック）

表2　アセチレンブラックの粉体特性

	アセチレンブラック		導電ファーネスカーボンブラック
	粉状	HS-100	
一次粒子径（nm）	35	48	27
比表面積（m²/g）	68	39	720
DBP吸油量（ml/100g）	175	140	360
層間距離：1/2 C₀（Å）	3.51	3.49	3.55
結晶子大きさ：Lc（Å）	35	29	16
電気抵抗（Ω·cm）	0.21	0.14	0.16
灰分（％）	0.01	0.01	0.1
水分（％）	0.04	0.04	0.15
PH	9～10	9～10	9

　原粉は嵩比重が非常に小さく，粉の舞上がりなど取り扱いに不便なため1/2，1/4に圧縮している。各々50％，100％プレス品と称する。取り扱いの利便性を更にあげた粒状品（0.4mm程度の顆粒状）も上市している。

② 灰分

　灰分は燃焼残さのことで金属不純物に対応する。アセチレンブラックの金属不純物は非常に少なく，ほぼ純粋な炭素である。

③ 水分，揮発分

　水分吸着量は非常に少なく疎水性であることを示している。また，表面官能基に由来する揮発分も非常に少ない。

④ グリッド（粗粒分）

　反応炉の工夫によりグリッド（粗粒分）を少なく出来る。グリッド混入は炉壁からの脱落などによるものであり，少なくすることにより分散性が向上し，表面が滑らかになるためゴム，樹脂などのマトリックスに混合した場合，それぞれ耐疲労特性，衝撃強度の向上が図れる。

⑤ 金属不純物

　アルカリ金属，毒性重金属を始めとして殆んどの金属不純物がppmあるいはそれ以下のレベルであり，非常に高純度である。特にイオウが少ないことが特徴的である。

4　電気伝導性

　アセチレンブラックを始めとする導電カーボンブラックは微粉のため単独で使用されることは

なくスラリーあるいは絶縁体である樹脂、ゴムなどのマトリックス中に分散させて用いるケースが殆んどである。絶縁体のマトリックス中に導電フィラーを添加していくと、ある濃度でマトリックス中に電気の通り道（導電パス）が形成され急激に電気抵抗がさがる。この現象をパーコレーションという。導電メカニズムは不明の点も多いので、ここでは一般に導電性カーボンブラックの指標として述べられている点を挙げる。

①ストラクチャーが発達している
②π電子の動きを妨げる表面官能基、残留重縮合炭化水素が少ない
③粒子径が小さい（表面積が大きい）
④多孔性である（細孔がある）

アセチレンブラックは①、②に該当する。ストラクチャーが発達していればそれだけひとつひとつの導電パスが長くなり、絡み合いも多くなり多数の接点ができると考えられる。

5 電気二重層キャパシタ用アセチレンブラック

EDLC用途には一般品のほか、スラリー中での高分散が期待できる低ストラクチャー品（HS-100）があるが、異価元素（ホウ素）を添加して導電性をあげ、結果として親水性を付与したアセチレンブラック[5]が期待される。

アセチレンブラック粉体自体の導電性をさらに改善するためホウ素を1%程度混入させた。4価の炭素に3価のホウ素を導入することにより電荷のバランスが崩れ電子が足りなくなり導電性が改善されたと考えている。実際にホウ素の添加量と共に粉体の抵抗は下がり、約1%の添加量で飽和する。他方ESRの測定によるとスピン濃度は1%まではホウ素の添加量とともに増加し、ラジカルが生成していることに対応している。ホウ素を添加したアセチレンブラックは親水性となるが以下のように考えられる。XPSによりホウ素の結合エネルギーを測定すると、格子中のホウ素の他に高エネルギー側に酸素と結合しているホウ素の存在が認められている。ホウ素は酸素親和力が非常に大きいため、酸素を介して親水性が出現したと考えられる。このアセチレンブラックを加熱しても水は脱離するが、OHやCOOHなどの表面官能基の脱離は認められない。

ホウ素は黒鉛化触媒として知られているが、結晶性は黒鉛の（002）面の回折ピークのシャープさならびに層間距離によるとアセチレンブラックと同程度である。

かくして、粉体の導電性が2倍になったこと並びに親水性になったこと以外は通常のアセチレンブラックと変わらないアセチレンブラック（ホウ素変性アセチレンブラック）が得られた。水との馴染みがよくなったことにより水系スラリーに対して分散性が改善され、結果として導電補

第 4 章　導電性改良剤（アセチレンブラック）

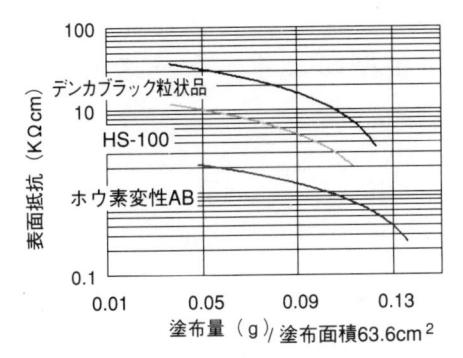

図1　ホウ素変性アセチレンブラックの塗膜導電性（5 wt%，溶媒；純水）

助材としての特性があがることが期待される。図1に低ストラクチャーのHS-100とホウ素変性アセチレンブラックのスラリーとしての導電性を示すが，通常のアセチレンブラックに比べ導電性が改善されていることが認められる。

6　おわりに

本稿ではアセチレンブラックの特徴から粉体特性を述べ，EDLC用途に絞って粉体特性との関連性を解説した。今後擬似キャパシタなど高パワー密度への志向により，電池との境界がはっきりしなくなる方向に技術が進んでいくに従って応用分野が広がっていくことを期待して，今後とも当分野へ寄与していきたい。

文　　献

1) 岡村廸夫，電気二重層キャパシタと蓄電システム（第2版），日刊工業新聞社，p65
2) 白石壮志「キャパシタ用炭素電極への異種元素ドーピング」，炭素材料学会先端科学技術講習会2005，p.3（2005.6）
3) JIS K-1469：2003，電池用アセチレンブラック
4) Y. Schwob, *Chem. Phys. Carbon*, **15**, 109–227(1979)
5) 特開2000-281933

第5章　順送金型による，ケース・キャップの製造

三浦和也[*]

1　はじめに

　当社は，電子部品の薄板絞り製品をもっとも得意とし主に順送金型を使用し生産している。キャップは単純に順送金型にて絞り加工を用い生産できるが，ケース（外形折り返し）については，本来トランスファープレスで製造するのが常識である。しかし，当社においては順送金型で製造している。又，製品品質についても中に入る電極を最大限大きくできる様，製品形状にも優位性を生かす工夫をしている。本章では，当社独自の製造方法の概要について述べる。

2　基本セル構成と重要箇所

　基本的な，キャパシタの内部構造を図1に示す。内部に正負の電極にてセパレーターを挟み込み，外部ケースでガスケットをシール・パッキンとしキャップの外周をかしめることにより封着する。図の如く，ケース・キャップの中に電極が組み込まれるが，正負極の底面の平面度が当然，重要視される。又，底面の平面部をできる限り広くすることにより内部の電極を大きくできれば容量も当然向上する。その為には，絞りコーナーRを極力小さくすることが要求されるが，小さいと絞り加工時に割れが生じる。

3　キャップのプレス加工

　基本的には単純な絞り加工である。ダブルサーキュラー方式により2列又は3列取りを採用している。絞り工程は4工程とし，次に刻印（ユーザー指定）し最終工程で外形を成形抜き落としている。又，ピンチトリミング方式を採用したためフランジ部には殆ど段差なく仕上がっている。これが当社の製品の大きな特徴である。この段差は後に出てくるカシメ時に大きく影響することを述べておく。

---

*　Kazuya Miura　㈱ゼロム　開発本部　技術部　執行役員　技術部長

第5章 順送金型による,ケース・キャップの製造

図1（負極端子／負極／セパレータ／正極／ガスケット／集電体／正極端子）

図1

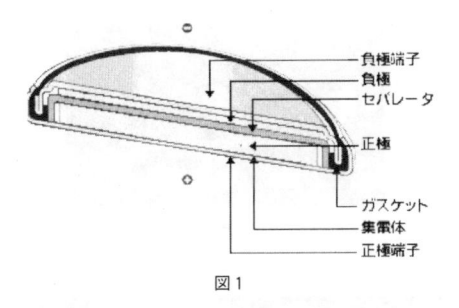

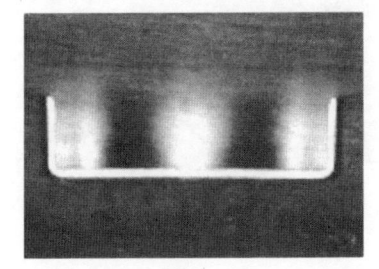

写真1

写真2

4 ケースのプレス加工

ほとんどのプレスメーカーはトランスファープレスを使い生産している。外形を折り返す必要があり通常の順送金型ではキャリアに保持する部分がなくなるため不可能と考えている。しかし,当社においては設備の関係もあり順送型での生産に踏みきった。この金型もダブルサーキュ

大容量キャパシタ技術と材料Ⅲ

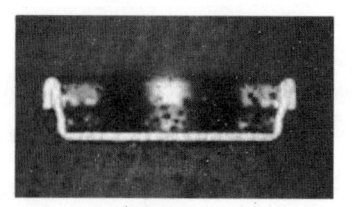

写真3

写真4

ラー方式を用い4工程の絞り後,折り返したときの高さを予想した直径でハーフカットを行う。最終工程にて,キャリアから外形フランジを外しながら折り返してゆく。下死点で加工終了後,上型が上昇すると同時に金型内に残った製品をエアーで吹き飛ばし回収する。この時のエアーノズルの方向,エアー圧は微妙な調整が必要である。調整がうまくいかない場合には,金型の内部に製品が残り2度打ちしたり,回収できない場合がある。ハーフカットのキレ具合によっても折り返し高さのバラつきが発生する。

5 かしめによる漏液対策

当社では,キャップ・ケースの金属部品に留まらずカシメ技術の提供も同時に行っている。お客様の生産ラインに必要なカシメ用冶具から金型一式を提供できる。通常はカシメ自動機製作メーカーから,ガスケットメーカー若しくはケース・キャップメーカーに個々に漏液対策を依頼するが,ガスケットメーカーとカシメメーカーが三位一体となってこそ漏液対策が施せるのである。漏液に一番肝心なのは,ガスケットの寸法形状・面粗さなどの品質が重要視されるが,そのガスケットをどの程度圧縮するかが最重要ポイントである。この件に関して,ガスケットメーカーに代わり当社が試作・設定の対応を行っている。

第5章　順送金型による，ケース・キャップの製造

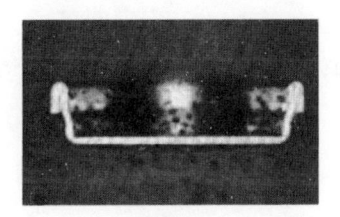

写真5

6　まとめ

最終的に完成品にするためには，最終製造メーカー一社だけの単独対応では漏液等の問題は解決しない。自動機メーカー・ガスケットメーカー・ケースキャップメーカーが三位一体となり技術供与を行い，それを纏めるまた，理想の形状にしてゆく要求側（最終アッセンブリ）との同意の下完成するのである。

第6章　ガス透過安全弁

絹田精鎮*

1　ガス透過安全弁及びガス圧力壊裂安全弁

　電気二重層キャパシタやリチュウム2次電池などの缶内に発生するガスを缶外に排出するために高分子透過膜を使用しているものがある。高分子のガス透過膜を使用している安全弁はガスを抜くことでキャパシタや電池のダメージを防ぎ機能を安定に保持しようとするタイプの弁である。しかしキャパシタや電池の缶内で何らかのトラブルで起こる急激なガス発生は缶の爆発を起こす危険がある。これを防ぐために弁自身を即座に破壊せしめ、キャパシタや電池の反応を止める必要がある。このタイプの弁はニッケルやアルミニュウムなどの金属の箔で製作し、一定の圧力に達した時に一気に金属箔を壊裂する機構のラプチャーと呼ばれる安全弁である。このタイプはリチュウム電池に広く使われている。最近では、発生するガスを抜きながら急激なガスの発生に対しては積極的に弁を破壊するという二つの機能と役割を有する新しいタイプの安全弁の提案もある。それは後に述べる金属メッシュと高分子膜の重ね合わせた構造のものである。特定のガスのみを完璧に排出もしくは除去したい場合、例えば水素ガスのみを排出させ、他のガスは排出も侵入も全くさせたくない場合は金属パラジュウム合金の数10ミクロンの膜を透過膜として用いれば水素ガスのみを完璧に除去出来る。

　目的に応じて弁の材質、機構を選定することは言うまでもないが、機能するガスの透過膜について吟味することは重要である。

2　膜のガス透過性

2.1　高分子膜のガス透過性

　いかなる高分子膜でも低分子を透過させる性質を有している。それは高分子膜への気体の溶解性と拡散性によるもので、その透過速度などその度合いは高分子の結晶性や密度、分子の並びなどによって異なる。即ち、高分子の種類によりガスの透過しやすさは異なる。また同じ種類の高分子膜でもガスの種類によって透過する速度は変わる。これらの性質を利用して複数のガスを分

---

*　Seichin Kinuta　㈱オプトニクス精密　代表取締役

第6章 ガス透過安全弁

表1 種々の気体分子,蒸気分子の大きさ

分子		d_{L-J}	d_b	d_ρ	d_m	L	W	H
ヘリウム	He	0.258	0.340	0.376	0.270			
水素	H_2	0.297	0.353	0.362	0.218	0.26	0.20	0.20
水蒸気	H_2O	—	0.370	0.310	0.279	0.37	0.26	0.23
酸素	O_2	0.343	0.375	0.360	0.254	0.33	0.22	0.23
窒素	N_2	0.368	0.402	0.386	0.258	0.33	0.23	0.23
炭酸ガス	CO_2	0.400	0.414	0.105	0.319	0.50	0.26	0.25
メタン	CH_4	0.388	0.414	0.397	0.358	0.38	0.36	0.34
エタン	C_2H_6	0.422	0.473	0.448	0.396	0.46	0.38	0.36
プロパン	C_3H_8	0.506	0.519	0.502	0.461	0.63	0.38	0.41
ブタン	$n-C_4H_{10}$	0.500	0.588	0.550	0.490	0.76	0.38	0.41
ベンゼン	C_6H_{12}	0.527	0.576	0.578	0.555	0.72	0.64	0.37
メタノール	CH_3OH	0.358	0.481	0.406	0.393	0.46	0.38	0.35
エタノール	C_2H_5OH	0.446	0.519	0.459	0.447	0.60	0.38	0.40
プロパノール	$n-C_3H_7OH$	—	0.553	0.499	0.491	0.75	0.38	0.42
ブタノール	$n-C_4H_9OH$	—	—	0.533	0.517	0.88	0.38	0.42

d_{L-J}:レナードジョーズの力定数より示される平均分子直径
d_b:ファンデルワールス直径。気体1モルが占める体積をファンデルワールス式のb(L/mol)より計算
d_ρ:分子の密度(g/cm³)またはモル容積V_mとアボガドロ数Nから計算された分子直径L,W,Hは気体分子をフィッシャーヒルシュフェルダーの分子模型を組み立て得られた長さ,幅,高さ。
d_m:(LWH)1/3から得られた値。$d_b > d_{L-J} ≒ d_\rho > d_m$
参考:1 nm=10オングストローム=10^{-9}m

離する目的で高分子膜が実際に使用されている。電気二重層キャパシタやリチウム二次電池用の安全弁として使用する高分子膜を選ぶ際に注意しなくてはならないことは高分子膜の目的がガスを積極的に透過させるガス抜きのためなのか又は,ガスの透過を阻止し,外部からのガスの侵入を防止するためなのかを決定して膜の種類を選ぶ必要がある。

2.2 高分子膜のガス透過機構

高分子内には分子クラスタ間で熱振動による1ナノ以下の孔が多数存在していると言われている[1]。透過しようとする気体の分子の大きさを表1に示す[2]。
表1で示すようにガスのサイズは0.3～0.5ナノの大きさである。このサイズのガスが高分子膜に吸着しやがて圧力勾配による拡散と濃度勾配による溶解により透過することになる。

図1

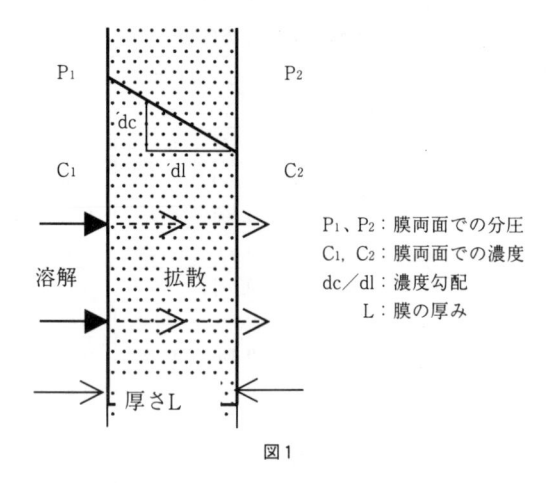

気体が高分子膜中を透過する状態をモデル化したものを図1に示す。図1から気体透過量 Q は気体透過速度を R とすれば

$$Q = R(p_1 - p_2)AT \tag{1}$$

A：ガスの透過面積　　T：ガスが透過した時間

従って

$$R = Q/(p_1 - p_2)AT \tag{2}$$

一般には透過量 Q は厚さ L 逆比例するので以下の式が成り立つ

$$Q = P/L(p_1 - p_2)AT \tag{3}$$

P を変換し

$$P = QL/(p_1 - p_2)AT \tag{4}$$

P は気体の膜に対する透過係数と定義されその単位は

$$P : \mathrm{cm^2\,(STP) \cdot cm \cdot cm^{-2} \cdot s^{-1} \cdot cmHg^{-1}}$$

で表される。（1）式と（2）式から

$$R = P/L \tag{5}$$

第6章 ガス透過安全弁

が導き出され，R を気体透過度と定義され単位は

R：cm^3 (STM)・cm^{-2}・$24Hr^{-1}atm^{-1}$

で表される。

　高分子膜などの実際に使われるガス透過度のバロメーターとして透過係数の代わりに気体透過度 R を使うこともあり，それは式（2）において一定時間内，単位面積，一定圧力下（例えば＝1）における Q は $Q=P$ となり，透過係数は気体通過量と一致する。即ち透過度は一定条件下で一定の圧力を加圧したときのガス透過量として意味付けられる。

　一方，透過係数 P に関係する因子は，①低分子が膜中を移動する時の拡散に関する Fick の法則と②膜の溶解しようとするガスの圧力関係を規定している Henry の法則で決定されているので一般に透過係数は溶解度係数（S）と拡散係数（D）の積で表される。

$$P = S \cdot D \tag{6}$$

透過係数は気体の膜に対する溶解性と拡散性の強度で決まることを意味している。

表2　主な高分子膜の気体透過係数

高分子膜	温度(℃)	気体透過係数[*]×10^{10}				
		He	H_2	CO_2	O_2	N_2
ポリジメチルシロキサン	25	230		3240	605	300
ポリ（4-メチルペンテン-1）	25	100		93	32	
天然ゴム	25	23.7	90.8	99.6	17.7	6.12
エチルセルロース	25	53.4		113	15	4.43
ポリ（2,6-ジメチル酸化フェニレン）	25			75	15	3.0
ポリテトラフルオロエチレン	25			12.7	4.9	
ポリエチレン（低密度 d=0.922）	25	4.93		12.6	2.89	0.97
ポリスチレン	20	16.7		10.0	2.01	0.32
ポリカーボネート	25	19		8.0	1.4	0.30
ブチルゴム	25	8.42		5.2	1.3	0.33
酢酸セルロース	22	13.6			0.43	0.14
ポリプロピレン（二軸配向）	27			1.8	0.77	0.18
ポリエチレン（高密度 d=0.964）	25	1.14		3.62	0.41	0.143
ポリ塩化ビニル（30%DOP）	25	14.0	13	3.7	0.60	0.20
ナイロン6	30	0.53		0.16	0.038	
ポリエチレンテレフタレート	25	1.1	0.6	0.15	0.03	0.006
ポリ塩化ビニリデン	25		0.08	0.029	0.005	0.001
ポリアクリロニトリル	25	0.55		0.0018	0.0003	
ポリビニルアルコール	20	0.0033		0.0005	0.00052	0.00045

＊　cm^2 (STP)・cm・cm^{-2}・s^{-1}・$cmHg^{-1}$

図2　安全弁の断面図

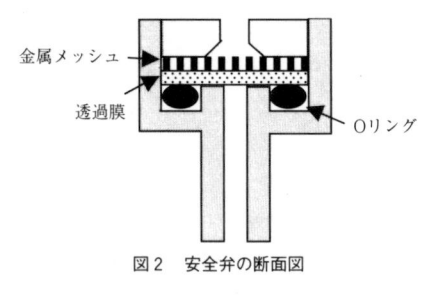

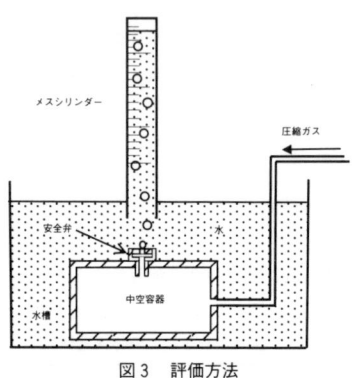

図3　評価方法

表2に各種高分子膜の種々のガスに対する透過係数を示す[3]。

3　ガス透過膜を利用した弁

3.1　高分子膜を利用

　以上ガス透過の効率的な高分子膜として表2からも明らかなようにポリジメチルシロキサン（PDMS）のガス透過係数は他の高分子膜に比べて，ガス透過速度が1桁大きいことを示している。PDMSにシリカを練り込み，過酸化物で加硫したものがシリコンゴムでこのゴムを利用した安全弁の例を断面図として図2に示す。透過膜と金属メッシュをOリングではさみこんだ構造となっている。キャパシタ内にガスが発生し内圧が上がると透過膜を透過し，外部にガスが排出される仕組みとなっている。金属メッシュは透過膜に圧力がかかった際，透過膜が膨らむことを防止するために入れられている。透過速度などの評価は図3に示した方法で測定し成果を得ている。

第6章 ガス透過安全弁

写真1　Pd／Ag 合金箔断面

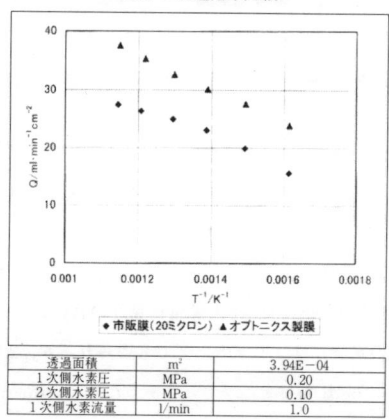

表3　透過効率比較

透過面積	m²	3.94E−04
1次側水素圧	MPa	0.20
2次側水素圧	MPa	0.10
1次側水素流量	l/min	1.0

3.2　金属箔透過膜の利用

　水素のみを選択的に透過排出するために Pd/Ag 合金を電鋳で 20μ の箔に創製し（写真1）水素ガスの透過効率を測定した結果，表3に示されるように市販膜に比べ透過率が優れていた。

　この合金膜を利用することで，水素のみを選択的に取り除くことが出来る。無論，この膜は高純度の水素を採取するためのフィルターとしても使われている。

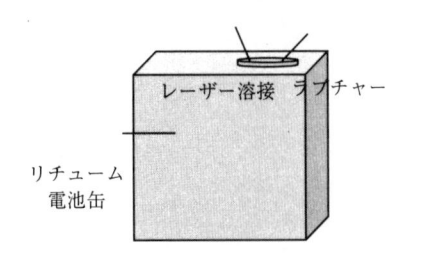

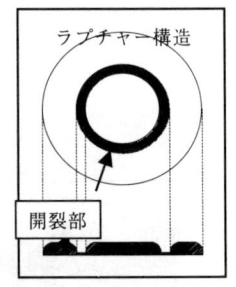

図4 ラプチャー取付け図と構造図

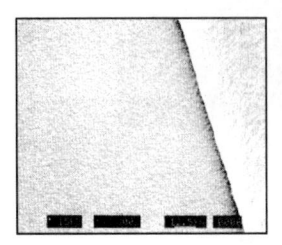

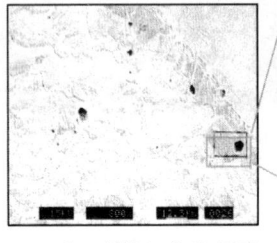

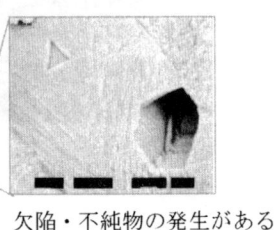

電析法による表面　　エッチング法による表面　　欠陥・不純物の発生がある

写真2　電析法とエッチング法の壊裂部表面の比較

3.3 壊裂型ガス安全弁

壊裂型安全弁は，リチュウム二次電池や他のエレクトロニクスデバイスにて圧力を伴う危険な缶に対して爆発前に一定の圧力で破壊する構造になっている。図4のように，薄い部分と厚い部分がある構造となっており，現物は缶のふたにレーザー溶接される。弁の材質はニッケルからなり，例えば，弁の割れる圧力は20kg±1.5kgと非常に精度の良い安全弁で，この精度は電鋳技術によって得られる。同様の安全弁は，エッチングでも得られるが，20kg±5kgという精度が限界で，なおかつ写真2のように圧延材をエッチングするために，結晶粒界で危険な欠陥が時々発見される。また，図5に壊裂の模式図を示す。

この安全弁は，一般にラプチャーと呼ばれている。

3.4 今後のガス透過型安全弁

最近の高分子材料の進展速度は目を見張るものがありその特性は多様になってきている。ガスの特徴に適した高分子膜を選ぶ事により，品質・コストで優れたものが展開されるであろう。

第 6 章　ガス透過安全弁

図5　壊裂模式図

文　　献

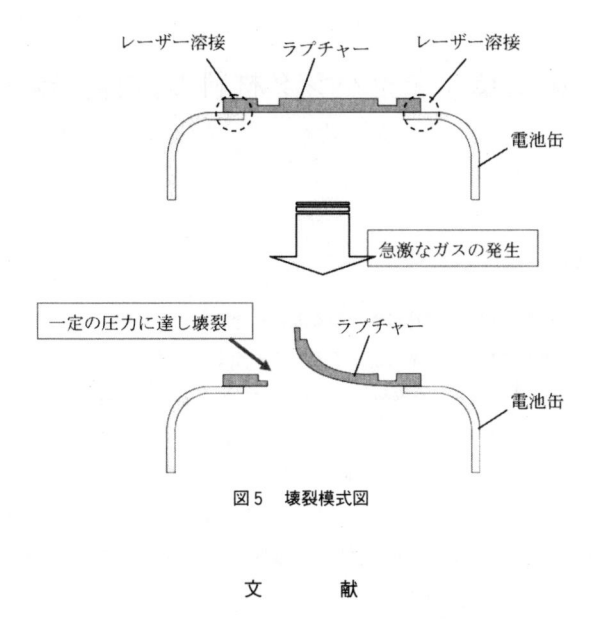

1) H. L. Frisch, Mechanisms for fickian diffusion of penetrants in polymers, *J. polymer Sci.*, Part B, *Polymer Letter*, vol.3, p.13-16 (1965)
2) A. R. Berens, H. B. Hopfenbrg, *J. Memb. Sci.*, **10**, 283 (1982)
3) Polymer Handbook 3rd, Ed. (1999)

第7章 キャパシタ材料と撹拌技術

澁谷治男*

1 はじめに

 本章では，大容量キャパシタ製造にかかわる混合・分散などの撹拌技術について紹介する。対象となるのは電極板に塗布される活性炭，導電材カーボンの高濃度スラリー塗料であり，PVDFをバインダとしNMPを溶媒とした溶剤系，CMCをバインダとした水系の2種に大別される。
 現時点では，溶剤系，水系いずれの塗料についても3軸遊星方式の混練機『T.K.ハイビスディスパーミックス』（写真1）が主流として使用されているが，最近では地球環境問題，中東の政治情勢を背景に，急展開しているハイブリッドカーなど，超大量生産かつ，高精度のテーマに対し，『T.K.フィルミックス』による連続プロセスも提案しており，ここでは，各々について紹介する。

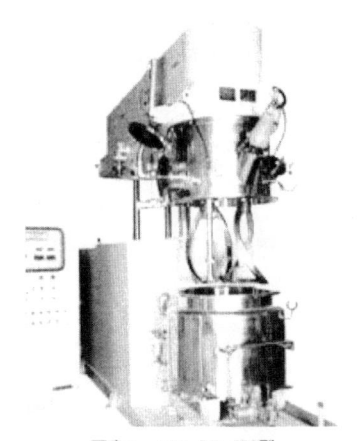

写真1　HM-3D-250型

* Haruo Shibutani　プライミクス㈱　乳化分散技術研究所　執行役員

第7章 キャパシタ材料と撹拌技術

2 T.K.ハイビスディスパーミックス

2.1 基本構造

容器内壁に接近して自転・公転する2本の混練用ひねりブレードと，同じく公転しながら高速回転するホモディスパーで構成される3軸遊星駆動方式の分散／混練機である。ホモディスパーは丸鋸の刃を交互に上下へ折り曲げた歯付円板形インペラ形状となっている。

図1に示すように，回転方向に対し後退角を持ったひねりブレードは，お互いの交差時のみではなく，容器底面，あるいは側面の混練物に対しても，圧縮力やヘラなでの力を与え，混練物を引き伸ばす剪断効果，あるいは引きちぎる剪断効果を与える。

ホモディスパーは歯の近辺で流れと渦を発生させ，粉体を液体中に巻き込むと同時に歯によるカッティング作用で，粉体の凝集物の解砕分散効果を与える。

もちろん真空減圧下での操作が可能であり，塗料内の気泡の除去も可能としている。

従って，従来の混練機の分散限界を，さらに高めるとともに，混練時間の大幅な短縮に貢献している。

2.2 電極材塗料への応用

塗膜強度や塗膜の電気特性を向上させる為には，活性炭，導電材カーボン，バインダの凝集物を充分解きほぐした上に，相互に均等に配置させる事が必要であり，具体的には均等に配置された活性炭表面に導電材カーボンが，均等に配置され，さらに，それらをバインダが充分におおいつくされた状態が必要となる。

このような高次元の分散を行うためには，あえて高粘度状態にし，大きな動力（分散エネル

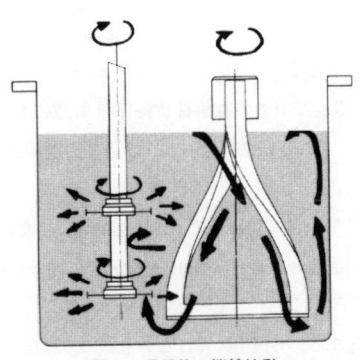

図1 混練物の撹拌流動

表1 塗料粘度と塗膜体積抵抗値

No.	混練方式	状態	粘度 (Pa·s)	体積抵抗値 (Ω·cm)
Run 1-1	一括投入後，混練	15分混練時サンプリング	1.730	2.624
Run 1-2	一括投入後，混練	30分混練時サンプリング	1.594	2.393
Run 1-3	一括投入後，混練	60分混練	1.278	2.100
Run 2-1	固練り混練後，希釈	15分混練時サンプリング，希釈	0.877	2.040
Run 2-2	固練り混練後，希釈	30分混練時サンプリング，希釈	0.751	1.866
Run 2-3	固練り混練後，希釈	45分混練後，希釈	0.710	1.543

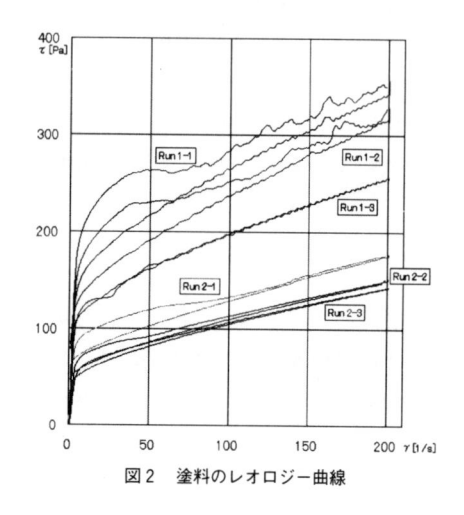

図2 塗料のレオロジー曲線

ギー）を与えながら混練操作を加え，その後，所要の粘度まで希釈する『固練り』操作が有効である。以下にその比較実験結果を紹介する。

NMPを溶剤とした固形分濃度25wt％の電極材塗料15kg製造において，基本処理量20kgのT.K.ハイビスディスパーミックス3D-20型を用いた，2通りの混練方法によって製造した塗料の特性を比較する。

全材料を一括投入し，1時間かけて混練したものをRun 1，初期に投入するNMPの量を減らし，40wt％の高濃度で45分間混練後，残りのNMPを投入し，15分かけて希釈したものをRun 2とする。

調製された塗料は，色・艶など，外観上の差はないものの，粘度（表1）は最大2倍もの差が確認できた。また，いずれの場合も混練時間を増加するに従い，粘度は減少する。

また、ドクターブレード法で塗工し、塗膜に乾燥した後の体積抵抗値にも同様の傾向が確認できた。つまり、時間をかけるほど活性炭と導電材カーボンが均等に配置された結果といえる。

さらに、レオロジー測定の結果（図2）からは、ヒステリシスの少なさから、Run 2の分散度合いが優れている事がわかる。もちろん塗料としての塗工しやすさも同様の評価ができる。

以上の結果は、規定粘度の塗料を製造するにあたり、『固練り』操作により、より固形分濃度を向上する事で比表面積を大きくし、静電容量を大きくすることが、可能であることを意味している。なお、CMCをバインダとした水系の塗料でも同様の結果が得られている。

3 T.K.フィルミックス

3.1 基本構造

高速撹拌による、分散性能向上へのアプローチには、限界点があった。それは、羽根先端部の速度（周速度）が、おおむね30m/sに達すると、重力加速度1Gの地球上では、撹拌羽根により排斥された空間に、次の処理物が充填されないキャビテーション、ボルテックス等の空転現象が発生するからである。

ここに紹介するT.K.フィルミックスでは、今までにない新しい原理により、それら空転現象を発生する事無く、50m/s、あるいはそれ以上の高周速での撹拌を可能とした。

回転体はシャフトとタービンの2点。そして、固定側は、容器、せき板、オーバーフロー容器の3点のいたってシンプルな連続式分散機である。

容器内に保持する処理液体、または、底部より注入される処理液体をタービンによって旋回運動させると、液体は遠心力によって容器の内壁面に沿って立ち上がり、容器の内壁全面に沿った

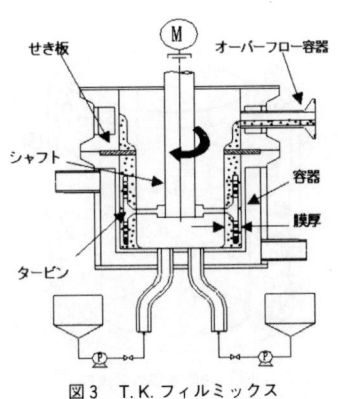

図3 T.K.フィルミックス

薄膜（膜厚10～20mm程度の中空円柱状）を形成する（図3）。

さらに底部より処理液体を注入すると，注入された液体と同じ容積の処理済の液体がせき板を乗り越え，オーバーフロー容器に，そして，オーバーフロー口より排出される。

3.2 分散原理

ここでは，単位処理量250ml，連続処理量180l/hのFM-80-50型の緒元を例にあげる。

内径80mmの容器の中では，容器径よりわずかに小さな外径のタービンが，最大回転数12,600 min^{-1} で回転する。タービンの役割は液体を加速し，薄膜旋回流を形成することであり，この時のタービン自身の周速度は50m/s（図4の①）にも達する。同時に旋回運動による遠心力は6,700Gもの大きさで作用し，従来の高速攪拌機での壁であったキャビテーション，ボルテックス等の空転現象は発生しない非常に圧密された高次元のエネルギー場を形成する。

旋回する薄膜の流速はタービンよりほんの僅かに遅い速度で追随しており，速度低下は僅かであり，ほぼ50m/sの速度でタービンを離れ，速度0m/sの容器内壁面の近く，ほんの数μmのところで，一挙に0m/secまで，低下する。

6,700Gもの遠心力を受けながら，50m/sもの急激な速度差が発生する事により，強烈な「ズリ応力（超Heavy Friction）」が容器内壁面で，360°全く同じメカニズム・レベルで発生する。液滴は一瞬に，薄く引伸ばされ，引きちぎられ，凝集体は，遠心力で壁面に押さえつけられながらも，旋回流によって，壁面を転がっていく事により解砕される。これが，薄膜旋回高速攪拌方式による乳化・分散のメカニズムである。この強烈なズリ応力により従来の高速回転型攪拌機では到達し得なかったサブミクロンへの微小粒子化を可能とした。

旋回薄膜は容器中心部の50～75%は空洞である事から，運動エネルギー密度は本質的にシャー

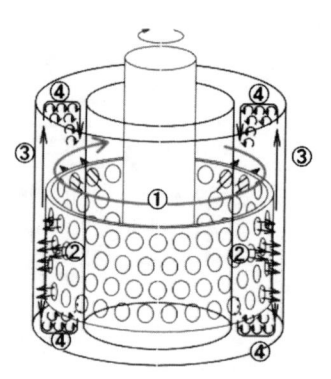

図4　旋回薄膜内の流動

第7章 キャパシタ材料と撹拌技術

ブな分布である上に，膜内部からタービンの穴を通り容器壁面に向け発生した噴流（図4の②→③→④）により薄膜内の液体は交番し，エネルギー密度差はさらに平準化される。

旋回薄膜内ではわずか250mlの処理液に対し7.5kWもの大きな動力を撹拌エネルギーとして転移できる。従って，単位処理量あたりに与えるエネルギーが大きいことに加え，任意の時間で投入することが可能となり，分散安定性の向上など，今までにはなかった効果も得られている。

本技術は平成15年度の化学工学会賞　技術賞を受賞した全く新しい技術である。

3.3 電極材塗料への応用

既に紹介したRun 1-1の塗料を24時間静置したものをRun 1-1'，その後，T.K.フィルミックスで50m/s，30秒の処理を加えたものをRun 3-1とし，レオロジー測定したものを図5に示す。なお，比較データとしてRun 1-1，Run 2-3も同図にプロットした。

比重差の大きい塗料ゆえ，24時間も静置すると，沈降および2次凝集により，レオロジーは極端に変化すること，そして，わずか30秒間のT.K.フィルミックス処理は，T.K.ハイビスディスパーミックスを用い，1時間を費やした『固練り』操作に匹敵する分散性能が得られたことが確認できる。

つまり，これが超大量生産かつ，高精度のテーマに対する我々の提案であり，大型プレ分散槽とT.K.フィルミックスの組み合わせは，来るべくクリーンエネルギーによる産業社会に対する技術革新に寄与できるものとして期待している。

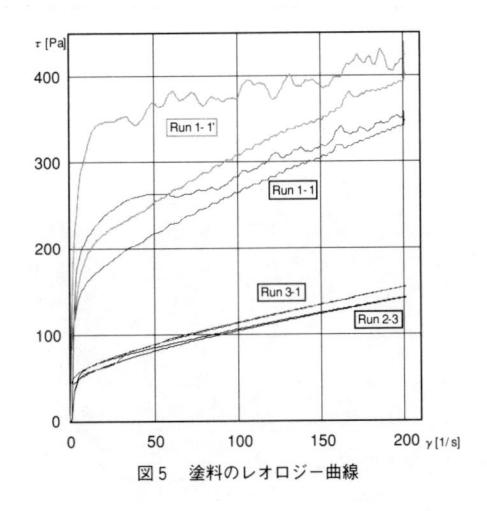

図5　塗料のレオロジー曲線

第Ⅲ編　各社の開発動向

第1章　超小型と小型

1　超小型コイン型の開発動向

西野　敦*

1.1　コイン型の概要[1~5]

　EDLCの生産実績は，10~200Fの中型EDLCと0.5F以下のコイン型EDLCが大量生産されているが，200~5000Fの超大型はサンプル出荷を20年間継続しているが未だ，各社共にロット生産のみで，連続大量生産の時代を迎えていないのが現状である。

　また，中型EDLCは，多くの報告書，解説書があるが，コイン型EDLCについては，日経エレクトロニクスの2005年10/10号にコイン型特集[6]が掲載された程度である。このコイン型の主な用途は，①リアルタイムクロック（RTC）やメモリーバックアップ用，②ピーク電流アシスト（超音波モーター駆動用やストロボ電源のバックアップ用等）に応用展開されている。

1.2　コイン型EDLCの製品の歴史と展望

　表1はコイン型EDLCの仕様の経年変化を表示したものである。コイン型EDLCは開発初期の1980年代は，図1に示すように，10~22mmφの外径を有する比較的大型のコイン型が生産されていた。当時の主な用途は，時計，柱時計，カメラのMemory back up及びPC，VTR，TV，洗濯機などのRTC及びLSIのBack up，生理体温計などであった。

　2000年以降は，携帯電話，デジカメ，PDAなどのモバイル機器の小型化，高性能化に伴いコ

図1　10~22mmφ のコイン型の外観（1980年代）

＊　Atsushi Nishino　西野技術士事務所　所長　技術士

表1 コイン型仕様の経年変化の概要

年代	初期	中期	最近	近未来
西暦	1980〜'90	'90〜2000	'00〜'05	2006〜
Size：mmφ	16〜22	9〜22	3.0〜6.8	3.0〜4.0
Heigh：mm	1.8〜3.0	1.8〜3.1	1.0〜3.0	1.0〜3.0
最大電圧（V）	2.5V（DC）	2.5V（DC）	2.5〜3.3	2.5〜3.3
積層電圧（V）	5.5	5.5	5.5〜6.3	5.5〜6.3
容量（F）／Cell	0.1〜2.0	0.1〜2.0	0.01〜5.0	0.01〜5.0
使用温度（℃）	−25〜+75	−25〜+75	−25〜+85	−25〜+85
最高ハンダ耐熱（℃）	−	−	240〜260	240〜260
リフロー耐熱時間（SEC）	−	−	5〜50	5〜50
重量（g）	6.0〜6.5	6.0〜6.5	0.06〜0.2	0.06〜0.2
高温耐熱仕様	70℃×1000H，容量変化率，−30%以内			
耐湿仕様	70℃×90〜95%で，500H放置後の特性維持			
主なガスケット材料	PP，PE，Nylon		PPS，PEEK+耐熱フィラー	
主なシール剤	耐熱樹脂，炭素材料		耐熱樹脂，炭素材料	
電解液	TEA，TEMA/PC		+Ionic Liq.	New Solvent
主な応用機器	時計，ソーラー時計，柱時計，カメラ等のLSIのBack up及びVTR，TV，PC，メモリー電話等の家電機器のRTC及びLSIのBack up，生理体温計		デジカメ，携帯電話，各種モバイル機器のRTC及びLSIのBack up，ロボット，産業用ロボットのRTC及びLSIのBack up，ストロボ，超音波モーターのBack up	

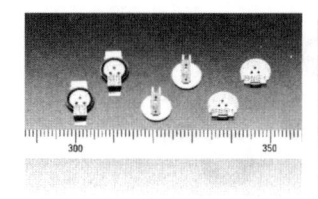

6.8ΦEDLC(2004.Nov.23)
(3.3V,0.2F,250℃,¥40)

3.8Φ*1.1mm EDLC(2005.Jun.10)
(-10〜+60℃，2.6V，0.022F,260℃*5sec,¥60)

図2　Panasonic社製　超小型コイン型外観（3.8〜6.8mmΦ）
（Panasonic Electric Device Inc. Ultra Small Coin EDLC）

第1章 超小型と小型

イン型のより小型化が要請され，図2に示すような3.8～6.8mmϕ，高さ1.0～1.4mmのような超小型化が実用化され，生産数量は年々，急増している[6]。

このような超小型コイン型は，小型化の難しさに加え，240～260℃のハンダリフローの高耐熱性を数回通過することを要求され，コイン型に導入される諸材料は，最先端の日本製の機能性材料が駆使され，時代の要請に応えている。

今後，ユビキタス・ネットワーク社会を迎えるためにも高機能モバイル機器には，超小型コイン型EDLCは重要な役割を担うことが期待されている。

1.3 現状の課題と将来展望

上記に概説のように，PC，PDA，デジカメ，携帯電話のようなモバイル機器の高性能化，超小型化に相まって，リチウム電池のような電源も超小型化，高性能化が図られ，小型二次電池電源に電気二重層キャパシタの併用が必要になってきた。

1.3.1 活性炭[1～6]

EDLCやP-EDLC（擬似電気二重層キャパシタ）にとって，活性炭は重要な機能性材料である。EDLC用活性炭は，当初，松下電器産業が自社内で活性炭繊維布を自家生産し，その後，クラレケミカル，関西熱化学が生産を始め，最近の需要の増加傾向から世界的な大活性炭メーカーである米国のMead Westvaco社，Norit社などの新規参入や新日本石油，JFEのような素材産業会社の副産物から活性炭新事業への展開が図られ，その成果が期待されている。

1.3.2 電解質，溶媒

主に，当初からこの20年間は，三菱化学，富山薬品工業が主な供給会社であったが，最近では，宇部興産，日本カーリットの新規参入やイオン液体を用いた三洋化成工業，広栄化学工業，Covalent社（米）などの参入と新製品開発が期待されている。

溶媒は，主に，日本ではPC（プロピレンカーボネート）が用いられているが，日本以外は，PC，AN（アセトニトリル）を用いているがANは，軍用が中心で，民生用にはPCが主に用いられている。電解質は，TEABF$_4$，TEMABF$_4$が主に用いられている。

特に近年，EMIや脂環系のイオン液体の導入が活発である。新規参入の電解液メーカーは，ウインド幅が広く，溶解度の大きな新溶媒の開発を目標にし，さらに，高性能な溶媒，溶質の開発が期待されている。

1.3.3 バインダー

EDLCの開発初期は，ダイキン工業製のPTFEやクレハ製のPVDFのような歴史あるバインダーが長年，使用されてきたが，EDLCの電解液が有機系であることセル電圧を高くしたいこと，ハンダリフロー工程（240～260℃×20～60sec×4回）に耐える必要性からイオン液体が導

115

入され，三洋化成工業や広栄化学工業製のイオン液体の注入および拡散性を改善するためにフッ素系バインダーからJSR製，日本ゼオン製のSBR，NBRおよび三井化学製の変性オレフィンからなるエラストマーに代替されつつある。

1.3.4 分極性電極の成形加工方法

1980年代から2000年までは，主に活性炭繊維布が使用されたが，コストダウンのため粉末活性炭に代替され，活性炭とPTFEからなる混練物をエックスルーダーを用いて，棒状，シート状に加工し，これを切断または打ち抜いていたが，最近では，低コスト化と特性改善を意図して，分極性電極成分からスラリー状物質をコーティングまたはDough状混練物を高密度にシート化する新製法が事業化されている。

1.3.5 ガスケット

捲回型のガスケット材料は，NBR，SBR，ブチルゴムなどのゴム系材料が長年使用されてきた。最近では，シール性とガス透過性の優れるEPTゴムや塩素化ブチルゴム系が使用されている。

銀電池，Ni-Cd電池のようなコイン型電池では，使用温度範囲が−20〜+45℃の相対的に温度幅の狭い温度範囲で，使用されるため，ガスケットは融点が低く，成型性の優れたオレフィン系，ナイロン系樹脂が通常使用され，シール剤は，石油系，石炭系ピッチが用いられてきた。

コイン型EDLCは，通常−30〜+75℃，ハンダリフローラインでは，240〜260℃×20〜60sec×4回の耐熱性が要求される。このためガスケット剤は，これまでの材料に代わって，PPS，PEEK等の高耐熱材料の単独または耐熱フィラーを添加してガスケットを加工している。これらの耐熱性材料は，融点が高く，粘度が大で，さらに，耐熱性フィラーを添加しているので成型困難で，特に，3〜6mmφ用コイン型ガスケットは成型歩留まりも悪く，極めて高価である。超小型ガスケットは，通常，ウオールゲート法と言う成型方法を用いるが高精度が要求されるため歩留まりが悪い現状である。

耐熱性のフィラーは，成型機にも依存するが各社のKNOW HOWで開示されていない。これらの耐熱性フィラーは，特殊処理を施す。

1.3.6 シール剤

また，シール剤は，ピッチ剤単独では，高温側のシール特性は改善されるが，低温側が不完全となる。低温−30℃でも金属ケースとの密着性を有し，低温と高温260℃の繰り返しの耐久性が要求される。このような厳しい温度条件に耐えうる新シール材の開発が要請され，この要請に答えられる新機能性材料が開発され，信頼性，安全性を向上させている。

1.3.7 セパレーター

コイン型のセパレーターは，上記の分極性電極の製造方法に依存する。比較的大きな10〜22

mmφコイン型の場合には，コイン型形状に，ロータリープレを用いて，乾式成形する場合は，大福製紙製のギリシャ綿とガラス繊維からなる厚み50〜300μmの混抄紙を用いる，また，ニッポン高度紙工業や日本バイリーン製のPP製不織布を用いる場合もある．

3〜10mmφの小型コイン型の場合は，棒状またはシート状の押出成型電極やアルミエッチング箔に分極性電極をコーティングしたコーティング電極を用いる場合が，50〜300μm厚のテンセルペーパー（再生セルロース）やPP製不織布を用いる場合が多い．捲回型では，20〜85μmの膜厚のセパレーターを使用する．

1.3.8 金属ケース

通常コイン型ケースは，80〜120μmの肉厚のステンレス材が使用される．EDLCは，基本的には，無極性であるが，便宜上＋極，－極が記入され，陽極側は，SUS-304を用い，陰極側はSUS-430系ステンレスが使用される．最近，急増の超小型3.8〜4.2mmφの金属ケースは，100μm肉厚の基材が使用されている．また，回路電圧の高圧化が要求される場合は，ケース内面にアルミ溶射またはアルミクラッドメタルを用いる場合もある．金属ケースの生産は，大部分が日本製で，石崎プレス工業，XEROM（旧名：西原金属）で生産され，近年，中国でも生産が開始されている．

1.4 今後の展望

今後，ユビキタス・ネットワーク社会を迎えるにあたり，小型モバイル機器の高機能化，超小型化は必須要件である．これらの種々の機器にコイン型EDLCが重要な役割を担うことが期待されている．また，EDLCの関連材料に新規参入企業が増加し，新しい新機能性材料が導入され，高性能化が図られるとともに，安全性と信頼性の改善も期待されている．これらの主な基幹材料の大部分が日本の化学メーカーの最先端の機能性材料が駆使されている．

文　　献

1) 直井，西野「大容量キャパシタ技術と材料」，シーエムシー，P 7（1998）
2) 西野，直井「大容量キャパシタ技術と材料Ⅱ」，シーエムシー出版（2003）
3) 西野敦「【自動車用】大容量キャパシタの最前線」，NTS社，P354（2002）
4) 西野敦ほか「電気二重層キャパシタとリチウムイオン二次電池の高エネルギー密度化・高出力化技術」，技術情報協会（2005）
5) 日経エレクトロニクス，P29，7月19日号（2004）
6) 日経エレクトロニクス，P120，10月10日号（2005）

2 小形電気二重層キャパシタの用途と技術開発動向

神保敏一*

2.1 はじめに

電気二重層キャパシタは主にメモリーバックアップに用いるデバイスとして,約20年前から電子機器に使用されてきており,近年はその技術開発動向や用途開拓が注目されてきている。

エルナー㈱の電気二重層キャパシタは1984年から旭硝子㈱と共に研究を始め,その3年後の1987年には「DYNACAP」として商品化に成功し,コイン形の生産を開始した。

発売当初はVTR,オーディオ,メモリー付宅内電話機などの,主に据え置き機器のメモリーバックアップ用途の需要によって生産量を増大させた。また,近年においては携帯電話,デジタルカメラ,モバイル機器に代表される携帯用電子機器のポータブル化によって,電池交換時にメモリーをバックアップする必要性のある情報をもったセットが増加し,充放電性能に優れた電気二重層キャパシタが2次電池に代わる用途として注目され,置き換えが進んだ。

さらに,1997年には低抵抗・大容量化の市場要求に応えるべく従来のコイン形とは構造が違いアルミニウム電解コンデンサと同じ構造をとった捲回形構造(図1 構造図参照)を採用したパワー用途のDZシリーズの生産を開始し,更にその用途を広げている。

またこれらに加え,電気二重層キャパシタの特徴である電極に活性炭を使用していることで,電池に対して環境性に優れる点や,発煙発火など安全性も優れる点も挙げられ,今日の時代にマッチングしたクリーンエネルギー供給デバイスとして注目を集めている。電気二重層キャパシタの特徴をまとめると以下の通りである。

① 環境性に優れており,電池のようなリサイクル規制がない天然素材の活性炭を電極に用いている。また,内部の構成材料も比較的無害で安全な物質を用いている。

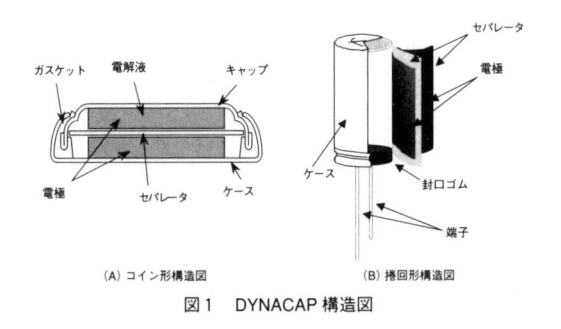

(A) コイン形構造図 (B) 捲回形構造図

図1 DYNACAP 構造図

---

* Toshikazu Jimbo エルナー㈱ 技術開発部 DLC グループ グループリーダー

第1章 超小型と小型

② 電池のような化学反応によって充放電を繰返すのでなく，電解液と活性炭の界面に吸着されたイオンの配置による電気二重層を利用して充放電を行うので飛躍的にサイクル寿命が長くなる。
③ 電池に比べパワー密度が優れ，瞬間的に出力を必要とする用途に使える上，性能劣化も少ない。
④ 低温においても比較的性能変化が少なく，多くの電流を取り出すことができる。

2.2 DYNACAPの紹介とその用途

当社では図2に示すように小形コイン形から数千F級の捲回形（POWERCAP）までの広いラインナップを取り揃えているが本稿では主に小形サイズの用途について紹介する。

2.2.1 コイン形の用途

コイン形の用途としてはメモリーバックアップ用途が最も多いが，このアプリケーションとしては近年の携帯機器の増加，多様化に伴い主には電池交換時や瞬断時のバックアップに使用され，形態としては超小形の面実装対応で定格電圧が2.5～3.3Vの単セルタイプが使用されている。また，据え置き機器や産業機器等では，3.5～5VでのIC駆動が一般的であり，耐圧を高くするためにコイン形セルを2直や3直列に積層したリード端子タイプのコイン積層形が一般的に使われている。

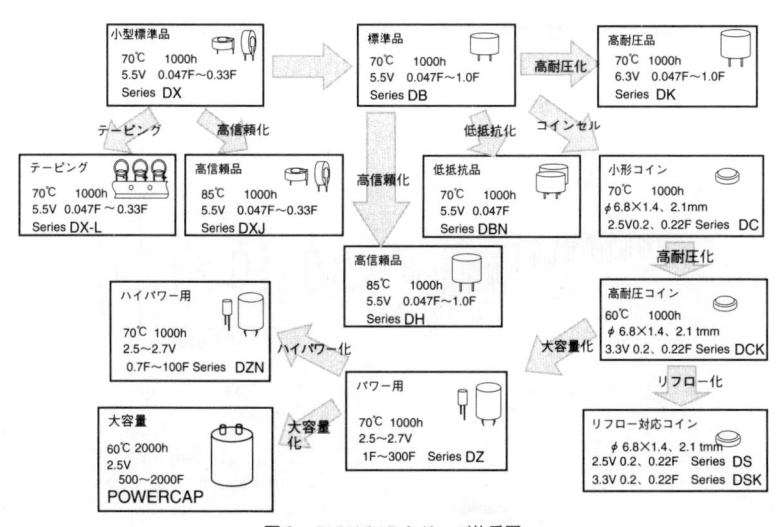

図2 DYNACAPシリーズ体系図

（メモリーバックアップ用途のアプリケーション）

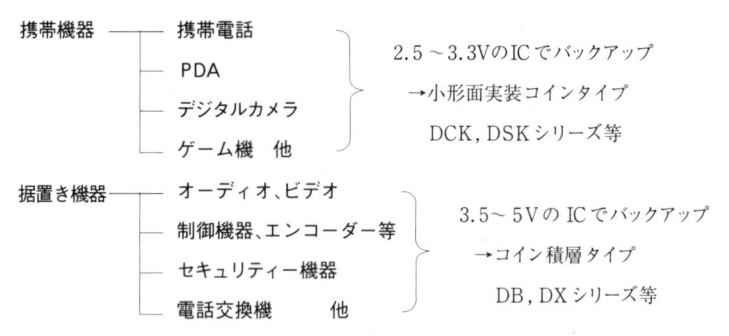

携帯機器 ─┬─ 携帯電話
　　　　　├─ PDA
　　　　　├─ デジタルカメラ
　　　　　└─ ゲーム機　他
　　　　　　　　　　　　　　　2.5〜3.3VのICでバックアップ
　　　　　　　　　　　　　　　→小形面実装コインタイプ
　　　　　　　　　　　　　　　　DCK, DSKシリーズ等

据置き機器 ─┬─ オーディオ、ビデオ
　　　　　　├─ 制御機器、エンコーダー等
　　　　　　├─ セキュリティー機器
　　　　　　└─ 電話交換機　他
　　　　　　　　　　　　　　　3.5〜5VのICでバックアップ
　　　　　　　　　　　　　　　→コイン積層タイプ
　　　　　　　　　　　　　　　　DB, DXシリーズ等

また，最近ではLEDの高輝度化，省電力化の進展に伴い発電機能を備えた非常用ライトの蓄電源や手回し式発電機の蓄電源など，短時間の蓄電源としても使用されることが増えている。

2.2.2 捲回形の用途

捲回形のDZ, DZNシリーズは図1にも紹介しているように薄く広い電極を巻き取った構造を採っている。このタイプの特徴は低抵抗で，大電流で充放電してもロスが少ないことにある。

この特徴を生かして主に電池の補助電源として負荷変動の平準化や，瞬間的なパワーの供給等の用途に使用されている。

図3はデジタルカメラの各動作における瞬間的な負荷変動をシミュレーションするため，主電源の電池のみの場合と，捲回形電気二重層キャパシタDZNシリーズを並列に接続して，各種の負荷を繰り返し続けたときの電圧変動を測定した結果である。

電気二重層キャパシタを付加する事により，負荷変動を吸収し電圧の降下を抑えることがで

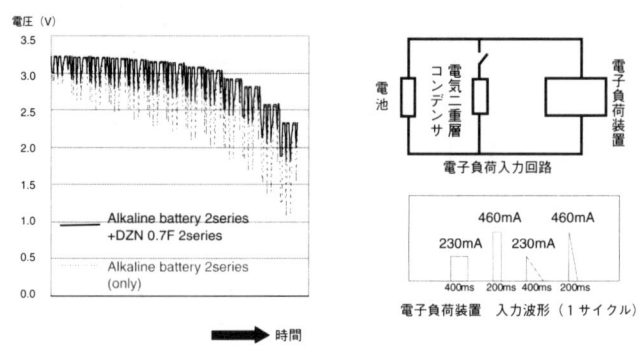

図3　デジタルカメラの負荷変動シミュレーション

き，特に電池の劣化が進んだ場合により大きな効果を与え，結果として使用する電池の交換や充電頻度を少なくすることが可能となる。

2.3 小形電気二重層キャパシタの技術開発動向
2.3.1 電極

エネルギー重視のコイン形とパワー重視の捲回形ではその構造の違いと共に電極の製法の違いもあり，コイン形は構造上電極面積は小さい分その厚さは厚いため，厚膜成型が可能なシート電極を使用している。一方の捲回形は広い面積に薄い電極層を得るために塗工電極を使用している。

これらの電極の特徴を表1に示す。

いずれの電極にも高容量，低抵抗化が課題であり，主材料である高容量活性炭の採用や，高密度化，更には低抵抗で効率よくイオンの吸脱着を行えるようにするために細孔径を揃えて最適化する等の技術が今後の課題である。また，昨今の環境に対する取り組みやコストダウンを目的として，使用する溶剤の脱有機溶剤化や使用量の削減にも取り組んでいる。

2.3.2 電解液

携帯機器用に使用されている小形コインタイプでは使用電圧が3V以上の要求が多いが，一般的に溶媒として使用されているプロピレンカーボネート (PC) では耐圧が不足する。

そこで当社では単セルで3.3V耐圧の小形コインタイプDCK，DSKシリーズにはPCより電気化学的に安定性の高いスルホラン (SLF) 溶媒を採用している。

但し，SLF単体では電気伝導率が低く，低温特性も悪いので電解液溶媒には使えなかったが，溶解性に優れる電解質である $(C_2H_5)_3CH_3NBF_4$ を用い比較的高い電気伝導率を得たことと，図4(A)に示すように低粘性溶媒である鎖状カーボネートとの混合溶媒にすることで，更に高い電気伝導率を得ている[1]。

表1 使用電極の特徴

電極種	コイン形用シート電極	捲回形用塗工電極
バインダー	PTFE 等	PVDF，SBR，CMC 等
製法	カーボン材料，バインダーと共に溶剤を加え混練し押し出し成型	カーボン材料，バインダーと共に溶剤でスラリー化し，集電体上にコーティング (塗工)
特徴	$100\mu m$ 以上の厚膜成型が可能 強度があり，カーボンの脱落も少ない 厚膜となるためセル単位体積あたりの容量を大きくすることが可能	$100\mu m$ 以下の薄膜塗布に適する 比較的電解液の含浸が早い 電極間距離が少なくなるため抵抗を低くすることが可能

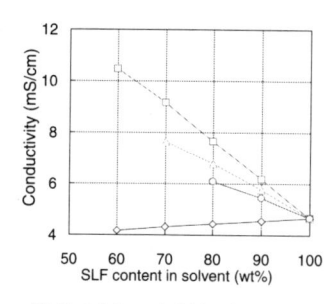

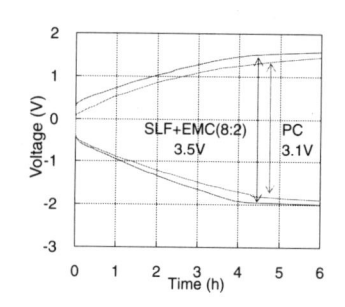

(A) Electrolytic conductivities of 1.2mol/kg Et₃MeNBF₄ in mixed solvents at 25℃.
◇：SLF+3MSLF，□：SLF+DMC，
△：SLF+EMC，○：SLF+DEC

(B) Anodic and cathodic polarization curves on activated carbon electrodes in 1.2mol/kg Et₃MeNBF₄/PC and 1.2mol/kg Et₃MeNBF₄/SLF+EMC(8:2) at 0.1mA.

図4　SLF溶媒の特性

　3極式モデルセルにおいて，アノード，カソードの電位を観測しながら定電流充電したときの電位の経時変化を図4(B)に示す。分極電位が直線から顕著にずれ始めるところを分解電圧とするとPC溶媒では3.1V，SLF+EMC溶媒では3.5Vの分解電圧を有することが分かる[2]。
　なお，使用電圧と使用温度はトレードオフの関係になるため，使用電圧を抑えることにより使用温度を上げることが可能となる。5.5V定格で2セルのコイン積層タイプ（1セル当り2.75V）では，PC系電解液を使用している製品では最高使用温度は70℃であったが，SLF系電解液を使用する事により最高使用温度を85℃とすることができる。この技術を利用している製品が耐久性規格85℃1000時間保証として高信頼性化したDXJシリーズである[3]。
　また，上記の電解質（C_2H_5)$_3CH_3NBF_4$はPC溶媒においても溶解性に優れる，低抵抗にすることが可能であることからパワー用途の捲回形にも使用している。
　今後，更なる低抵抗化，使用温度範囲の拡大，長期信頼性の安定化の課題に対して使用する溶質や溶媒の見直しや各種添加剤の検討を進めている。

2.3.3　その他

　特に携帯機器のメモリーバックアップ用途は高密度実装が求められている。このことから面実装のリフロータイプが主流となってきており，リフロー実装時の熱に対して安定で性能劣化の少ない部材の選択が必要となる。また，バックアップ対象のICの低電力化が進むことから自己放電特性の改善が必要であり，セパレータの高密度化や電解液のゲル化などの検討が今後必要となる。

第1章 超小型と小型

文　献

1) 平塚和也ほか, 特開平 8-306591
2) 河里健ほか, 2002年電気化学秋季大会講演要旨集, 2 H21
3) 工藤学, 電解蓄電器評論, **54**, No.1

3 PAS（ポリアセン系有機半導体）キャパシタの技術動向

青木良康*

3.1 緒言

近年小型電子機器，とりわけ小型携帯端末の発達は目覚しいものがあり，それに伴い主電源用の小型電池は言うまでも無く，小型情報端末等のRTC（リアルタイムクロック）やメモリー等のバックアップ用電源への期待も大きくなっている。

従来これらのバックアップ用電池はコイン型のリチウム一次電池，リチウム二次電池が主に使用されていたが，環境問題，製品組立時のハンダリフロー等の問題からコイン型PASキャパシタへの要求が高まり，RTCバックアップ用途に多く使用されている。

一方，リチウムイオン二次電池で代表される高エネルギー密度二次電池は携帯電話，ノートパソコン等の携帯機器用電源として広く使用されており，携帯機器の昨今の伸びはこれらの二次電池が開発されたことによると言っても過言ではない。しかし，これらの二次電池は充放電時の反応速度の問題から，エネルギー密度は大きいもののパワー密度の面で不利となる用途もある。

このようなパワー密度を重視する用途，例えば放電負荷変動対応用途や電気自動車，燃料電池車などのエネルギー回生時の充電負荷変動対応などには電気二重層キャパシタ等のキャパシタが検討されている。しかし，電気二重層キャパシタは活性炭などの炭素材料表面と電解液界面に形成される電気二重層を充放電に利用しているため，電極のバルク全体を利用する電気化学反応と比較すると極端にエネルギー密度が低いという欠点がある。

また，環境面において，二次電池の電極材料に重金属類が使用されていることから，環境負荷低減の観点からクリーンなエネルギー源の要望がある。

このような背景から，環境に優しく，エネルギー密度の高いPASキャパシタへの要求が高まっている。

3.2 PASキャパシタの特徴

3.2.1 ポリアセン電極

1971年に東工大の白川博士らはアセチレンを特殊な条件で重合し，銀白色の光沢を有するポリアセチレンフィルムを合成した。続いて1977年にはこのフィルムにドナー又はアクセプターをドーピングすることにより，電気伝導度を10^5S/cmと10桁以上増加させて，金属的伝導度を持たせることに成功した。以後，導電性高分子合成の研究が活発となり，電池材料への応用も精力的に行われてきた。

---

* Yoshiyasu Aoki 昭栄エレクトロニクス㈱ 開発センター センター長

第1章　超小型と小型

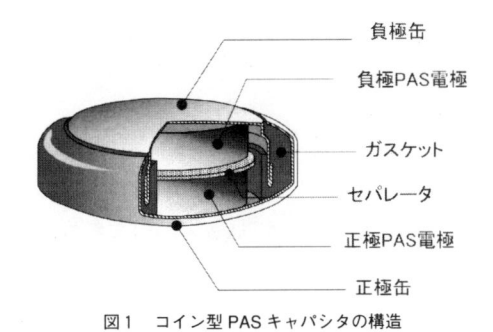

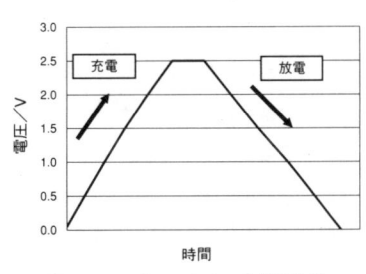

図1　コイン型PASキャパシタの構造

図2　PASキャパシタの充放電曲線

このような背景のもとに，ポリアセチレンの欠点であった化学的安定性に着目して，種々の研究を重ねた結果，1981年にカネボウ㈱はフェノール樹脂を熱縮合することによりポリアセンの合成に成功した[1]。ポリアセンは一次元グラファイトと呼ばれる一連の物質の一種で分子構造から見て，化学的安定性が期待されるものである。

この合成したポリアセンのH/C原子数比測定の結果，ポリアセチレン（H/C＝1.0）とグラファイト（H/C＝0）の中間に位置している[2]。また，X線回折測定から炭素原子の配列は近距離秩序は保たれているが長距離秩序は認められないため，一種のアモルファス半導体であるといえる[3]。PASにヨウ素ガスを接触させるとヨウ素がドーピングされ，p型の半導体となり，電気伝導度が5桁上昇する[2]。また，ナトリウムテレフタレートのテトラヒドロフラン溶液で処理すると，ナトリウムがドーピングされn型の半導体となり，電気伝導度が7桁上昇する[4]。このようにポリアセンはp型，n型の両ドーピングが可能である。

更に，ヨウ素，ナトリウムのようなイオン半径の小さなドーパントだけでなく，テトラフルオロボレートのようなイオン半径の大きなドーパントまでスムーズにドーピングできる等優れた特性を有している。

このように優れた特性を有するポリアセン系有機半導体をキャパシタの電極として着目し，1990年代にカネボウ㈱にてコイン型PASキャパシタとして上市され，2004年から昭栄エレクトロニクス㈱が継承し，製造販売を行っている。

3.2.2　コイン型PASキャパシタ

コイン型PASキャパシタの主な用途は携帯電話等のモバイル機器に使用されているリアルタイムクロック（RTC）のバックアップである。

このRTCバックアップに期待される特性は小型，薄型でしかも面実装（リフローハンダ付け）が可能な点である。従って，コイン型PASキャパシタは，PAS電極の優れた耐熱性，高エネ

ギー密度を活かし，リフローハンダ付けが可能な小型・薄型キャパシタへの開発が推進されている。

(1) コイン型PASキャパシタの構造

コイン型PASキャパシタの構造は図1に示すように，ステンレス製の負極缶内面に負極PAS電極を導電性接着剤で配置し，ステンレス製の正極缶内面に同様に正極PAS電極を配置している。正負電極間はセパレータで隔離し，電解液を含浸した後，正負極缶をガスケットで電気的に隔離し，正極缶をカールして密封した構造となっている。

(2) コイン型PASキャパシタの特徴

このように作られたコイン型PASキャパシタは次のような特徴を有している。

① 高容量

フェノール樹脂を熱縮合して得られたポリアセン (PAS) を正極 (p型ドープ)，負極 (n型ドープ) に用いており，電解液中のイオンのPASへのドーピング，アンドーピングを利用して充放電を行うため，従来の電気二重層キャパシタに比べてエネルギー密度が高いのが特徴である。

また，従来の二次電池のように酸化還元電位での充電電圧のしきい値がなく，最大電圧値 (2.5V又は3.3V) 以下ならば，任意の電圧で充放電が可能である (図2)。

② 長いサイクル寿命

充放電時の結晶構造変化が従来の二次電池に比べて極めて少ないので，充放電サイクル寿命が長い (図3)。

③ 高い耐久性

充放電時の結晶構造変化が従来の二次電池に比べて極めて少ないので，過充電，過放電に対する耐久性が大幅に優れている (図4)。

④ リフロー耐熱性

熱的に安定なポリアセンを電極に使用し，無機材料セパレータと耐熱性の高いガスケットを用い，高い封止技術と極低湿の製造環境により，リフローハンダ付けを可能とし，最終製品の製造の効率化とコストダウンに貢献できる。

更には，特殊なガスケット材料，電解液，セパレータ等の耐熱性を高め，封止技術により，環境に優しい鉛フリーハンダリフローへの適用をも可能としている。

特に最近ではコイン型キャパシタとしては世界最薄のPAS409（外径ϕ4.8mm，厚さ0.9mm）が昭栄エレクトロニクス㈱により開発され，薄型携帯電話のRTCバックアップ用に採用されている。

(3) コイン型PASキャパシタの特性

現在，昭栄エレクトロニクス㈱で製造販売されているコイン型PASキャパシタの定格を表1

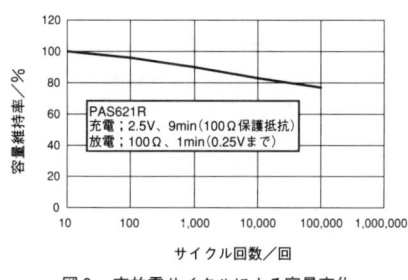

図3　充放電サイクルによる容量変化 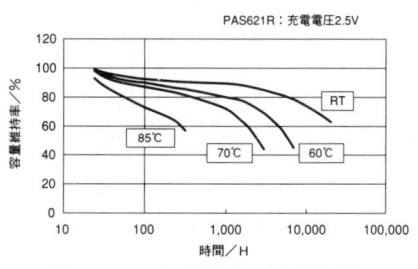　　　図4　フロート充電温度による容量変化

に示した。コイン型PASキャパシタは5つのシリーズからなり，表面実装用のリフローハンダ付け対応品，鉛フリーリフローハンダ付け対応品それぞれに，2.5Vの低電圧タイプ，3.3Vの高電圧タイプの4シリーズがある。(SR，HR，R，NR) この他にマニュアルハンダ付け対応のリチウムドープタイプ（L）があり，高電圧，高容量タイプとなっている。

代表的品種のPAS414HRの充電特性，放電特性を図5，6に示した。

3.2.3　シリンダ型PASキャパシタ

コイン型と同様にフェノール樹脂を熱縮合して得られたポリアセン（PAS）を正極（p型ドープ），負極（n型ドープ）に用いており，薄膜化した電極を作製することにより，ポリアセンへの電解質イオンのドープ，脱ドープが容易に行われるため，高容量に加えて，内部抵抗が小さくできるのが特徴である。

写真1は昭栄エレクトロニクス㈱にて製造販売されているシリンダ型PASキャパシタの一例で，表2，3はLRシリーズ（低ESR）とLAシリーズ（高容量）の品種と定格である。

この表からも分かるように，LRシリーズでは小容量にも拘わらず低ESRが実現できている。また，図7にLRシリーズの大電流パルス放電時の放電曲線を示した。このように小型でありながら大電流放電時の電圧降下が少ないキャパシタが開発され，放電負荷変動用途への対応が可能なこと，緊急時のシステムバックアップ用に使用される等，小型キャパシタの用途が広がっている。更に，高容量タイプのLAシリーズにおいても高容量，低ESRが実現でき，図8，9に示すような放電特性，重負荷パルス特性から導電性高分子を電気化学キャパシタ材料に用いる目的の，高容量，高パワー密度を重視する用途－放電負荷変動対応用途や電気自動車，燃料電池車などのエネルギー回生時の充電負荷変動対応等－に適したキャパシタの提供が可能となるものである。

表1 コイン型PASキャパシタの品種と定格

	最大使用電圧 (V)	セル寸法 (mm)		公称容量		ハンダ付け対応
		外径	高さ	(F)	(μAh)	
PAS409SR	2.5	4.8	0.9	0.03	10	鉛フリーリフローハンダ付け
PAS414SR		4.8	1.4	0.06	18	
PAS409HR	3.3	4.8	0.9	0.03	10	
PAS414HR		4.8	1.4	0.06	18	
PAS414R	2.5	4.8	1.4	0.06	18	リフローハンダ付け
PAS614R		6.8	1.4	0.2	50	
PAS414NR	3.3	4.8	1.4	0.06	18	
PAS614L	3.3	6.8	1.4	0.25	90	マニュアルハンダ付け

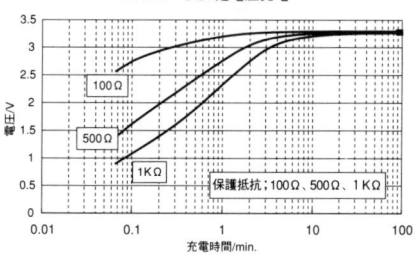

図5 PAS414HRの充電特性

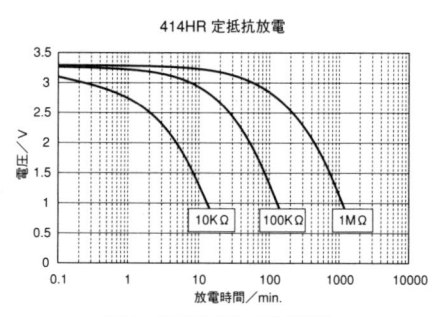

図6 PAS414HRの放電特性

第1章 超小型と小型

写真1 シリンダ型 PAS キャパシタ

表2 シリンダ型 PASLR シリーズの定格

	最大使用電圧 (V)	セル寸法 (mm)		初期特性	
		外径	高さ	容量 (F)	内部抵抗 (mΩ)
PASLR0E105	2.3	8.0	15	1.0	＜70
PASLR0E205		10.0	16	2.0	＜50

表3 シリンダ型 PASLA シリーズの定格

	最大使用電圧 (V)	セル寸法 (mm)		初期特性		
		外径	高さ	容量(F)	内部抵抗 (mΩ)	
PASLA0E475	2.3	10.0	20	4.7	＜300	
PASLA0E106		12.5	20	10	＜200	
PASLA0E226		12.5	35	22	＜150	
PASLA0E566		18.0	40	56	＜70	
PASLA0E107		25.0	40	100	＜50	(開発中)

3.3 今後の動向

　以上のように，PAS キャパシタは従来の電気二重層キャパシタに比べエネルギー密度の高さ等有利な点が多い。しかし，市場での高電圧化，更なる高エネルギー密度化への期待が大きくなっている現状を鑑みると，今後の開発動向としては如何に上記要求に答えて行くかが課題と言える。

3.3.1 高電圧化

　コイン型 PAS キャパシタは3.3V の高電圧品が製品化されているが，シリンダ型は現状では2.3～2.5V が実力の電圧範囲である。
　シリンダ型の高電圧化は電位窓の広い（酸化還元電位幅の広い）電解液（溶媒，電解質）の検討が各キャパシタメーカで試みてはいるものの，まだ信頼性の面で2.7V 以上は達成できていないのが現状である。

PASLR0E105 重負荷パルス特性（10mS）

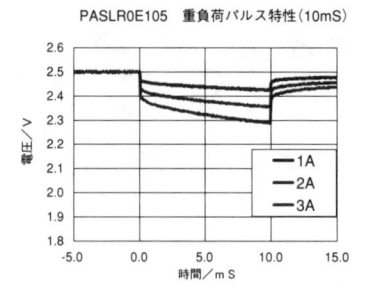

図7　PASLR 0 E105の重負荷パルス特性
（φ8×15；1F）

PASLA0E566（φ18-40）定抵抗放電特性

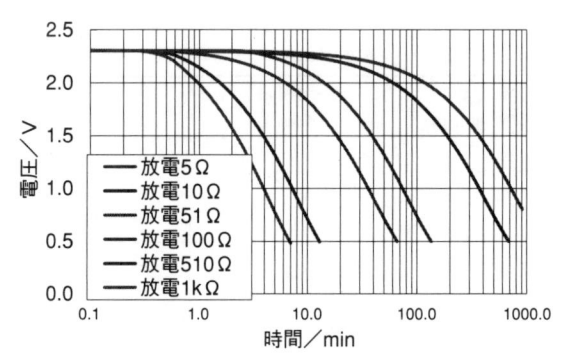

図8　PASLA0E566 の放電特性

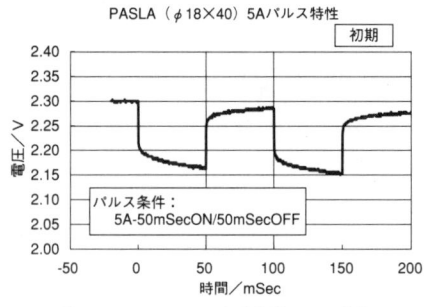

PASLA（φ18×40）5Aパルス特性

パルス条件：
5A-50mSecON/50mSecOFF

図9　PASLA0E566 の重負荷パルス特性

第1章 超小型と小型

表4 新開発3Vシリンダ型PASキャパシタの定格

最大使用電圧 (V)	セル寸法 (mm)		初期特性	
	外径	高さ	容量 (F)	内部抵抗 (mΩ)
PASLA0F405	10.0	20	4	<300
PASLA0F905	12.5	20	9	<200
PASLA0F206	12.5	35	20	<150
PASLA0F506	18.0	40	50	<70

※最大使用電圧欄は3.0で共通

開発品；暫定定格

　PASキャパシタにおいても同様の傾向にはあるが，電解液組成と合わせてPAS電極を特殊処理することにより高電圧化の開発が行われ，表4に示す3VタイプPASキャパシタのサンプル供給が始まっている。
　このように，PASの優れた特徴を活かした，高電圧，高エネルギー密度のPASキャパシタは，クリーンエネルギーの蓄電デバイスとしての市場の期待に応えると同時に，環境負荷低減に大きく貢献していくものと確信している。

文　　献

1) S. Yata, U. S. Patent No.4601849, July (1986)
2) K. tanaka, K. Ohzeki, T. Yamabe and S. Yata, *Synth. Met.,* **9**, 41 (1984)
3) S. Yata, K. Sakurai, T. Osaki, Y.Inoue, K. Yamaguchi, K. Tanaka and T. Yamabe, *Synth. Met.,* **38**, 185 (1990)
4) K. Tanaka, M. Ueda, T. Koike, T. Yamabe and S. Yata, *Synth. Met,* **25**, 265 (1988)

第2章　大型

1 EDLCおよび応用製品の最近の技術動向

松井啓真[*1]，竹重秀文[*2]

1.1 はじめに

指月電機では，'99年に大容量電気二重層キャパシタ（EDLC）"FARADCAP"のサンプル出荷を開始以来，その用途開発を進めて来た。また，"FARADCAP"を使った応用製品として，'01年には瞬時電圧低下補償装置（瞬低補償装置）"V-Backup"を上市した。

信頼性が要求される電力機器の蓄電装置にEDLCを本格採用し，4年超の市場実績により，その可能性を実証したと言える。この瞬低補償装置・無停電電源装置に次いで，ハイブリッドトラック，燃料電池自動車の補助電源，複写機，ハイブリッド自動車，風力発電の平準化，各種ソーラー発電装置など多くの分野で大容量EDLCの実用化がECaSSグループ各社を中心として始まっている。ここでは，高電圧・大容量用途での使用を可能にした要素技術や最近の技術動向について簡単な紹介を行う。

（注）ECaSS（Energy Capacitor Systems）グループ：旧岡村研究所の岡村氏が提案・主宰する会への参画企業

1.2 EDLCの要素技術の動向

1.2.1 EDLCの分類

図1に蓄電デバイスとしての電池とキャパシタの分類を示す。

これまで一般的に化学反応を用いて充放電を行うものを電池，物理的な吸脱着により充放電を行うものをキャパシタとして区別されていたが，最近ではハイブリッドキャパシタと称されるキャパシタと2次電池の両者の特徴を併せ持つデバイスも発表され，その境界も曖昧になってきている。

また，キャパシタの中にも現在多くのメーカーが採用している電解質イオンの物理的な吸脱着を利用したキャパシタに対し，一般に電気化学キャパシタ等と呼ばれる金属酸化物や高分子を使い，化学的な吸脱着を利用した蓄電デバイスも近年多く発表されている。その構成や材料は多岐

---

* 1　Hiromasa Matsui　㈱指月電機製作所　開発本部　FARADCAP技術部　部長
* 2　Hidefumi Takeshige　㈱指月電機製作所　開発本部　FARADCAP技術部

第2章 大型

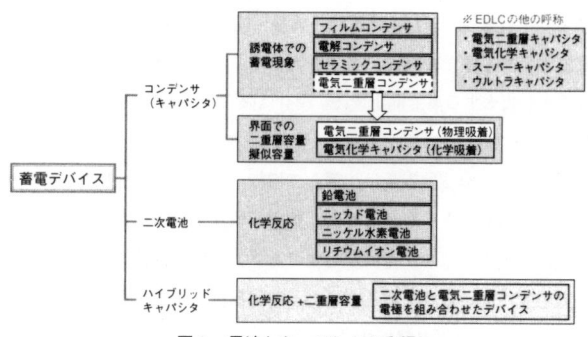

図1 電池とキャパシタの分類

にわたり，キャパシタ関連の学会では従来の物理吸着によるキャパシタより発表が増えてきている。

一方，従来の電気二重層キャパシタにおいては新聞・テレビ等で大きく報道されたナノゲートカーボンを始め，カーボンナノチューブやイオン性液体などナノテクや先端化学物質を構成材料としたものが注目されている。これらは実用例がまだ少なく，紹介程度のものが多いが，実用化に向けた動きも活発になってきている。

種々のキャパシタは既存のキャパシタの最大のデメリットである蓄電量の低さを改善しようとするものである。指月としてもこれらの動向には注視しながら，活性炭電極を使用した設計系の高電圧化や低抵抗化による改善に努めている。

1.2.2 エネルギー・出力・正規化内部抵抗

蓄電デバイスではエネルギー（Whを単位とする電力量）と出力（電力（W））が主たる要求

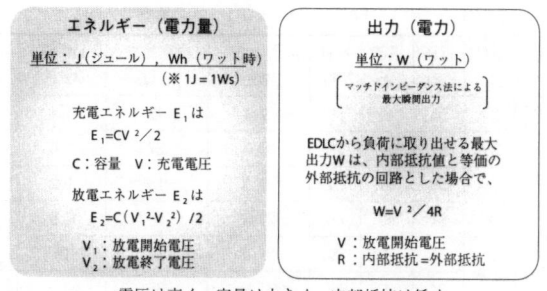

エネルギー（電力量）

単位：J（ジュール），Wh（ワット時）
（※ 1J＝1Ws）

充電エネルギー E_1 は
$E_1 = CV^2/2$

C：容量　V：充電電圧

放電エネルギー E_2 は
$E_2 = C(V_1^2 - V_2^2)/2$

V_1：放電開始電圧
V_2：放電終了電圧

出力（電力）

単位：W（ワット）

[マッチドインピーダンス法による最大瞬間出力]

EDLCから負荷に取り出せる最大出力Wは，内部抵抗値と等価の外部抵抗の回路とした場合で，

$W = V^2/4R$

V：放電開始電圧
R：内部抵抗＝外部抵抗

電圧は高く，容量は大きく，内部抵抗は低く

図2　キャパシタのエネルギーと出力について

133

項目である。エネルギー E と出力 W は電圧・容量・内部抵抗と図2のような関係にあり、エネルギーでは二乗で寄与する電圧を高く、容量を大きくする事、そして出力では二乗で寄与する電圧を高く、内部抵抗を低くする事で向上する。設計は限られた条件（例えば、価格・体積・質量）で顧客の要求を最大限に満たす必要がある。

例えば、並列使用数を増やせば容量は比例して増加、内部抵抗は反比例して減少するので、エネルギーは増大し、出力も大きく取れる反面、体積・質量・価格は大きくなってしまう。

このような特性比較は正規化した指標が必要であり、単位（体積・質量）当たりの容量としては容量密度や出力密度が用いられている。また、内部抵抗を正規化するために容量当たりの導電率（抵抗の逆数）とした正規化内部抵抗"ΩF（オーム・ファラッド）"はディメンジョンが秒となり、使用上便利な指標である。

定電流で充放電を行った場合、キャパシタを容量 C と内部抵抗 R が直列に配置された等価回路とすれば、抵抗 R で消費される電力量を考慮した充電時の効率 P_c と放電時の効率 P_d はそれぞれ下式で表される。t は定電流での全エネルギー充電と放電の時間とする。

$$P_c = t / (t + 2RC) \tag{1}$$

$$P_d = 1 - 2RC/t \tag{2}$$

両式はキャパシタの内部抵抗（Ω）と容量（F）の積である"ΩF値"（RC）が決まれば充放電時間 t での充放電効率である P_c, P_d は定まる事を意味する。この"ΩF値"はキャパシタの正規化された内部抵抗となり、容量の大小や直並列などに関係なく内部抵抗の正規化した大小が把握できる。短時間で充放電される用途には、程度に応じこの"ΩF値"の小さなものを選択する。

指月では従来、表1に示す正規化内部抵抗で区分けした2タイプ5品種のモジュールを標準としてきたが、2006年4月より新たに0.8ΩFの製品をラインナップに加え、様々な用途に応じた電圧、容量を選択・提案できる。

表1 FARADCAP モジュールの事例

形名・タイプ	項目	電圧 (V)	電流 (A)	容量 (F)	エネルギー (Wh)	内部抵抗 (mΩ)	ΩF値 (Ω·F)	寸法 (W×D×H) (mm)
FML- (急速充放電用)	2 A	54	40	80	32.4	43	3.7	380×110×175
	3 A	54	40	75	30.4	27	2.0	380×110×175
	4 A	54	40	67	27.3	18	1.2	380×110×175
	X	54	60	60	24.3	13	0.8	380×110×175
FMA- (汎用充放電用)	1 A	16	1	580	21.1	26	15	218×110×169
		24	1	390	31.2	38	15	316×110×165

※：電圧は一例

第2章　大型

1.3　EDLCの期待市場での動向

キャパシタの適用が期待される分野を図3に示す。これらの分野はいずれも高出力，長寿命，環境負荷，信頼性などが期待される市場で多岐にわたる。

市場の大きさから見ても第一に挙げられるのが自動車市場である。しかしながら，適用事例は非常用電源としての一部の使用事例を除き，限られた用途に留まっている。コスト，性能改善によりハイブリッドカーや燃料電池車へも拡大されていくと期待される。

一方，電力・配電分野では当社の瞬時電圧低下補償装置（V-Backup）を始め，自然エネルギーの蓄電・電力平準化用に実用化・検討が始まっている。この分野は高出力・蓄電エネルギーに加え，メンテと寿命や環境適応に対する期待がキャパシタの特長とマッチして徐々に市場での適用が進んできている。

そのほか，産業機器分野や民生通信機器分野，FA・工場設備分野，建築設備分野など，キャパシタの特長である，大出力や高繰り返しが要求される分野での具体的な検討が始まっており，これらの分野での市場拡大と実績，信頼性の向上により自動車分野への適用も進むものと考えられる。

1.4　瞬低補償装置でのEDLC応用例

1.4.1　瞬低補償装置

電力系統を構成する送電線で落雷などにより瞬間的に線間短絡や地絡故障が発生した場合，遮断器で故障原因を除去するまでの短い時間，系統全体の電圧が低下する。この現象は瞬時電圧低下（以下瞬低）と呼ばれ，送変電設備の事故などにより電源が長時間遮断される停電とは区別さ

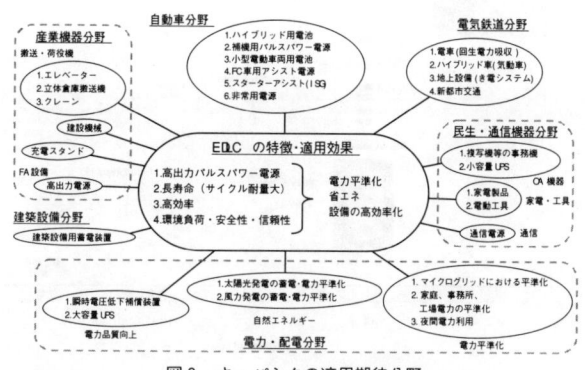

図3　キャパシタの適用期待分野

れている。国内では，電圧が20％以上低下する瞬低の発生頻度が，一需要家あたり平均5回／年程度とされているが，多雷地域では10～20回／年というケースも少なくない。

このような電源状況の一方で，需要家側においては1980年代以降の情報化，都市機能の高度化・多様化などが進展し，通信機器・マイコン・インバータ等マイクロエレクトロニクス機器やパワーエレクトロニクス機器が産業界から一般家庭にいたるまで幅広く普及し，電源の瞬間的な電圧低下に対しても機器の誤動作や停止など，広範な分野で影響を受けるようになってきた。

対策として機器の感度を鈍くしたり，落雷を予測して瞬低発生前に機器を停止させて被害を予防する方法も取られているが，必ずしも確実な対策にはなっていない。これを確実に行うには，予めキャパシタやバッテリーに蓄電しておいた電力を瞬低時に放出し，インバータで交流電圧に変換し，電源をバックアップする方法が有効である。このような対策機器の代表例として，瞬低補償装置やUPS装置などが挙げられる。最近では，バッテリーの保守コストや重金属による環境負荷の問題等から，蓄電池の代替としてキャパシタを使用して短時間の瞬低補償を行うバッテリーレスの補償装置が注目され，製造業向けを主体に普及してきている。このような市場ニーズに応えるため，指月では自社開発して製造・販売する，電解コンデンサに比べて桁違いに大きな蓄電容量を有するEDLCを搭載し，1秒以内の瞬低に対応できる補償装置"V-Backup200"シリーズを開発し，電解コンデンサでは適用が困難であった大容量装置や1秒強の補償も可能とした。2005年には高圧6.6kV回路用"V-Backup6600"シリーズを追加し，2006年4月現在では，図4に示す装置容量，電圧，補償時間をカバーするラインナップとなった。装置の基本回路を図5に，外観（例）を写真1に示す。

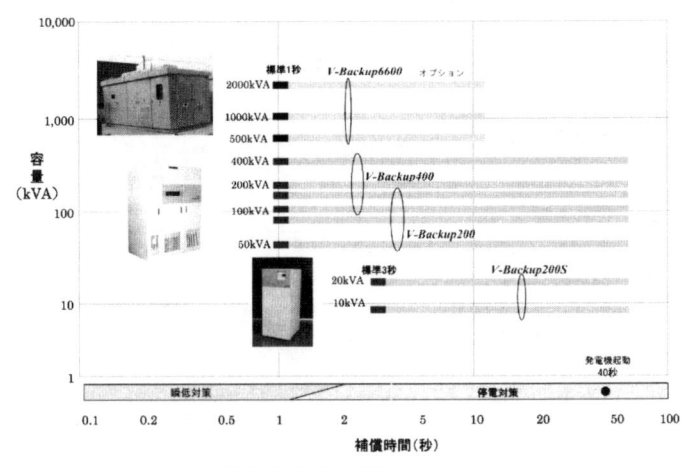

図4　V-Backupのラインナップ

第 2 章　大型

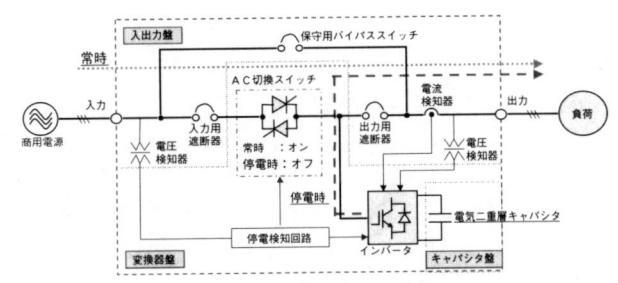

図 5　V−Backup の基本回路図

写真 1　高圧6600V　2 MVA　1 秒補償　V−Backup の外観

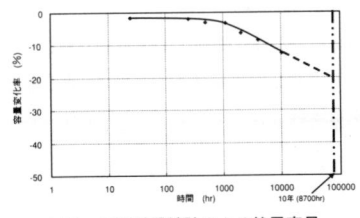

図 6　長期課電試験による静電容量変化（FML− 4 A，40℃，54V）

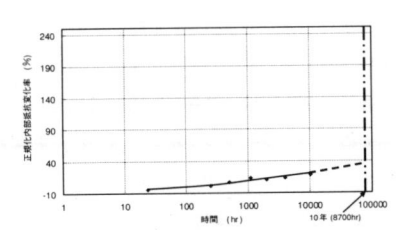

図 7　長期課電試験による正規化内部抵抗変化（FML− 4 A，40℃，54V）

1.4.2　瞬低補償装置への EDLC への要求性能

　電力設備である瞬低補償装置用の EDLC に要求される性能として，高出力，長寿命，信頼性，安全性などがある。瞬低は100回／年以下の為，発熱を伴う高繰り返しのサイクル的な負荷は無いが，最大電圧で常時待機のフローティング課電状態下での長寿命耐用は過酷な負荷である。
　図 6, 7 に54V 定格の FML− 4 A モジュールを40℃雰囲気中で長期課電（10,000時間）した場合の静電容量と内部抵抗（RC 値）の特性例を示す。安定した性能とは言えるが，静電容量と内部抵抗は確実な経時劣化が認められ，これらを踏まえた装置設計が必要になる。鉛バッテリーを UPS に使用する場合は，補償時間を短くしても出力で制約を受け，バッテリー容量はほとんど変わらないと言う問題があったが，EDLC の場合には補償時間で EDLC 容量は大きく変化する。

137

大容量キャパシタ技術と材料Ⅲ

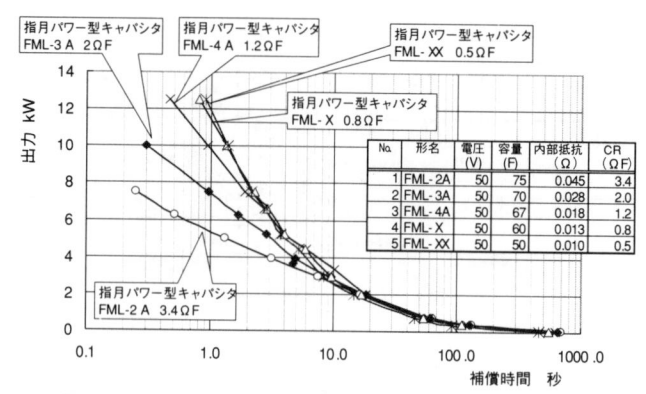

図8 モジュールの補償時間と出力の関係（54V→25V、定電流放電）

No.	形名	電圧(V)	容量(F)	内部抵抗(Ω)	CR(ΩF)
1	FML-2A	50	75	0.045	3.4
2	FML-3A	50	70	0.028	2.0
3	FML-4A	50	67	0.018	1.2
4	FML-X	50	60	0.013	0.8
5	FML-XX	50	50	0.010	0.5

よって補償時間により，最適な EDLC の選定・設計がポイントと言える。

これに対して指月では先に述べた低抵抗タイプ"FARADCAP"を4品種用意し1秒域の瞬低から60秒程度の停電域をカバーしている。同一寸法のケースに収納している4品種は静電容量と内部抵抗に差異があり，54V 定格品を50V から25V まで定電流放電させた場合の出力と補償時間の関係を図8に示す。内部抵抗値により各品種の放電効率が変化する為，静電容量の小なるものでも数秒以下の領域では補償時間が長くなると言うことになる。これは3段のラダーな分布定数回路でのシュミレーション結果であるが，実測値との整合性も良い。

1.5 まとめと今後の課題

大容量 EDLC はこの6～7年来各社からサンプル出荷され，電力・鉄道・自動車・産業機器など幅広い分野で評価・検証がなされてきた。その特長を積極的に生かした市場と設計により，経済性の観点で折り合い可能な用途から実用化が始まったと言える。各種団体での EDLC の標準・規格化の動きも活発化している。

使用環境の厳しい高出力・高繰り返しが要求される市場でのパワー用途など EDLC に期待される分野とも言えるが，今後は信頼性と市場実績評価が益々必要になる。更なる高出力化と，弱点であるエネルギー性能を補完する次世代 EDLC の実用化も急務となっている。今後ともこれら市場の要請に応えて行きたい。

第 2 章　大型

文　　献

1) ㈱指月電機製作所,「大容量電気二重層キャパシタを採用した瞬時電圧低下補償装置開発技術－電力充放電技術とパワエレ技術の活用－」, 電子技術, 第44巻, 第11号 (2002)
2) 岡村廸夫,「電気二重層キャパシタと蓄電システム」, 第3版, 日刊工業新聞社 (2005)
3) 松井啓真,「【自動車用】電気二重層キャパシタとリチウムイオン二次電池の高エネルギー密度化・高出力化技術」, ㈱技術情報協会, P81〜94 (2005)
4) 杉本重幸, 田端康人, 小川重明 (中部電力㈱), 六藤孝雄, 松井啓真, 矢部久博 (㈱指月電機製作所),「電気二重層キャパシタを適用した無停電電源装置の開発と検証試験」, 電気学会, №PE-03-130, PSE-03-141 (2003)

2 大容量キャパシタの現状と課題

内　秀則[*1]，岡田久美[*2]

2.1 はじめに

最近，UPS[1]や複写機[2]向けの大型電気二重層キャパシタ（以下大容量キャパシタ）の実需要が出始め，大きな市場が生まれつつある。また，昨今の原油高や2005年2月に発効した京都議定書による省エネルギー，CO_2排出削減の気運の高まりから，乗用車，トラック，バス，鉄道，フォークリフトなどの輸送機器や建設機械，オフィス機器などでキャパシタ利用の試みが活発化し，現実的な多くの報告[3〜16]がなされている。これらのアプリケーションには高信頼性が必要とされるが，大きなパワー密度で充放電される場合の，信頼性に影響を及ぼす因子について紹介する。

2.2 大容量キャパシタ（DLCAP™）

当社では有機系電解液を用いた2種類の形状の製品をDLCAP™としてラインアップしている。

図1(a)は円筒型（Cylindrical）と呼び，内部素子は一対の帯状の活性炭正負極を2枚のセパレータを介して巻廻したものである。円筒型は生産性に優れ，また当社保有のアルミ電解コンデンサ製造技術を利用できる点，及び一部の材料・部品をアルミ電解コンデンサ部品と共有できる点からコストパフォーマンスの良い仕様となっている。

図1(b)は角型（Prismatic）で，内部素子は活性炭正負極の電極片がセパレータを介して交互に積層されている。構成材料は基本的に円筒型と同じであるが，この形状の特徴は電極片一枚一枚から端子を引き出すことができる点である。このことから円筒型で発生する電極長手方向の抵

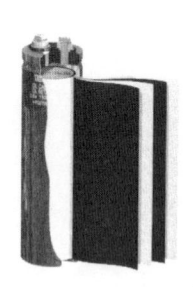

図1
(a)　円筒型（Cylindrical）　　(b)　角型（Prismatic）

[*1]　Hidenori Uchi　日本ケミコン㈱　基礎研究センター　取締役　基礎研究センター長
[*2]　Kumi Okada　日本ケミコン㈱　基礎研究センター　先端技術戦略部　主管

抗ロス分を低減することができ，製品の内部抵抗を下げることが可能である。その他にも，角型は内部抵抗低減のための幾つかの設計・製造手法を駆使しており，円筒型に比べ同体積で1/3の内部抵抗を実現している。

2.3 充放電における発熱

電力瞬停補償（UPS）のように，大電流の充放電頻度の少ない用途では発熱の問題はないが，電力回生等の大電流の充放電頻度が多い用途では，発熱による温度上昇の管理が重要となる。セルの温度上昇は，主にセルの内部抵抗に起因するジュール熱と，セル表面からの放熱のバランスによる。発熱量は，セル内部抵抗と電流の2乗の積となるため，内部抵抗が小さいほど発熱は少なくなる。当社の円筒型（Φ35×95L，2.5V2000F）と角型（□54×54×128L，2.5V2000F）の二種類のキャパシタを用いて，大電流充放電サイクル負荷時の発熱について測定を行った。

図2の充放電のプロファイル（定電力放電10秒→休止20秒→定電力充電10秒→休止20秒）を用いて，測定は常温下で放熱は自然空冷とし，発熱の測定位置はモジュール中央のセル表面とした。

発熱においては内部抵抗の影響が極めて大きく，内部抵抗の小さい角型セルが圧倒的に優位な結果となった（図3，4）。内部抵抗の差以上に角型の発熱量が少ないのは，角型の構造に起因する放熱量の差と考えられる。発熱量と温度上昇の関係を見ると，高温になるほど温度上昇 ΔT が抑えられる傾向にある。理由としては，周囲温度との温度差が増大することで放熱が大きくなることと，温度が上昇するに従って，セルの内部抵抗が減少するため，内部抵抗による発熱量が減少することが考えられる。

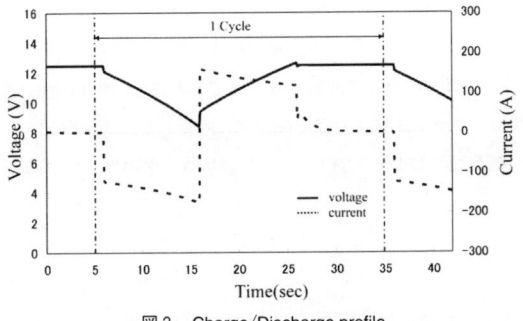

図2 Charge/Discharge profile

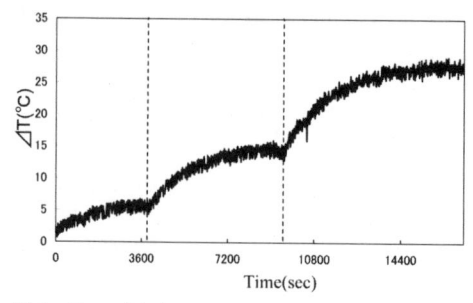

図3　Charge/Discharge test at high current　Φ2.5V2000F

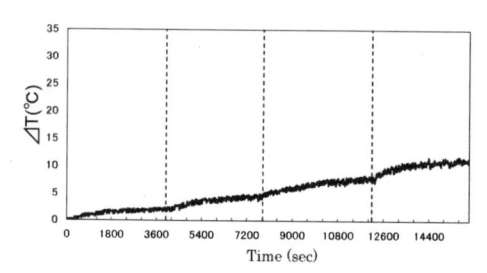

図4　Charge/Discharge test at high current　□2.5V2000F

2.4　寿命性能と寿命加速因子

　一般に，キャパシタの寿命加速因子としては大電流充放電時のサイクル回数が支配的になりそうであるが，充放電サイクル寿命は極めて長い。例えば，角型のDLCAP™は常温であれば300万回程度の充放電サイクル寿命を有している。

　図5は充放電のプロファイルで，図6が容量の変化および，図7が抵抗の変化を示す。キャパシタの寿命加速因子は充放電のサイクル数よりも温度と継続した電圧印加の影響が大きいといえる。図8は2.5V印加フロート試験時の容量減少率に着目した寿命試験データである。図のように，ごく初期を除けば試験時間の平方根（$t^{1/2}$）と容量減少率の間には直線関係があり，式（1）のように書ける。

$$\Delta C = kt^{1/2} + a \tag{1}$$

　式（1）の傾きkを寿命加速係数と呼ぶことにする。当社ではこのような関係が周囲温度30℃～85℃，印加電圧2.0V～3.0V程度の範囲で成り立つことを確認している。この加速係数kの自然対数$\ln k$を周囲温度及び印加電圧をパラメータにプロットした（図9（a），（b））。図のように

第2章　大型

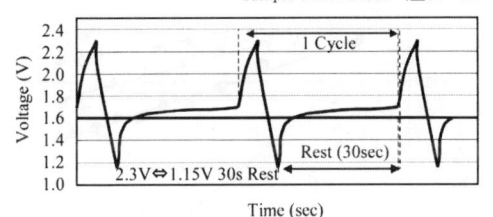

Sample：2.3V2700F（□54×54×128L）

図5　Charge/Discharge profile、250A

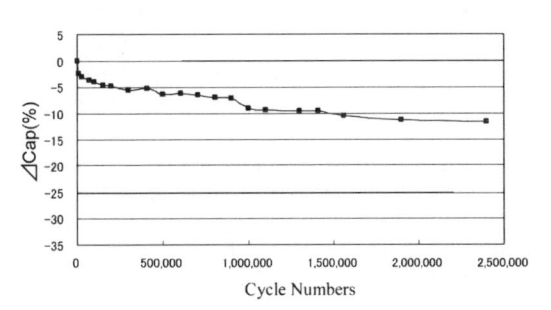

図6　Charge/Discharge test at high current

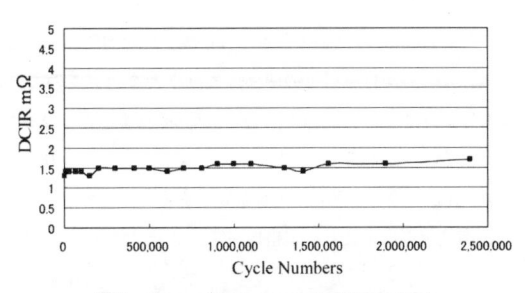

図7　Charge/Discharge test at high current

周囲温度60℃では2.5V付近まで，印加電圧2.5Vでは60℃付近まで $\ln k$ はそれぞれ印加電圧（V）に比例，周囲温度（T）に反比例の関係が確認された。k を電気化学反応を考慮したアレニウス式[17]の反応速度定数と解釈すると下式のように書け，上記の試験データの傾向と一致する。

$$k = A \exp\left(-\frac{\Delta G}{RT}\right) \cdot \exp\left(\frac{\alpha n F E}{RT}\right) \quad (2)$$

$$\ln k = \frac{\alpha n F}{RT} E - \frac{\Delta G}{RT} + \ln A \quad (3)$$

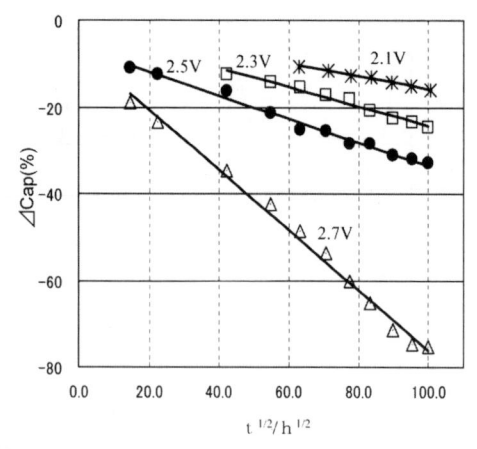

図8 Capacitance change (ΔCap) during load life test with dc voltage

$$\ln k = -\frac{(\Delta G - \alpha nFE)}{R} \cdot \frac{1}{T} + \ln A \tag{4}$$

ここで，E は電極電位（V），T は絶対温度（K），A は頻度定数，ΔG は $E = 0$ 時の活性化エネルギー，R は気体定数を表わす．

つまり，漏れ電流による Faradic な通過電荷量と容量減少が比例関係にあることを強く示唆している．しかし，2.7V，70℃の条件ではこの関係は成り立たない．このことは，この条件ではそれ以下の領域では生じない何らかの加速因子（例えば，それまでとは違った化学反応あるいは電気化学反応）が付加している可能性を示唆している．最高使用温度及び定格電圧を基準に寿命を計算するキャパシタの保証寿命の基準としては危険である．当社ではこのような背景から今のところ保証値として最高使用温度を60℃，定格電圧を2.5Vとしている．図10は当社の数多くの

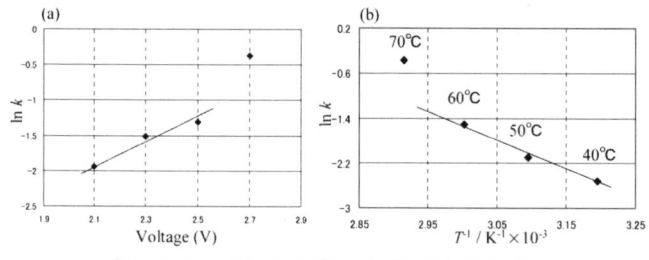

図9   ln k vs. (a) V at 60℃ and (b) T^{-1} with 2.5Vdc

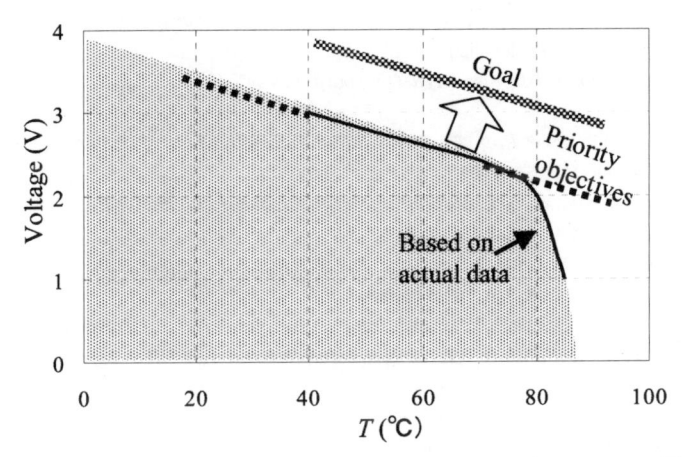

図10 Dominant region in Arrhenius law on applied voltage (*V*)vs. ambient temperature (*T*)

試験データから $\ln k$ が直線関係を維持する印加電圧及び周囲温度の領域を示した図である。図のように，70℃を超える領域では印加電圧が著しく小さくなってしまう結果となった。

2.5 開発課題

大容量キャパシタの今後の開発課題として，大電流で頻繁な充放電を繰り返す用途においては，少なくとも85℃程度までは使用できるキャパシタの性能改善と共に，放熱を考慮したモジュールの構造結成および，熱設計が必要となる。

文　献

1) T. Muto, *Electrochemistry*, **72**(11), 775(2004).
2) K. Kishi, N. Sato, Y. Kato, M. Okamoto, *Proc. The Conference of Japan Hardcopy of the Imaging Society of Japan*, a-2, Kyoto, JP, Nov. 25(2005).
3) M. Anderman, *The Ultracapacitor Opportunity Report*, Advanced Automotive Batteries (2005).
4) T. Bartley, *Proc. Advanced Capacitors Conference 2005*, San Diego, CA, USA, Jul. (2005).
5) H. Uchi, *Proc. Advanced Capacitor World Summit 2005*, San Diego, CA, USA, Jul.(2005).
6) K. Yoshizawa, *Proc. The 15th International Supercapacitor Summit*, Florida, FL, USA, Dec. (2005).

7) K.Tamamitsu, *Proc. The 1ˢᵗ International Symposium on Large Ultracapacitor Technology and Application*, Honolulu, HA, USA, Jun. 14-15 (2005).
8) No author, "Wind Turbines Need On-board Power", *Power Engineering*, **109**(5), 14 (2005).
9) M. Deimi and R. Knorr, *Proc. The 5ᵗʰ Advanced Automotive Battery Conference*, S3, Jun. 15-17, Honolulu, HA, USA (2005).
10) T. Maekel, A. Pesaran and S. Sprik, *Proc. The 5ᵗʰ Advanced Automotive Battery Conference*, S3, Honolulu, HA, USA Jun. 15-17 (2005).
11) C. Yakes, J. Fravert and M. Bolton, *Proc. The 5ᵗʰ Advanced Automotive Battery Conference*, S5, Honolulu, HA, USA, Jun. 15-17 (2005).
12) R. D. King, J. J. Nasadoski, M. Belanger and Y. Gilon, *Proc. The 21ˢᵗ Worldwide Battery Hybrid and Fuel Cell Electric Vehicle Symposium & Exhibition (EVS-21)*, S4, Monaco, Apr. (2005).
13) S. Nishikawa and M. Sasaki, *Proc. The 46th Battery Symposium in Japan, International*, Nagoya, JP, Nov.16-18, p.574 (2005).
14) S. Sasaki, *Electrochemistry*, **72**(11), 772 (2004).
15) K. Tamenori, K. Yamamoto, A. Anegawa, T. Taguchi, S. Kubota, M. Kawahara, *Honda R&D Technical Review*, **15**(1) (2003).
16) 最近のキャパシタの応用報告として(a)日経エレクトロニクス, 10月24日号, p47 (2005). (b) Nikkei Automotive Technology, Autumn edition, p.102 (2005) など。
17) 逢坂哲彌, 小山昇, 大坂武男, 「電気化学法」講談社サイエンティフィク (1999).

3 大型電気二重層コンデンサの技術開発動向

黒木伸郎*

3.1 はじめに

電気二重層コンデンサは1F前後の小形コイン型で約20年前から生産が行われ，主にメモリバックアップ用として市場が形成している。近年は中型，大型のものが開発され新たな用途，市場が期待されている。バッテリーと比較して内部抵抗が小さく瞬時の大電流で充放電が可能であることから，パワー用途において注目を集めてきており，回生エネルギーを有効利用する電気自動車，ハイブリッド自動車，電車，クレーン，建設機械，フォークリフト等様々な用途においてその検証が進められている。

また別の用途として，瞬時電圧低下補償装置への採用が進んでいる。停電の多くは1秒以内の瞬時の停電もしくは電圧低下のため，鉛バッテリーのような大容量は必要なく，電気二重層コンデンサ程度の容量で電気量を補うことができる。また，鉛バッテリーは内部抵抗が大きいため，極短時間の停電に対しても必要以上の容量を取り付けないと出力特性が得られないという事情がある。さらに一般的に期待される装置の寿命は10年であるが，鉛バッテリーではこれに満たないことから，メンテナンスとして交換が必要となる。しかし電気二重層コンデンサはおおよそ10年以上の耐用年数を保持していることから，メンテナンスフリーの対応が可能となる。太陽光発電装置と組み合わせた独立電源用途においても同様に鉛バッテリーから電気二重層コンデンサへ置き換えが進んでいる。交換作業の削減，ランニングコストの低減，鉛フリーとして電気二重層コンデンサの採用が加速している。

3.2 EVer CAP の商品群

ニチコン㈱では長年のアルミ電解コンデンサ製造から得た生産技術を応用し，リード線形，基板自立形，ネジ端子形電気二重層コンデンサ（EVer CAP）を生産し各種用途に応えている。EVer CAP商品群を写真1に，仕様を表1に示す。

これらの商品に盛り込んでいる高性能化技術について以下に紹介する。

3.3 高性能化技術

3.3.1 電極技術

大容量コンデンサを実現するために，電極には活性炭を使用している。活性炭にはヤシ殻炭，石油ピッチコークス，フェノール樹脂炭，ポリ塩化ビニリデン等数種の原料が用いられ，容量を

---

* Noburo Kuroki　ニチコン㈱　長野工場　電気二重層技術部　統括部長

大容量キャパシタ技術と材料Ⅲ

写真1　高容量電気二重層コンデンサラインアップ

表1　EVer CAP 製品仕様一覧

形状		耐電圧／容量範囲	容量許容差	ケースサイズ (mm)	カテゴリー温度範囲	耐久性
リード線端子形 UC シリーズ		2.5V 0.47F～47F	±20%	$\phi 6.3\times 11\sim$ $\phi 18\times 40$	$-25℃\sim +70℃$	$+70℃$, 1000時間
基板端子形 JC シリーズ		2.5V 15F～150F	±20%	$\phi 22\times 20\sim$ $\phi 35\times 50$	$-25℃\sim +60℃$	$+60℃$, 1000時間
ネジ端子形	標準品 JC	2.5V 470F～3300F	±20%	$\phi 35\times 120\sim$ $\phi 90\times 160$	$-25℃\sim +60℃$	$+60℃$, 1000時間
	高容量品 JD	2.5V 600F～4000F	±20%	$\phi 35\times 85\sim$ $\phi 63.5\times 150$	$-25℃\sim +60℃$	$+60℃$, 2000時間
	低抵抗品 JL	2.5V 400F～2600F	±20%	$\phi 35\times 85\sim$ $\phi 63.5\times 150$	$-25℃\sim +60℃$	$+60℃$, 2000時間

高めるためのいくつかの賦活処理方法がとられている。これらを使い分けることで静電容量，内部抵抗，信頼性，コストといった用途に合わせた電気二重層コンデンサの設計が可能となり性能向上を実現している。

　活性炭の製造技術とともに電気二重層コンデンサの性能を左右する重要な要素技術として活性炭電極製造技術がある。活性炭電極の製造方法は，活性炭をスラリー状にして集電極に塗布する方法と，活性炭に導電補助剤とバインダーとを加えてシート状にして接着剤で集電極に接着する方法があるが，どちらも特徴をもっており，用途に合わせてそれぞれを使い分けている。

　当社は有機系電解液を採用しているが，この有機系電解液は，内部に水分が存在すると分解電圧が低下しコンデンサの耐電圧を低下させ，信頼性に支障をきたすことになる。このため素子に電解液を含浸する前に真空・高温で乾燥を行っている。この高温処理によってバインダーが熱により変化し性能劣化するため，高耐熱バインダーを開発し使用している。高耐熱バインダーを採

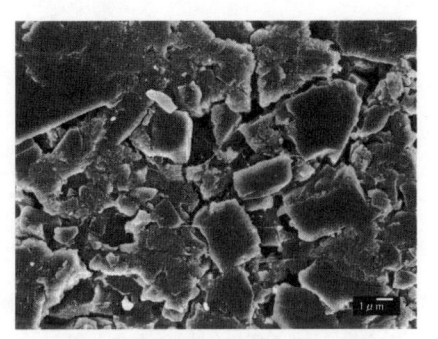

写真2 高容量活性炭電極箔 SEM 写真

用した電極を用いることで長期耐久性も向上し，容量減少，内部抵抗変化が大幅に抑制され従来品の2倍以上の寿命を実現している。

また，高容量化とともに活性炭と集電極との接続抵抗低減化を進め，内部抵抗を大幅に下げることに成功した。低抵抗品から採用を進めている。

3.3.2 電解液技術

電解液は大きく分けて水溶液系と有機溶媒系があるが，耐電圧，内部抵抗，温度特性，安全性信頼性を左右する重要な材料であり，トータル性能を検証し現在有機溶媒系のプロピレンカーボネート系電解液を採用している。

3.3.3 セパレータ

セパレータは内部抵抗，信頼性を左右する材料として重要である。一般的なセルロース系セパレータを使用しているが，アラミド紙等の高機能性高分子セパレータでの検討も行っている。

3.3.4 構造開発

素子構造は大きく分けて積層形と巻回形があるが当社では巻回形を中心に商品展開している。形状が円筒形であることから実使用において，デッドスペースが発生してスペースの有効利用ができないと思われがちであるが，巻回形素子は効率よく電極を対向させることができ，シール部分のスペースを必要とするラミネート積層形と比べ，実は収容効率として全く見劣りするものではないといえる。

図1に円筒形の内部構造を示す。

円筒巻回形はロール状の電極箔とセパレータを重ね合わせて巻き芯軸で巻き上げることから，短時間で製造が可能であるが，生産性が高い反面集電極からの電極引き出し技術にポイントがある。アルミ引き出しタブを介して外部端子に接続する方法と，両電極の集電極を上下に巻きずらし，外部に露出した集電極に電極板を溶接する方法とがある。前者では内部抵抗を低減するため

大容量キャパシタ技術と材料Ⅲ

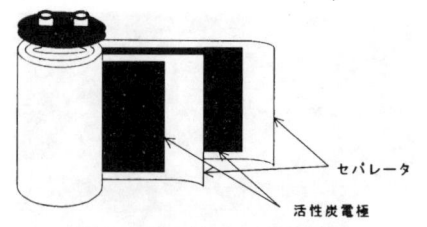

図1　円筒形コンデンサの内部構造

に引き出しタブ数を多数接続する方法があるが，集電極両面に活性炭電極を形成する方式では集電極に引き出しタブを接続した後に活性炭電極を貼り合わせる手順となるため，タブ相互の位置精度を出すことが難しく複数の引き出しタブを集電極に取り付けることができなかった。この問題を解決するため活性炭電極を片面だけに形成し，集電極が互いに向かい合うように重ね合わせ，これを一方の電極とし，セパレータを介し同様に集電極を向かい合わせた2枚の電極を重ね合わせて巻き上げる構造とした。専用自動巻き取り機により活性炭を形成した電極に順次タブを接続しながら同時に巻き取りが可能となり，内部抵抗の大幅な低減を実現している。

図2に新開発巻き取り構造，図3に引き出しタブ本数と内部抵抗の関係を示す。

3.4　積層形の開発

電気二重層コンデンサの用途は2極化すると考えられる。一方はソーラーパネルと組み合わせた独立電源における蓄電デバイス。もう一方は瞬時に大電流を出し入れするパワー用蓄電デバイス。前者は充放電電流が小さく，性能としてはエネルギー密度が求められる。後者は内部抵抗が

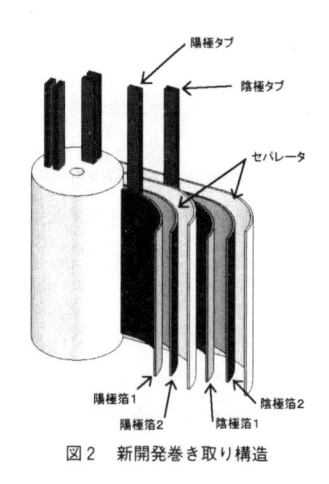

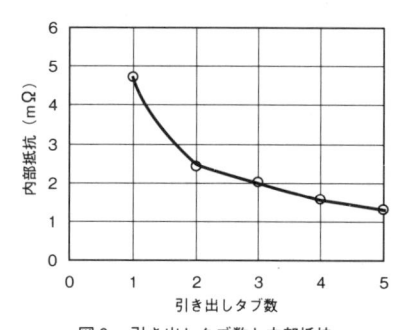

図2　新開発巻き取り構造

図3　引き出しタブ数と内部抵抗

小さいパワー密度が求められる。当社ではパワー密度を向上させるために低抵抗化が可能となる積層形の開発も行っている。

図4に積層形電気二重層コンデンサの構造と外観写真を示す。

現在，サイズ W76×D25×H140（mm）／定格2.5V　1000F／内部抵抗0.7mΩ が生産可能である。

3.5　ユニット化技術

電気二重層コンデンサは1セルあたりの耐電圧が2.3～2.7V程度であり，ほとんどの用途において複数接続して高電圧化する必要がある。このとき分圧は静電容量と漏れ電流によってばらつ

図4　扁平・積層形電気二重層コンデンサ

写真3　ユニット例（15.6V　170F）

写真4　過電圧防止回路例

くことから電圧マージンに余裕がない場合,過電圧防止回路等を付加する必要がある。バランサ回路から充放電器を付加した蓄電ユニットまで対応が可能である。写真3にユニット例,写真4に過電圧防止回路の例を示す。

3.6 おわりに

電気二重層コンデンサはシンプルで使い勝手のよい蓄電デバイスとして,様々な用途に利用が期待される。どこまで拡大するかは,セルの内部抵抗低減化とエネルギー密度の向上,それと原料を含めた生産コストとのバランスによって決まると考えられ,それには活性炭材料の選択,電極構造の最適化,電解液,セル構造,生産工程の更なる改善が課題となる。

ID# 第IV編　EDLCの新しい応用開発

第1章　業務用複写機・複合機

岸　和人*

1　複写機と動向

　キャパシタの高性能化とともに新しい応用用途が提案されてきている。本稿では，キャパシタ特性を活かした新しい応用用途のひとつとして複写機（PPC）への搭載技術を紹介する。

　複写機は年間の出荷が台数で390万台，金額で9700億円[1]の市場規模である。作像方式は，静電気で画像を形成する「電子写真」方式が画質と高速性の点から一般的であり，この数年はモノクロからカラーへの移行が進んできている。この技術は複写機のほかにもレーザービームプリンタ（LBP）やファクシミリ（FAX），複合機（MFP）にも広く利用されている。

　電子写真方式の定着装置では紙の上へ像形成した樹脂製トナーを，圧力を加えながら熱で溶融して紙に固定する。定着装置は金属製熱ローラを180℃程度の高温にする必要があり，複写機で最も電力が必要なユニットである。この熱ローラは外径がϕ40〜50mm，厚さも3〜5mm程度あり，室温から所定温度まで昇温させるのには時間がかかる。このため，従来は電源を入れてから印刷できるまでの立ち上げ時間には3〜8分程度が必要であった。通常は待機時でも予熱によって熱ローラを高温に維持しており，室温から昇温させることなくすぐに印刷できるため，利用者の利便性を確保できている。

　近年，環境意識の高まりとともにオフィス機器に対しても省エネの要求が高まっている。特に複写機はオフィス機器の中でも電力の消費量が大きいため，省エネ法やグリーン購入法，エナジースターなどにより省エネ化が強く求められ，複写機メーカ各社からは種々の技術が提案・実用化されている[2]。複写機の電力消費を分析すると，前述した待機時の予熱電力で7〜8割を消費していることがわかっている。このため，複写機の省エネ化を図るには，熱ローラを短時間で昇温でき予熱電力を減らせる構成にすることが効果的である。本技術は，電気二重層キャパシタ（EDLC：Electric Double Layer Capacitor）を複写機に搭載して短時間で熱ローラの昇温を可能にすることで，使い勝手の向上とともに大幅な省エネを実現させることができる。

＊　Kazuhito Kishi　㈱リコー　研究開発本部　先端技術研究所　環境技術研究室
　　主幹研究員

2 補助給電システム構成

本技術のシステム構成概要を図1に示す。構成上の特徴は、「負荷への電力供給用として補助電源系を備える」ことと、「補助電源の蓄電デバイスに電気二重層キャパシタを用いる」ことである。

2.1 補助給電構成

定着装置の熱ローラを加熱するために、高効率な熱源であるハロゲンヒータを用いている。通常は商用電源からの給電を利用する主ヒータだけで加熱をするが、本システムは図2に示すように補助電源とその電力を利用する補助ヒータを備えることが特徴である。

この補助電源は蓄電装置を備えており、非印刷時など商用電源の給電能力に余力があるときにあらかじめ充電しておいた電力を、必要な時に補助ヒータへ供給できる。主ヒータと補助ヒータへ同時に給電できる構成であるため、商用電源の定格電力を上げることなく従来は原理的に不可

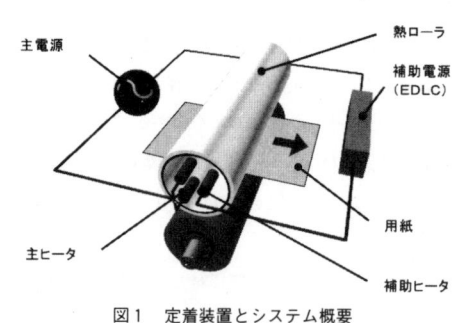

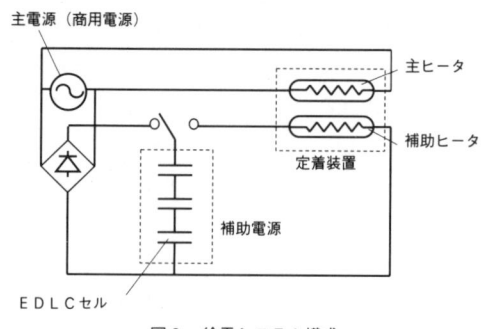

図1 定着装置とシステム概要

図2 給電システム構成

能であった大電力で熱ローラを加熱することができる。

2.2 キャパシタ補助電源

前述した補助電源の蓄電装置に電気二重層キャパシタを用いることが，本システムの2つめの特徴である。電気二重層キャパシタは「大電流での充放電が可能」で，「充放電の繰り返し寿命が非常に長く」，「環境への負荷が小さい材料（活性炭，アルミ等）で構成される」という優れた特徴がある。キャパシタを採用することにより，シンプルな構成で，使い勝手良く，長期間にわたり信頼性が高い複写機用電源を構成できる。以下に具体的な例を示す。

・複写動作後，短時間で充電でき，充電待ちによる生産性低下がない。
・長期使用による特性変動が小さいため，複写機として安定した性能を維持できる。
・電圧と残電力がリニアに変化するため，電源装置の状態を容易にかつ正確に管理できる。

この一方，電気二重層キャパシタは二次電池と比較してエネルギー密度が低いため，所定の容量を確保する際には蓄電装置のサイズが大きくなることが弱点とされている。しかし，複写機に使用する本システムでは印刷する毎に充放電を繰り返すので充放電回数が多くなりやすい。このため，二次電池では充放電深度を浅くして繰り返し充放電の耐久性を高めて使用する必要があり，実用上のエネルギー密度の差は小さくなる。この結果，電気二重層キャパシタは二次電池と比較しても搭載を許容できるレベルの大きさに収まる。

3 定着用補助給電システム

前述した補助電力を，複写機ではどのように利用するかを紹介する。一般的に複写機は立ち上げ時間を短く，印刷速度を速くするほど電力が増えやすい。これは，主に定着部の必要電力増加が原因である。キャパシタへ蓄積したエネルギーで電力を補助する本技術は，商用電源の定格を上げることなく，従来では困難であったレベルで複写機の短時間立ち上げと高速化及び省エネ性能が実現できる。

3.1 補助加熱による短時間昇温

一つめの利用法は，立ち上げ時の電力補助により，熱ローラの短時間昇温を可能にすることである。熱ローラの昇温時間は熱容量と投入電力でほぼ決定されるため，短時間で昇温させるためには熱容量を低減するか，投入電力を大きくするとよい。投入電力は商用電源の定格などで上限があるため，通常は熱ローラの熱容量を低減する方法がとられている。しかし，熱ローラの外径を小さく肉厚を薄くして熱容量を削減する方法も，トナーに圧力をかけて定着する際に必要な熱

ローラの強度を確保するため限界となってきている。
　前述したように，本技術は商用電源の定格電力を超えて大電力を投入することが可能である。例えば商用電源からの電力1kWで昇温時間が30秒であった場合，補助電力として2kWを加えることで10秒での昇温が可能となる。このように，商用電源だけを用いた従来構成では原理的に困難な短時間昇温を実現でき，短時間で立ち上がる複写機が実現できる。

3.2 印刷時の温度低下防止

　二つ目の利用法は，印刷速度の上昇と共に増える電力を補助して，低熱容量の熱ローラを高速機でも利用できるようにすることである。特に，50～60枚/分以上の高速機では，肉厚を薄くした低熱容量の熱ローラでは連続して通紙すると，温度が下がりやすく十分な紙の加熱が困難となっている。このため通常は肉厚が厚い熱ローラを用いており，蓄熱したエネルギーによって印刷時の温度を維持している。しかし，高速印刷が可能な一方で昇温時間が長く，予熱電力が必要なため複写機のエネルギー消費が大きい。
　本構成では高速印刷時の不足電力を補助することができる。すなわち，通常の「蓄熱」エネルギーでなく「蓄電」したエネルギーで高速印刷時の熱ローラ温度を維持できる。例として，75枚/分で数百枚程度を連続印刷する際の熱ローラ温度プロフィールを図3に模式的に示す。グラフは「①厚肉ローラ（φ50, t10.0mm）」，「②薄肉ローラ（φ40, t0.7mm）」，及び「③薄肉ローラへ補助電力を供給」の3条件で，補助電源は500FのEDLCセルを20本用いた50V定格モジュールで，400Wヒータで補助した場合である。所定温度へ昇温した直後に連続印刷を開始すると，①厚肉ローラでは急激な温度低下は発生しないが，②薄肉ローラでは低下しやすく，③薄肉ローラであっても補助給電により十分な温度を維持できることを示している。このように，印刷時の補

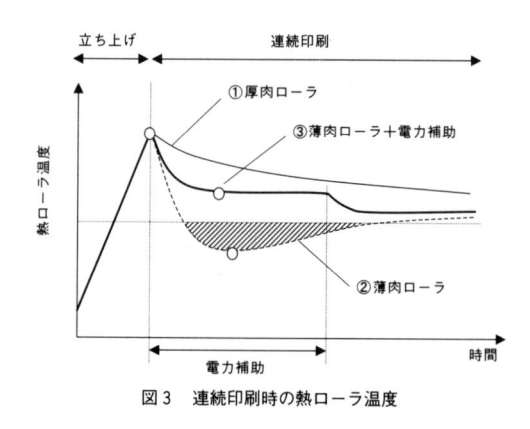

図3　連続印刷時の熱ローラ温度

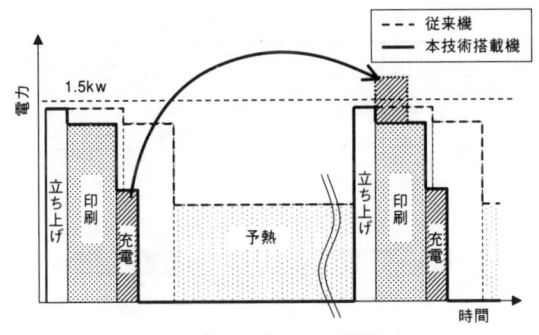

図4 複写機の動作と消費電力

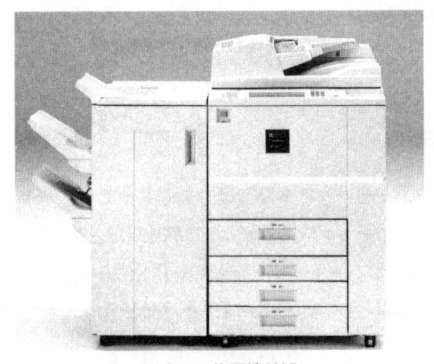

写真1 複写機外観

助電力供給で温度低下を防止することで，高速機でも熱ローラを薄肉化でき，熱容量の大幅な削減による短時間昇温を可能にしている。

3.3 複写機の省エネ化

本システムの電力消費挙動を従来のものと合わせて図4に示した。本システムでは，従来待機時の予熱として消費していた電力の一部を蓄電しておき，必要なときに定格電力を超えた大電力を供給している。このため，これまで困難であった短時間での機器の立ち上げを可能とした。待機時に消費していた予熱電力を削減して大幅な省エネを実現することができる。

表1 複写機のキャパシタ部緒元

搭載機種名	imagio Neo 752	imagio Neo 602ec/752ec
立ち上げ/復帰時間	30/30 sec	30/10 sec
セル仕様	600F 2.5V	
モジュール仕様	18s1p	36s1p

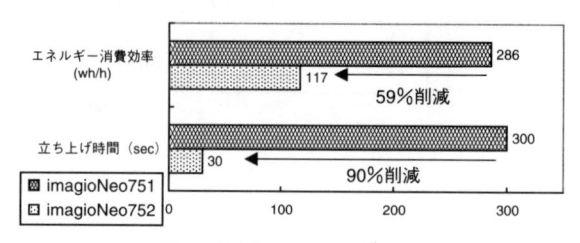

図5 従来機との複写機特性比較

4 製品への応用

㈱リコーでは電気二重層キャパシタを複写機の補助電源として利用する本技術を「HYBRID QSU」と呼称し、'03年発表のモノクロ高速層の複写機及び複合機に搭載している[3]。本技術を搭載した複写機の外観を写真1に、キャパシタ部仕様を表1に示す。

本技術搭載機（imagio Neo 752）の特性を前身機（同751）と比較して図5に示す。立ち上げ時間で90％短縮（5分→30秒）、エネルギー消費量を59％削減し、'06省エネ法の基準値（286wh/h）に対しても約6割の削減で達成している。また、同602ec/752ec（'04.8発表）は、このクラスでは世界で初めてスリープモードからの復帰時間10秒を実現している。

5 まとめ

電気二重層キャパシタの応用例として、複写機への搭載により使いやすさと省エネ性を大幅に向上させる技術の概要と、高速モノクロ複写機として製品化した際の実性能について紹介した。今後は、高速モノクロ機以外へも適用しやすくするため本システムの改善を進めていく一方、キャパシタデバイスにおいてもより一層のエネルギー密度向上と価格の低減を期待したい。

第1章　業務用複写機・複合機

文　　献

1) ㈳ビジネス機械・情報システム産業協会（JBMIA），"平成17年事務機械の出荷実績"
2) 髙木修，"省エネルギー定着技術の動向"，第57回日本画像学会技術講習会，p.182
3) 岸和人，"電気二重層キャパシタ補助電源による省エネ定着技術"，第96回日本画像学会研究討論会

第2章　系統安定化用途としてのEDLC応用

植田喜延*

1　系統安定化の必要性

近年，CO_2排出削減の必要性から，再生可能エネルギーの導入が急務となっている。

再生可能エネルギーの導入を容易にするためのエネルギー供給システムとして，特定の地域に，複数の分散型電源を導入し，電力系統から独立して運転可能な小規模な系統を構築するマイクログリッドが注目されている。マイクログリッドの概念図を図1に示す。マイクログリッドでは，系統連系時は連系点の潮流を一定に保ち，自立時には自立範囲内に電力を安定供給するよう，発電機を用いて負荷追従制御を行っている。しかし，急峻な負荷変動が発生した場合には，回転機系の発電機では追従が困難となり，電力の安定供給および電力品質の確保に支障をきたす

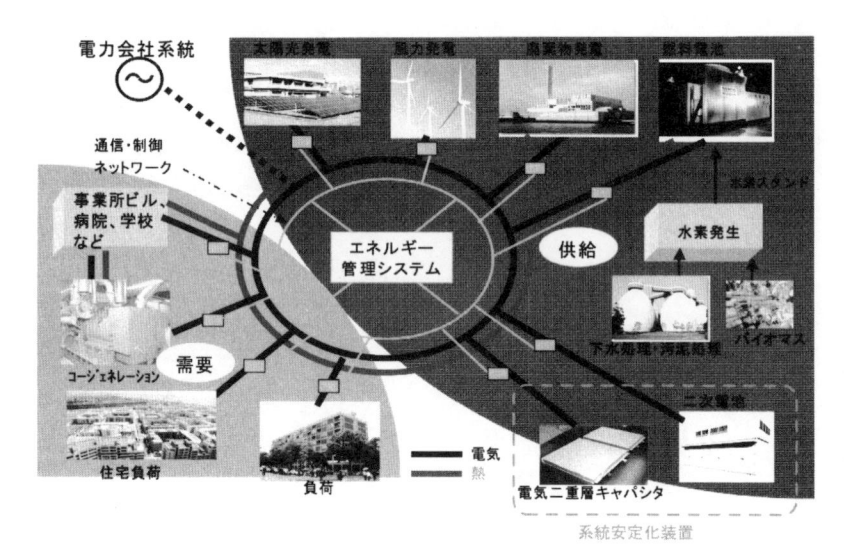

図1　マイクログリッド概念図

＊　Yoshinobu Ueda　㈱明電舎　社会システム事業本部　電力・施設事業部
　　　　　　　　　　電力ソリューション営業技術部　ソリューション技術課　主任

第 2 章　系統安定化用途としての EDLC 応用

ことが懸念される。

そのために，マイクログリッド内の急峻な負荷変動を補償するために蓄電デバイスとパワーエレクトロニクス技術を利用した，系統安定化装置の導入が必要となる。

また，電力系統においても，発電量が不規則に変動する風力発電設備や太陽光発電設備などが，大規模に連系される場合には，調整力の不足による周波数変動や，電圧変動などの問題が懸念されており，これらの対策の一つとして，蓄電デバイスを用いた出力変動緩和装置の導入について検討されている[1,2]。このような出力変動緩和装置も，系統安定化装置の一形態である。

2　系統安定化用途としての EDLC の特徴

系統安定化装置に適用する蓄電デバイスとして，二次電池と比較した場合の，EDLC の特徴を以下に示す。

① 　出力密度が高い

二次電池に比べて，高速な充放電が可能であり，短時間の変動に対する系統安定化に適している。

② 　頻繁な充放電が可能で長寿命

二次電池に比べて，頻繁に充放電動作を繰り返すことが可能であり，かつ長寿命である。

③ 　充電量の管理が容易

充電量が直流電圧の二乗にほぼ比例しているために，充電量の管理が容易であり，蓄積エネルギーの有効利用が可能である。

3　系統安定化装置への適用例

マイクログリッド向けの系統安定化装置の適用例について，仕様，制御方法，評価試験結果を紹介する。

3.1　装置仕様

6.6kV100kVA の系統安定化装置の仕様を表 1 に示す。系統安定化装置は，三相電圧型 IGBT インバータ，連系リアクトル，キャリアリプル除去用コンデンサ，連系変圧器，蓄電体の電気二重層キャパシタから構成される。装置構成を図 2 に，装置写真を写真 1 に示す。

EDLC としては，電力用途に適した，バイポーラ接続でセルを積層して製作したユニットを採用している。定格電圧133V の高電圧ユニットから成る，静電容量45F の EDLC モジュールを，3

表1 系統安定化装置仕様

項　　目		仕　　　様
交流入出力	定格電圧	6.6kV
	定格容量	100kVA
	定格周波数	50Hz
	相　数	三相3線
直流回路	定格電圧	336V
	電圧範囲	240〜400V
	充放電時間	2秒（充電2秒／放電2秒）
制御機能	系統連系時	潮流変動補償制御
	マイクログリッド自立運転時	潮流変動補償制御
		電圧・周波数変動補償制御
	ベース無効電力出力機能	

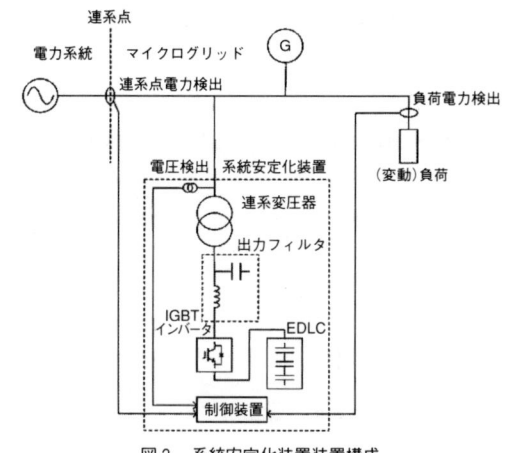

図2　系統安定化装置装置構成

直列2並列とし，合成容量を30Fとした。EDLCの仕様を表2に示す。負荷の投入，開放に対応するために，EDLCの直流電圧は中間電圧336Vを基準とし240〜400Vの電圧範囲で充放電する。±100kWを出力した場合に，中間電圧から最高，最低電圧に達するまでの充放電時間は充電2秒，放電2秒である。最高電圧から最低電圧まで放電する場合には，4秒以上放電可能である。なお，充放電時間は，15年使用後の経年変化を考慮した設計値である。

第2章 系統安定化用途としての EDLC 応用

写真1 系統安定化装置

表2 EDLC 仕様

項目		仕様
種類		バイポーラ積層方式電気二重層キャパシタ
セル形式		600S 1型
モジュール	静電容量	45F
	定格電圧	133V
	個数	6個
合成容量		30F（3直列2並列）

3.2 制御動作

系統安定化装置の制御機能のイメージを図3に示す。

電力系統との連系時に行う潮流変動補償制御では，マイクログリッドの電力系統との連系点の有効・無効電力から，安定化装置自身の出力を差し引いた正味の電力を計算する。計算された電力から，短時間の変動分を抽出し，系統安定化装置は変動分を補償するように出力を調整する。

マイクログリッドが電力系統から独立した自立運転時は，系統安定化装置は潮流変動補償制御と電圧・周波数安定化制御のいずれかの制御を行う。

自立運転時の潮流変動補償制御では，マイクログリッド内の全負荷，あるいは主要な変動源に関して，短時間の電力変動分を抽出し，系統安定化装置は変動分を補償するように出力を調整する。風力や太陽光などの，制御できない発電設備の出力変動も補償対象に含めることができる。

電圧・周波数安定化制御では，マイクログリッドの電圧・周波数の変動分を抽出し，周波数変動を有効電流で，電圧変動を無効電流で補償する。

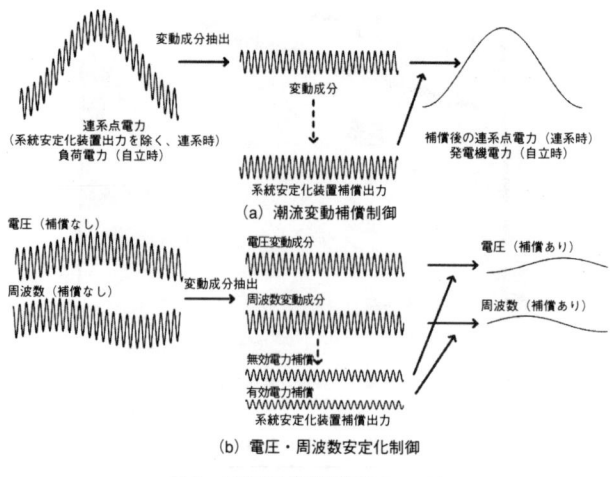

図3 系統安定化装置機能イメージ

また，無効電力は連続的に出力することが可能なため，マイクログリッド全体の無効電力調整用として，マイクログリッド制御システムから割り当てられる，ベース無効電力の出力も可能である。系統安定化装置は，無効電力の変動補償分に，ベース無効電力を加えた出力を行う。

3.3 評価試験結果

系統安定化装置の評価試験回路を図4に示す。

系統連系時の潮流変動補償制御評価試験では，模擬負荷の投入，開放を行った。100kWの抵抗負荷を投入した場合の試験結果を図5に示す。

図5より，負荷を投入後，系統安定化装置は一旦負荷変動分を補償し，その後，装置出力を徐々に減少している。これは，系統安定化装置が急峻な変動を補償した後に，他の電源（発電機，二次電池等）に負荷を移し替え，次に発生する変動に対応するためである。なお，補償に約0.1秒

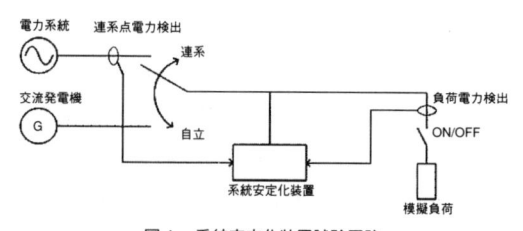

図4 系統安定化装置試験回路

第 2 章 系統安定化用途としての EDLC 応用

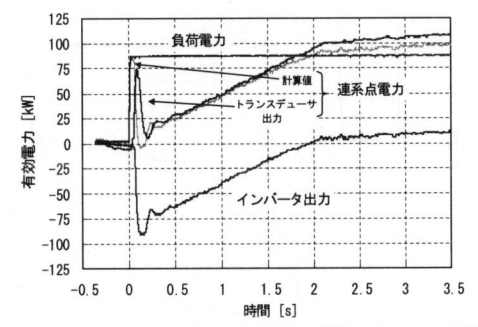

図 5 連係・潮流変動補償制御試験結果(抵抗負荷100kW 投入)

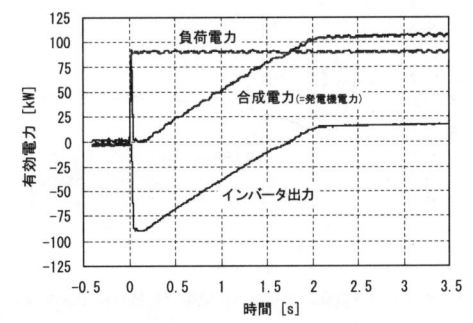

図 6 自立・潮流変動補償制御試験結果(抵抗負荷100kW 投入)

かかっているのは,主に連系点の潮流を検出するトランスデューサの応答遅れのためである。連系点の電流波形を直接制御回路に取り込むことで,さらに応答性は向上する。

　自立運転時の潮流変動補償制御評価試験では,定格出力600kW の交流発電機に系統安定化装置を接続し,模擬負荷の投入,開放を行った。100kW の抵抗負荷を投入した場合の試験結果を図 6 に示す。

　図 6 より,負荷を投入後,20msec 程度で変動分が補償されていることが分かる。本試験では,負荷電流を直接制御回路に取り込んでいるため,トランスデューサによる遅れがなく,系統連系時の潮流変動補償に比べて装置の応答が速い。

　電圧・周波数安定化制御評価試験についても,定格出力600kW の交流発電機に系統安定化装置を接続し,模擬負荷の投入,開放を行った。100kW の抵抗負荷を投入した場合の試験結果を図 7 に,100kvar のリアクトル負荷を投入した場合の試験結果を図 8 に示す。なお,負荷投入前の電圧・周波数を合わせて補償の有無による比較をしやすくするために,図 7 の周波数時間変化については,補償なしの周波数は実際よりも0.2Hz 高く示している。また,図 8 の電圧時間変換

167

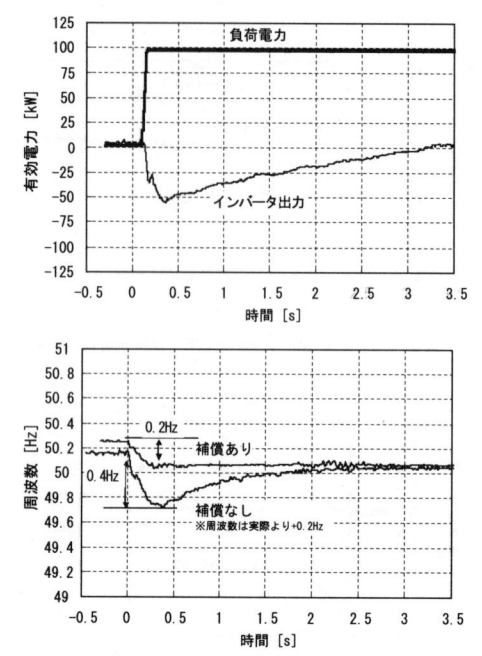

図7 電圧・周波数安定化制御試験結果(抵抗負荷100kW投入)

については,補償なしの電圧は実際よりも150V高く示している。

抵抗負荷を投入した場合,補償がなければ0.4Hz程度の周波数低下が発生するが,補償を行った場合には0.2Hz程度まで抑制できている。

リアクトル負荷を投入した場合,補償がなければ250V程度の電圧低下が発生するが,装置による補償を行うことで,100V程度の低下に抑制できている。なお,補償後徐々に電圧が下がるのは,他の電源に無効電力を移し替え,次に発生する変動に対応するためである。

以上に述べたように,EDLCを用いた系統安定化装置の有効性を検証した。今後の開発課題としては,高調波対策や不平衡対策といった,インバータ制御の高度化や,EDLCの改良に伴う大容量化,補償時間の長期化,さらに,二次電池との組合せによる最適分担制御などが挙げられる。

第2章 系統安定化用途としてのEDLC応用

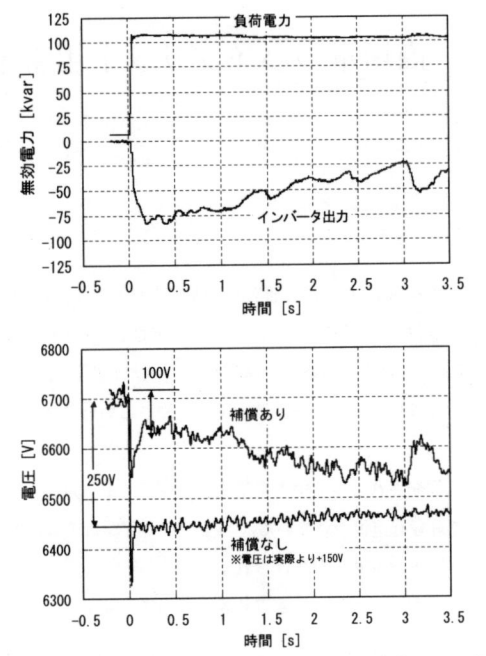

図8 電圧・周波数安定化制御試験結果（リアクトル負荷100kvar投入）

文　　献

1) 総合資源エネルギー調査会　新エネルギー部会　風力発電系統連系対策小委員会，資源エネルギー庁ホームページ（URL:http://www.enecho.meti.go.jp/）
2) 新エネルギー・産業技術総合開発機構，平成17年度成果報告書　大規模電力供給用太陽光発電系統安定化等に関する調査，技術情報データベース

第3章　商用車のハイブリッド用蓄電装置

小池哲夫*

1 はじめに

　商業車に於ける排出ガス規制は国土交通省において'03年10月に新短期規制（平成15年規制），'05年10月以降に新長期規制が施行された。また，東京都においてはPM規制条例が'03年10月より施行された。'09年にはさらに厳しい次期排出ガス規制が施行されることが決まった。このような状況下において商用車製造メーカは，環境にやさしい低公害車の研究開発を最優先課題として推進している。
　各種の低公害車が研究開発されている中で電気式ハイブリッド（以下ハイブリッドと略す）技術はCO_2削減技術として最も有望視されている。ハイブリッドシステムに欠かせない重要な技術に蓄電装置（バッテリ，キャパシタ）があげられる。
　商用車のハイブリッド技術に要求される蓄電装置について記述する。

2 商用車について

　商用車は人輸送，物資輸送を担っており社会の形成に不可欠であり社会に貢献している。しかしながら，価格の高い商用車は運送会社の経営悪化あるいは輸送コスト増に直結しており敬遠される。
　以下に商用車のハイブリッド車を開発するにあたり商用車の課題と技術的な困難さについてまとめた。

2.1 商用車の課題
① 安価な車両価格
② 燃料及びエンジンオイルなどの消費量が少ない，安価な維持費
③ 耐久性，信頼性に優れており，高い稼働率
④ クリーンな排出ガス

---

* Tetsuo Koike　日野自動車㈱　HV開発部　主査

第3章　商用車のハイブリッド用蓄電装置

⑤　居住性に優れ，長時間運転しても疲れない　など

2.2　技術的な困難さ
① 積載量が多く積み込まれ，車両重量を合わせた車両総重量が重い
② 積載時と空車時の重量差が大きい
③ 車両重量が増えると積載量が減るので車両重量を増やせない
④ 搭載スペースに限界がある
⑤ 航続距離が長い
⑥ 耐用年数が長い　など

以上のように商用車は経済性に優れながらタフさを要求されている。ハイブリッドはハイテクノロジなシステムを確立すると共に商用車が抱えている技術の困難さを解決しなければ実用化に至らない。特に蓄電装置はハイブリッドシステムのキーテクノロジである。

3　ハイブリッド技術について

　ハイブリッド技術は，車両が保有しているエネルギの有効活用である。車両の減速時，車両が保有している運動エネルギを電気エネルギに変換して，電力を一時的に蓄えて次の発進時に電力をモータに供給し，動力として有効活用する。いわゆるエネルギ回生である。電力を一時的に蓄える手段に蓄電装置を用いる。既に開発されている蓄電装置にはバッテリやウルトラキャパシタがある。図1に商用車で既に実用化されているハイブリッドシステムを紹介する。ハイブリッドシステムはパラレル式とシリーズ式があり，パラレル式はエンジンの動力とモータの動力を合算して車両を走行させるのに対して，シリーズ式はエンジンに直結された発電機で発電し，その電

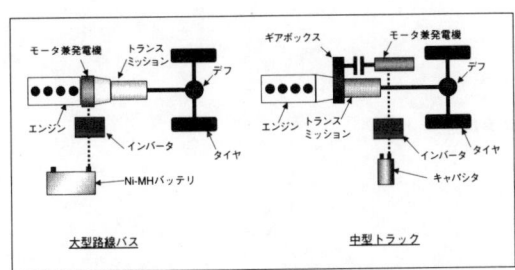

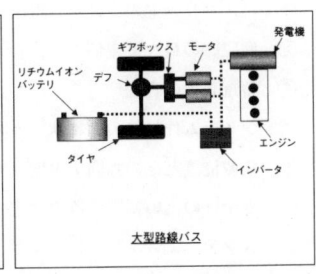

A　パラレルハイブリッド　　　　　　　B　シリーズハイブリッド

図1　商用車のハイブリッドシステム

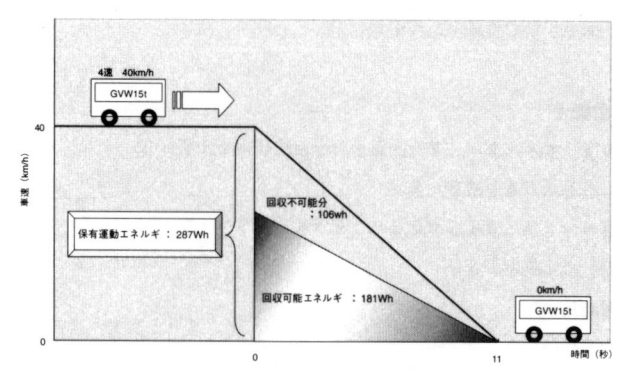

図2 減速時のエネルギ回収模式図

力を駆動モータへ給電して車両を走行させる。

次に，車両減速時にどの程度の電力が回収できるか商用車の例を以下に記述する。

図2に商用車が定積（GVW15t）の車速40km/hで走行中から停車に至るまでにどの程度電気エネルギとして回収できるかをシミュレートした。車両が保有している運動エネルギ287Whの内，理論上約63％以上の181Whが約11秒の間に回収可能である。

以上の事から，ハイブリッドに使用される蓄電装置は，短時間に大電力を受け入れる高出力密度型が要求される。

次に，ハイブリッド用の蓄電装置の開発について記述する。

蓄電装置の開発にあたり，まずハイブリッドシステムの仕様に基づき下記の設計要件を明確にしなければならない。

3.1 蓄電装置システムの設計方針の決定

① ハイブリッドのシステム電圧
② 回収時の最大電流値
③ 蓄電装置の容量
④ システム作動時の充電状態と要求寿命
⑤ 搭載位置とその雰囲気温度
⑥ 安全性の高い蓄電装置の選定
⑦ メンテナンスフリー化　など

以上の事が決まれば蓄電装置の選定と数量などを決定する。

3.2 蓄電装置のモジュール設計

① 蓄電装置の種類の決定
② 蓄電装置のモジュール電圧と容量の決定
③ モジュールの数
④ 蓄電装置システムの大きさと質量
⑤ 蓄電装置システムの価格　など

上記より蓄電装置の概要が決定される。

4 蓄電装置の現状

ハイブリッド技術に適した蓄電装置の開発状況について記述する。

4.1 蓄電装置の種類

ハイブリッド車は'91年に商用車が最初に実用化した。その時は鉛バッテリしかない状況であった。しかし近年の市場における2次電池の需要増のニーズから各製造メーカよりニッケル水素バッテリ，リチウムイオンバッテリなどの新型バッテリ及びウルトラキャパシタが開発され実用化された。

図3に各種蓄電装置の出力密度とエネルギ密度について示す。

蓄電装置は出力密度及びエネルギ密度とも高いほうが優れている。図に示す通りリチウムイオンが最も優れているが，現時点価格が高く実用的でないがニッケル水素バッテリは乗用車のハイ

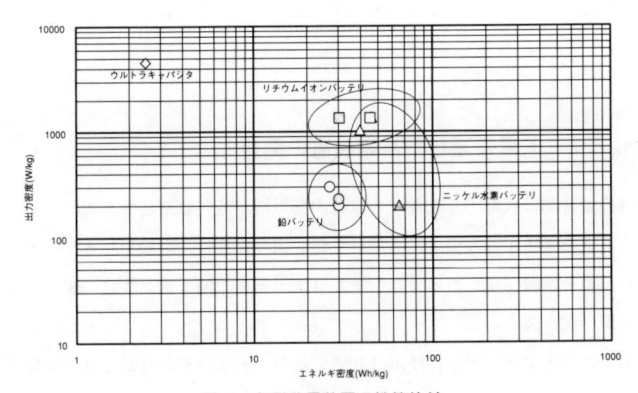

図3　各種蓄電装置の性能比較

表1 EV-HEV用バッテリのモジュール仕様

バッテリ種類			鉛バッテリ				ニッケル水素バッテリ			リチウムイオンバッテリ	
型式			SER65-H	S36V-D26A	SEH65	SEH35	EV-95	NP 1	HR-DP	LEV24H	IM4-48
モジュール定格電圧 (V)			12	36	12	12	12	7.2	1.2	3.6	170
セル数			6	18	6	6	10	6	1	1	48
セル定格電圧 (V)			2.0	2.0	2.0	2.0	1.2	1.2	1.2	3.6	3.6
公称容量 (Ah)			65	20	65	35	95	6.5	6	24	3.6
寸法	W (mm)		173	173	173	129	116	19.6	φ32.3 (円筒形)	170	260
	L (mm)		307	260	307	238	388	271.6		47	541
	H (mm)		232	219	232	237	175	105	58.5	133	160
質量 (kg)			26	27	26	14	18.7	1.02	0.182	2.1	20.2
パワー密度 (W/kg)			200	300	200	230	200	1373	1030	1350	1350
エネルギ密度 (Wh/kg)			30	26.7	30	30	65	46	39.5	45	30.3

ブリッド車で多く使用されている。ウルトラキャパシタは最も高出力密度であるがエネルギ密度が低く利用範囲が限定される要素を持っている。

4.2 ハイブリッド用蓄電装置のモジュール

ハイブリッド車に適用され，現在製造されているバッテリのモジュールを表1にまとめた。

商用車のハイブリッド車は乗用車と比較して生産台数が少ないので専用のバッテリを開発するのはコスト面で得策でない。よって既に開発済のモジュールより選択し実用化するのが現実的である。しかしながら，ハイブリッド車の需要が増えることで蓄電装置のモジュールの種類は増加すると考える。

5 ハイブリッド車に適した蓄電装置の開発

車両減速時の短時間に大電力を充電するには内部抵抗が低い蓄電装置を選択するのが基本である。商用車の特性を考慮すると極力，小型軽量化を図り積載性に影響を与えないようにする。また，経済性の負担を軽減するためにイニシャルコストを極力抑えると共に，メンテナンスフリー化を推進し長寿命化を図る。

図4に商用車のハイブリッド車に使用されているバッテリの充放電電力量の挙動を示す。車両減速時に大電力が発電され，発進加速時に大電力が消費される。車両走行時は小電力が短時間に

第3章　商用車のハイブリッド用蓄電装置

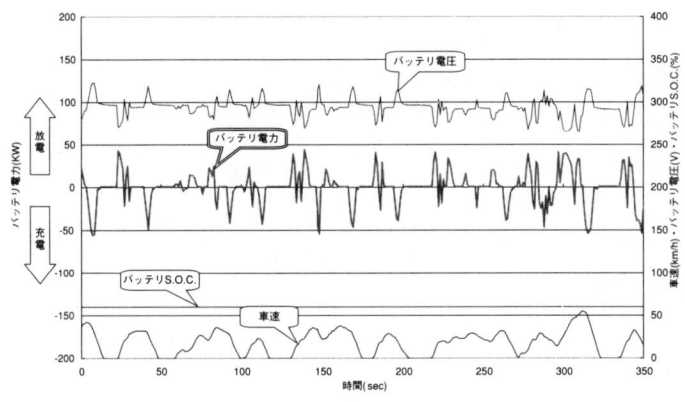

図4　充放電電力量の挙動

充放電を繰り返している。バッテリの充電状態（S.O.C.：State of Charge）はほとんど変化していない。このような S.O.C.はバッテリに与える負荷としては軽いので長寿命化が期待できる。一方，ウルトラキャパシタはバッテリに比べ内部抵抗が低いので車両減速時の充電受け入れ性は優れているが容量が少ないため大電力量を蓄電することができない。

蓄電装置はハイブリッドのコンセプトにより決定される。

6　まとめ

ハイブリッド車に適した蓄電装置は使用される S.O.C.の状況から軽負荷なので一般的にエネルギ密度型より高出力密度型に重点を置き開発する。また，商用車は積載量の確保及びイニシャルコスト，ランニングコストの観点から小型軽量でメンテナンスフリーかつ長寿命・低コストな蓄電装置を採用する。

第Ⅴ編　擬似キャパシタ

第 1 章 A Hybrid Capacitor with Asymmetric Electrodes and Organic Electrolyte

Jin-Woo, Hur*

1 Abstract

Disclosed herein is a hybrid capacitor using an electrochemically stable electrolyte composition and electrodes suitable for use in the electrolyte composition. The hybrid capacitor is non-toxic and highly stable, and has improved high-current charge/discharge characteristics.

The hybrid capacitor comprises an electrode unit consisting of an cathode and a anode, a separator for electrically separating the cathode and the anode, and an electrolyte filled in a space between the cathode and the anode so as to form an electric double layer on surfaces of the cathode and anode when a voltage is applied wherein the electrolyte contains a mixture of a lithium salt, an ammonium salt and a pyrrolidinium salt as solutes in a carbonate-based solvent so that the solute mixture has a concentration of 1.0–2.5 mol/L.

2 Introduction

Supercapacitor are divided into the following types: (1) electric double layer capacitors for energy storage using a cathode and an anode, both of which are made of activated carbon, to form an electric double layer; and (2) hybrid capacitor for energy storage using a first electrode made of a material capable of storing charges by electrical redox reactions and a second electrode made of an electric double layer capacitor material.

The hybrid capacitor is energy storage devices that use a material for a secondary battery as a material for the first electrode and an electric double layer capacitor material as a material for the second electrode. Accordingly, such constitution of the hybrid capacitor overcomes low capacity, which is a disadvantage of electric double layer capacitors, and short cycle life and low power density, which are disadvantages of secondary battery. According to the state of the art, hybrid capacitor have about two-fold higher energy density than electric double layer capacitors, and ensure a

---

* Vina Technology Co., Ltd. Researcher

cycle life of 10,000 cycles or more.

The hybrid capacitor are largely classified into the following systems: (1) systems that use a cathode made of a lithium metal oxide material, e.g., lithium manganate, for a secondary battery, and an anode made of activated carbon, which is used in electric double layer capacitors; (2) systems that use a cathode made of activated carbon and an anode made of graphite or mesocarbon microbeads (MCMB), which are used in secondary battery.

The systems (2) in which activated carbon is used as a material for a cathode and graphite is used as a material for an anode, are currently being developed for many applications because they have a working voltage of a maximum of 4 V and exhibit excellent cycle characteristics and high-temperature characteristics. However, the systems (2) have a problem in that a large excess of lithium must be added to activate the anode, making it difficult to manufacture the systems (2) on an industrial scale.

In the systems (1) in which lithium manganate is used as a material for an cathode and activated carbon is used as an material for an anode, the use of an aprotic solvent, such as acetonitrile (AN) or propylene carbonate (PC), as a solvent for an electrolyte is under consideration, and mixed salts of tetraethylammonium tetrafluoroborate (TEABF$_4$) and lithium tetrafluoroborate (LiBF$_4$), etc. are used as salts of the electrolyte. Particularly, only one salt is not used, but two salts are used in hybrid capacitor. The reason for the use of two salts, such as lithium tetrafluoroborate and tetraethylammonium tetrafluoroborate, in hybrid capacitor is that energy is stored in a cathode by intercalation/deintercalation of Li ions (Li$^+$) while energy is stored in an anode by adsorption/desorption of TEA ions (TEA$^+$).

This difference in the decrease in capacity is attributed to the fact that the carbonate material has a low electrical conductivity, a low solubility for the salts and a high possibility of redox reactions at high temperatures when compared to acetonitrile.

Acetonitrile can be used to manufacture high-power hybrid capacitor because of its low viscosity and high solubility for salts. Accordingly, acetonitrile is suitable for use as a solvent of an electrolyte. However, acetonitrile has a low boiling point of about 82℃, is highly flammable, and has a high probability of forming cyanide when a fire occurs. Particularly, when it is intended to design large-scale products, heating to 140℃ or higher results in sublimation of electrolytes present in the products, thus risking the danger of sudden explosion. In addition, acetonitrile is an organic cyanide compound classified into categories of toxic substances, and therefore, there is a limitation in use from a standpoint of technical design valuing environmental stability.

第 1 章　A Hybrid Capacitor with Asymmetric Electrodes and Organic Electrolyte

Propylene carbonate is widely used as a solvent of an electrolyte due to its non-toxicity, safety and high boiling point. However, propylene carbonate has a higher resistance and a lower solubility for salts than acetonitrile. Accordingly, there is a limitation in using propylene carbonate in the manufacture of large-sized products requiring high power and low resistance.

Thus, there is a need for a hybrid capacitor using a carbonate-based solvent, which is more stable than acetonitrile, as a solvent of an electrolyte, thereby achieving improved high-power and cycle characteristics.

3　Experimental

The cathode is made of manganese dioxide (MnO_2). More specifically, the cathode can be made of a material having superior high-rate charge/discharge characteristics and withstand voltage characteristics. Examples of such cathode materials include composite metal oxides, such as lithium manganate ($LiMn_2O_4$) having a spinel structure, lithium cobalt oxide ($LiCoO_2$) having a layered structure, lithium nickel oxide ($LiNiO_2$), and lithium nickel cobalt manganese oxide ($LiMO_2$, M = Ni, Co, Mn, Li or M = Ni, Co, Mn). A high content of cobalt in the composite metal oxides results in poor high-voltage stability. Accordingly, in some embodiments of the present invention, the cobalt content of the composite metal oxides is limited to 33% or lower.

The use of the composite metal oxides offers some advantages in that charging to 4.5 V (vs. Li/Li^+) can be stably performed, an increase in voltage is facilitated, and high electrode stability can be attained by the addition of an imide salt.

The anode may be made of activated carbon having a capacitance of 100 F/g or more (preferably, 100–300 F/g). In addition, the anode may be made of activated carbon having a specific surface area not less than 1,500 m^2/g and a pore volume not less than 0.5 cc/g.

Hybrid capacitor was manufactured using $LiMn_2O_4$ as a cathode active material and activated carbon having a capacity of 140 F/g and a specific surface area of 2,000 m^2/g (MSP-20, Kansai Cokes) as an anode active material.

Specifically, a cathode was produced by mixing 75% of the cathode active material, 15% of carbon black and 10% of PVDF as a binder to prepare a slurry, and coating the slurry to a thickness of 50 μm on both surfaces of a 20 μm-thick aluminum foil so that the cathode had a total thickness of 120 μm. An anode was produced by mixing 75% of the anode active material, 15% of carbon black and 10% of CMC and PTFE as binders, and coating the mixture to a thickness of 100 μm on both surfaces of a 20 μm-thick aluminum foil so that the anode had a total thickness of 220 μm. The electrodes were cut to a size of 3 cm × 40 cm, wound in a cylindrical form, and placed in a can (18 mm (D) × 40 mm (L)) to fabricate a cell.

4 Results and Discussion

4.1 Test 1 to 5

Hybrid Capacitors were manufactured using $LiMn_2O_4$ as a cathode active material and activated carbon having a capacity of 140 F/g and a specific surface area of 2,000 m^2/g (MSP-20, Kansai Cokes) as an anode active material.

Specifically, a cathode was produced by mixing 75% of the cathode active material, 15% of carbon black and 10% of PVDF as a binder to prepare a slurry, and coating the slurry to a thickness of 50 μm on both surfaces of a 20 μm-thick aluminum foil so that the cathode had a total thickness of 120 μm. An anode was produced by mixing 75% of the anode active material, 15% of carbon black and 10% of CMC and PTFE as binders, and coating the mixture to a thickness of 100 μm on both surfaces of a 20 μm-thick aluminum foil so that the anode had a total thickness of 220 μm. The electrodes were cut to a size of 3 cm × 40 cm, wound in a cylindrical form, and placed in a can (18 mm (D) × 40 mm (L)) to fabricate cells.

As solutes of an electrolyte, 0.65 M lithium tetrafluoroborate ($LiBF_4$) and 0.05 M of lithium trifluoromethylsulfonimide (LiN $(CF_3SO_2)_2$) were used. As organic cationic salts, 0.6 M tetraethylammonium tetrafluoroborate $((C_2H_5)_4NBF_4)$ and 0.6 M butylmethylpyrrolidinium tetrafluoroborate $((C_4H_9)(CH_3)(C_5H_{10}N) BF_4)$ were used.

As solvents of the electrolyte, propylene carbonate (PC) and ethylene carbonate (EC) were used. The proportions of the ethylene carbonate in the solvents of the electrolyte were controlled to 10%, 20%, 30% and 40%.

The capacity and the resistance of the hybrid capacitor manufactured in Test 1 to 5 were measured under the cycle test conditions shown in FIG. 1. The results are shown in Table 1. The cycle test was conducted by performing 20,000 cycles or more at room temperature, a charge/discharge current of 20 mA/F, a working voltage of 2.5 V and a resistance of 1 kHz. The capacity of the hybrid capacitor at a low temperature ($-25℃$) was measured at an increment of 1 mA/F, and the resistance of the hybrid capacitor was measured at 1 kHz.

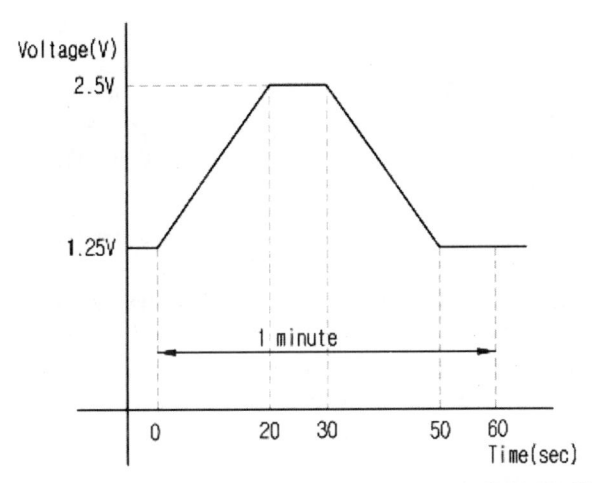

第 1 章 A Hybrid Capacitor with Asymmetric Electrodes and Organic Electrolyte

FIG. 1 The conditions of a cycle test for a hybrid capacitor specified by the US Department of Energy (DOE)

TABLE1

No.	Solvent		Initial performance		Changes at low temperature(25℃)		Changes (%) after 20,000 cycles	
	PC (mol%)	EC (mol%)	C^* (F)	R^{**} (mΩ)	Decrease in capacity (%)	Increase in resistance (%)	Decrease in capacity (%)	Increase in resistance (%)
Test. 1	100	0	160	30.0	13	500	25	55
Test. 2	90	10	162	29.0	11	470	23	48
Test. 3	80	20	162	28.5	9	380	23	48
Test. 4	70	30	163	28.0	10	400	22	44
Test. 5	60	40	163	28.0	18	550	20	40

4.2 Test 6 to 12

Cells were manufactured in the same manner as in Test 1 to 5, except that 0.6 M tetraethylammonium tetrafluoroborate ((C_2H_5)$_4$NBF$_4$) and 0.6 M butylmethylpyrrolidinium tetrafluoroborate ((C_4H_9)(CH_3)($C_5H_{10}N$) BF$_4$) were used as organic cationic salts of an electrolyte, lithium tetrafluoroborate (LiBF$_4$) as a lithium salt was used at concentrations of 0.1 mol/L, 0.3 mol/L, 0.5 mol/L, 0.8 mol/L, 1.1 mol/L, 1.3 mol/L and 1.5 mol/L, and propylene carbonate was used as a solvent of the electrolyte.

The results are shown in FIGs. 3 and 4. The capacity of the hybrid capacitor was measured at an

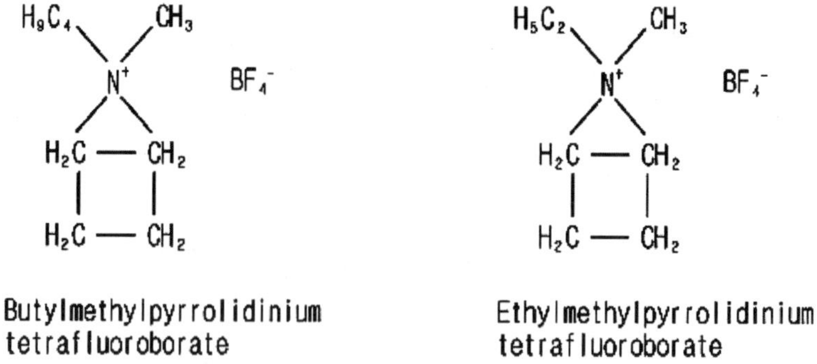

Butylmethylpyrrolidinium
tetrafluoroborate

Ethylmethylpyrrolidinium
tetrafluoroborate

FIG. 2 Chemical structures of butylmethylpyrrolidinium tetrafluoroborate, ethylmethylpyrrolidinium tetrafluoroborate

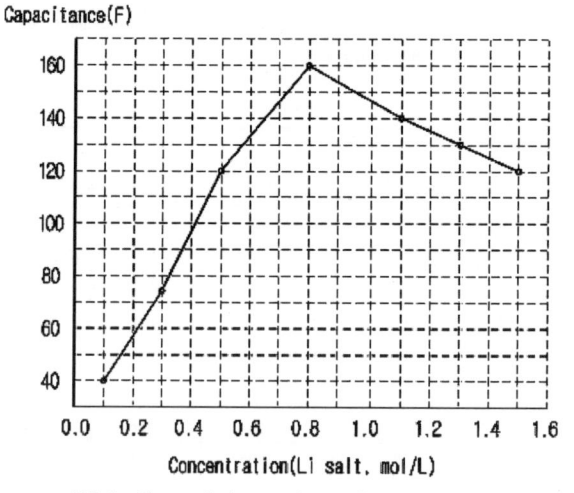

FIG. 3 Changes in the capacitance of hybrid capacitor

increment of 1 mA/F, and the resistance of the hybrid capacitor was measured at 1 kHz.

Referring to FIGs. 3 and 4, it could be confirmed that when the lithium salts at concentrations of 0.5 to 0.8 mol/L were used as solute of electrolytes, the decrease in capacity and the increase in resistance were reduced. On the other hand, when the lithium salts at concentrations not lower than 0.8 mol/L were used as solutes of electrolytes, the decrease in capacity and the increase in resistance were increased, which made the cells unstable. When the lithium salts at concentrations not

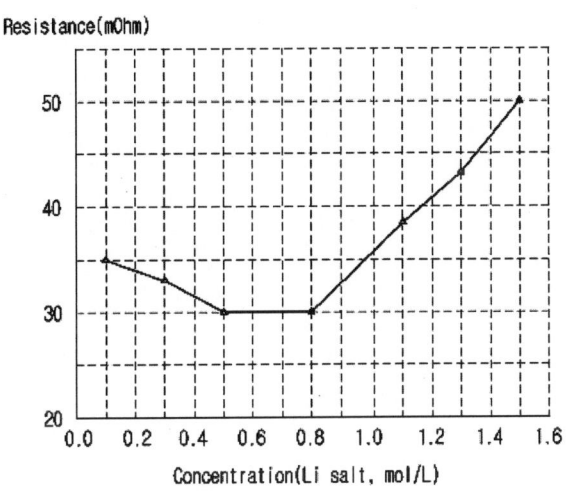

FIG. 4 Changes in the resistance of hybrid capacitor

lower than 1.0 mol/L were used as solutes of electrolytes, the decrease in capacity and the increase in resistance were greatly increased.

Based on the results of FIGs. 3 and 4, it is preferred to control the concentration of the lithium salts to a maximum of 0.8 mol/L so that optimum cycle characteristics can be achieved.

As apparent from the above description, we offer a non-toxic and highly stable hybrid capacitor using an electrochemically stable electrolyte composition and electrodes suitable for use in the electrolyte composition, thereby achieving improved high-current charge/discharge characteristics.

In addition, a hybrid capacitor using a mixture of an ammonium salt and a pyrrolidinium salt, which are organic cationic salts, as solutes of an electrolyte to increase conductivity and concentration required in the electrolyte, thereby achieving improved cycle characteristics.

Furthermore, a hybrid capacitor using a highly soluble and highly flowable imide salt as a solute of an electrolyte, thereby achieving enhanced high-temperature stability, improved withstand voltage characteristics and reduced self-discharge rate.

Moreover, a hybrid capacitor using at least one carbonate-based solvent having a high dielectric constant and a high conductivity as a solvent of an electrolyte to increase the concentration of the electrolyte, so that a decrease in capacity and an increase in resistance can be reduced.

第Ⅵ編　次世代 EDLC の展望と課題

郵便はがき

料金受取人払郵便

神田支店承認

3919

差出有効期限
平成25年6月
30日まで

101-8791

520

（受取人）
千代田区内神田1−13−1
豊島屋ビル

株式会社　シーエムシー出版
編集部 行

お名前		ご所属	
勤務先		TEL FAX	
電子メール アドレス			
ご住所			

弊社「総合出版図書目録」要・不要（どちらかに○をおつけ下さい）

＊上記のご記入事項は新刊・既刊のお知らせのために利用する場合がございます。

読 者 カ ー ド

(お手数ですが書名をご記入下さい)

書 名	

本書をお知りになったのは
1. 弊社のカタログで
2. ホームページで
3. 書店で(　　　　　　　　　　　　　　　　　　　書店)
4. メールマガジンで
5. 広告または書評で(紙誌名　　　　　　　　　　　　)
6. その他(　　　　　　　　　　　　　　　　　　　　)

本書をお買いになった理由は
1. テーマに注目して　　2. 内容が良いので
3. 執筆者に注目して　　4. 知人に勧められて
5. その他(　　　　　　　　　　　　　　　　　　　　)

本書についてのご意見・ご感想
1. 本のまとめ方(　　　　　　　　　　　　　　　　　)
2. 情報の貴重さ(　　　　　　　　　　　　　　　　　)
3. 仕事上役に　たった・たたない
4. 改訂を希望　　する　(　　　　年後)・しない

その他ご意見・ご感想をお聞かせ下さい

本書以外に出版ご希望のテーマをお聞かせ下さい

＊ご返送いただきました方に粗品を進呈いたします。　　　2011.06.40000

第1章　活性炭

1　活性炭の電気二重層容量特性と炭素ナノ構造

白石壮志[*]

1.1　はじめに

電気二重層キャパシタ（Electric Double Layer Capacitor：EDLC）は，活性炭などの炭素ナノ細孔体を電極とする炭素系電気化学キャパシタである[1,2]。EDLC は，電解コンデンサと比較して高い容量を有し，二次電池と比較すれば高い出力密度・長寿命特性を示す。そのために，メモリーバック的な使い方だけでなく，電源として積極的にエネルギーを貯蔵あるいは取出しする用途にも EDLC が注目されるようになった。これらの用途ではエネルギー密度が重要である。しかし，残念ながら EDLC のエネルギー密度は二次電池と比較して十分ではない。キャパシタに蓄積されるエネルギー（E）は，容量を C，キャパシタに印加する電圧を V とすれば，以下の式で表される。

$$E = \frac{CV^2}{2} \qquad (式1)$$

このように蓄積エネルギーは，電圧の二乗と容量の積に比例するので，エネルギー密度向上には使用電圧と電極容量を改善すればよい。電圧は電解液の電位窓で，容量は活性炭電極の細孔構造で決まると考えるのが一般的である。しかし，実際にはもっと複雑である。活性炭は，EDLC の電極材として長い実績があるが，活性炭のどの物性が容量を支配しているのかいまだ不明な点が残されている。例えば，細孔構造と電気二重層容量の関係についてはここ数年でかなりの研究報告がなされたが，細孔構造以外の因子も無視できないことが明らかになりつつある。活性炭の出発原料あるいは調製条件の違いによって，細孔構造だけでは説明できない容量特性の差が現れることがある[3]。ここでは，活性炭製造のプロセス，つまり賦活方法の違いが容量特性に影響する例を紹介したい。

1.2　活性炭の電気二重層容量

EDLC は電極と電解液界面に形成される電気二重層に電荷を蓄積する。充電時には，炭素電極に発生した過剰な正あるいは負電荷を補償するために電解質イオンが吸着し，放電時には吸着イ

---

[*]　Soshi Shiraishi　群馬大学大学院　工学研究科　ナノ材料システム工学専攻　助手

大容量キャパシタ技術と材料Ⅲ

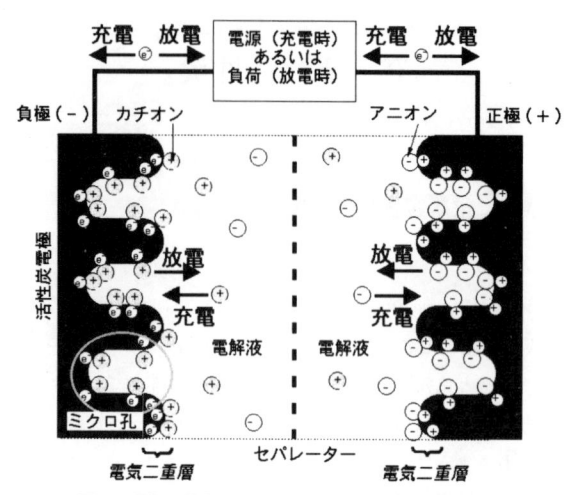

図1 電気二重層キャパシタ（EDLC）の充放電の様子

オンが脱着する（図1）。電極表面の過剰電荷と吸着イオンが対峙した層が電気二重層であり，あたかも誘電体のように振る舞う。一般的に，キャパシタに使われる活性炭の二重層容量については，電極界面に吸着したイオンの単分子層，すなわちヘルムホルツの電気二重層が支配していると考えられている。この場合，以下の関係式が成り立つ（式2）[4,5]。

$$C = \int \frac{\varepsilon_0 \varepsilon_r}{\delta} dS = \int C_s \, dS \qquad \text{（式2）}$$
$$= C_s \int dS = C_s \cdot S \qquad \text{（式3）}$$

ε_0は真空の誘電率，ε_rは二重層の比誘電率，δは二重層の厚み，Sは活性炭の細孔表面積である。比例定数（表面積あたりの比容量：C_s）がどの表面部分でも一定であれば（式3）となる。これは，基本的にはセラミックコンデンサや電解コンデンサの静電容量の関係式と同じであり，容量は電極表面積に比例する。このことから，活性炭電極の二重層容量を上げるためには，

①イオンが吸脱着できる細孔表面積を増やす

②比例定数を向上させる

のいずれかを行えばよい。エネルギー貯蔵を目的とした車載用EDLCの場合は，体積（容積）あたりのエネルギー密度が重要となるので，さらに電極嵩密度も高いことが望まれる。

活性炭の容量を比較評価するには，電極の重量，体積，あるいは表面積で規格化した比容量を用いる。それぞれ，重量比容量（C_g），体積比容量（C_v），面積比容量（C_s）と呼ばれる[6]。重量比容量は，研究論文等でもっともよく報告されている。体積比容量は車載用の目的において重要

である。面積比容量は，前述の（式2）の比例定数に対応するものであり，電極の誘電的性質を議論するのに使われる。それぞれの比容量の関係は，電極比表面積を S_g，電極嵩密度を ρ とすると，

$$C_v = C_g \rho$$
$$C_s = C_g / S_g$$

である。

1.3 活性炭の製造方法（賦活）

活性炭は，賦活と呼ばれる炭素のガス化反応によって製造される[7,8]。ガス化によって生成される多数の細孔が活性炭の高い比表面積を実現させている。細孔はその大きさにより，ミクロ孔（細孔幅2nm以下），メソ孔（細孔幅2nm以上50nm以下），マクロ孔（細孔幅50nm以上）と分類される。賦活によってミクロ孔が選択に生成するため，活性炭はミクロ孔性の高い細孔体である。賦活は反応性ガスを用いるガス賦活，薬剤を用いる薬品賦活の二種類に大別される。

市販のEDLCの大半は，水蒸気を用いたガス賦活により製造された活性炭を採用している。水蒸気賦活の反応は，以下のように説明される。

$$C + H_2O \rightarrow CO + H_2 \tag{式4}$$
$$C + 2H_2O \rightarrow 2H_2 + CO_2 \tag{式5}$$

このように賦活は炭素のガス化反応によって炭素マトリクスの一部を消失させ，その結果としてマトリクスが多孔質化するプロセスだと理解できる。

一方，KOHなどのアルカリ試剤を用いた薬品賦活法による活性炭がEDLC用として注目されている。賦活の反応メカニズムはまだ完全に解明されたわけではないが以下の反応式が提唱されている[9]。

$$2KOH \rightarrow K_2O + H_2O \tag{式6}$$
$$C + H_2O \rightarrow H_2 + CO \tag{式7}$$
$$CO + H_2O \rightarrow H_2 + CO_2 \tag{式8}$$
$$K_2O + CO_2 \rightarrow K_2CO_3 \tag{式9}$$
$$K_2O + H_2 \rightarrow 2K + H_2O \tag{式10}$$
$$K_2O + C \rightarrow 2K + CO \tag{式11}$$

（式7）と（式11）の反応は，炭素のガス化反応である。この他にも（式11）の反応で生成した

金属カリウムがインターカレーションし炭素網面を押し広げ細孔が生成する機構も考えられている。金属カリウムが副生成物として生成することは事実である。金属カリウムは危険であるだけでなく炉材を痛める原因ともなるので，KOH賦活の工業化には障害が多い。また，水蒸気賦活はメソフェーズピッチやメソカーボンマイクロビーズ（MCMB）のような易黒鉛化性の炭素前駆体には効果的ではないが，KOH賦活はほとんどの炭素前駆体に対して有効である。

KOH賦活の活性炭が高い容量を示すことは大学・メーカーの共通した認識であり，研究報告も多い[10～12]。しかし，多くの場合，異なる炭素前駆体をそれぞれ水蒸気賦活ならびにKOH賦活した試料を比較してのデータが根拠となっている。そのため，優れた容量特性が炭素前駆体の違いに由来するのではなく本当にKOH賦活に特有なものなのか不確かさがある。そこで，著者らは，同一の炭素前駆体を用いて水蒸気賦活と薬品賦活により活性炭を調製し，その容量特性と細孔構造ならびに炭素の結晶構造の相関について調べた。次にその実例を示す。

1.4 二重層容量と細孔構造

図2に試料の調製手順を示した。共通の炭素前駆体には市販の活性炭の原料としてよく使われているノボラック型フェノールホルムアルデヒド樹脂を用いた。表1に調製した活性炭の細孔構造パラメーターをまとめた。両賦活法とも1500m^{2}g^{-1}から2000m^{2}g^{-1}程度の比表面積を有する試料が調製できた。KOH賦活は，水蒸気賦活と比較して高い収率で活性炭を調製できる。表1の活性炭はいずれもミクロ孔を主体とする多孔体であるが，KOH賦活法の方がやや細孔幅の狭い試料が調製された。これらの細孔構造の特徴は，図3のDFT法[13,14]による細孔幅分布曲線にも現れ

表1　水蒸気賦活ならびにKOH賦活によって調製したフェノール樹脂系活性炭の細孔構造パラメーター

Sample	S_{BET} [m^{2}g^{-1}]	V_{micro} [mlg^{-1}]	V_{meso} [mlg^{-1}]	w_{micro} [nm]	Yield [%]	d [gcm^{-3}]
SteamACF-240	1360	0.55	0.09	0.90	38	0.77
SteamACF-480	1640	0.69	0.10	1.08	28	0.68
SteamACF-720	1940	0.75	0.25	1.11	19	0.59
KOHACF-31	1470	0.58	0.12	0.85	41	0.79
KOHACF-51	1880	0.77	0.20	0.97	35	0.66
KOHACF-71	2250	0.93	0.37	1.11	26	0.53

S_{BET}：相対圧0～0.05のBETプロットから求めたBET比表面積
V_{micro}：吸着等温線にDR法を適応して求めたミクロ孔容積
V_{meso}：吸着等温線にDH法を適応して求めたメソ孔容積
w_{micro}：吸着等温線にDR法を適応して求めた平均ミクロ孔幅
Yield：炭素化・賦活収率（フェノール樹脂繊維の重量基準）
d：電極嵩密度（活性炭／アセチレンブラック／PTFE系バインダー（87:10:3）のシート状電極

第1章 活性炭

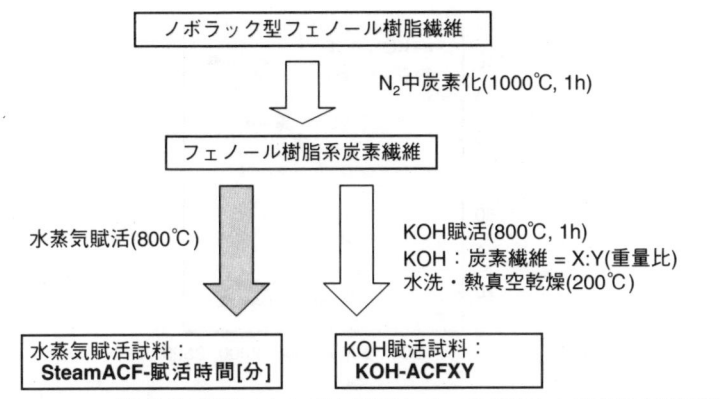

図2 フェノール樹脂繊維を前駆体とした水蒸気賦活ならびにKOH賦活による活性炭の調製手順

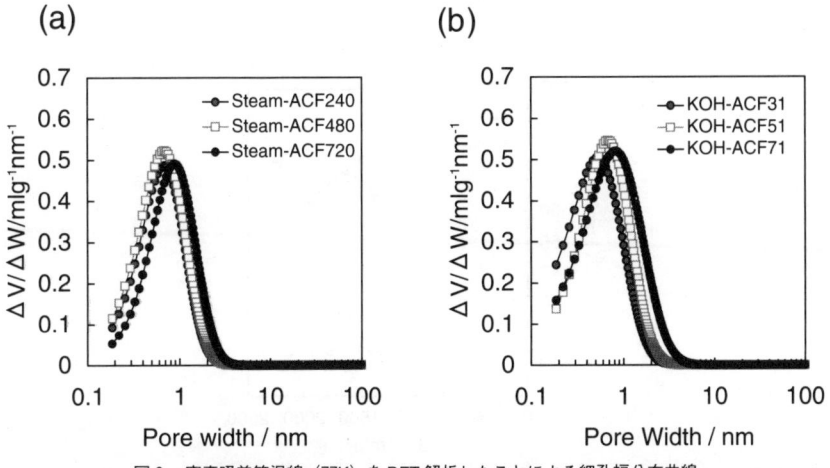

図3 窒素吸着等温線（77K）をDFT解析したことによる細孔幅分布曲線
(a) 水蒸気賦活試料, (b) KOH賦活試料

ている。

図4にこれらの試料の電気二重層容量とBET比表面積の相関を示す。ここでの電気二重層容量は、三極式セルによって求めた電極一枚あたりの重量比容量である[6,15]。電解液には、典型的なEDLC用有機電解液（テトラエチルアンモニウムテトラフルオロホウ酸を電解質塩としたプロピレンカーボネート溶液）を用いた。この結果によると、水蒸気賦活による活性炭はある程度

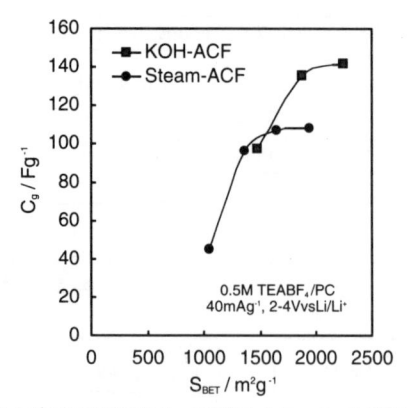

図4 水蒸気賦活ならびにKOH賦活によって調製したフェノール樹脂系活性炭の重量比容量（C_g）とBET比表面積（S_{BET}）の相関
容量測定は，0.5moldm^{-3}(C$_2$H$_5$)$_4$NBF$_4$を含むプロピレンカーボネート（TEABF$_4$/PC）を電解液として，三極式・定電流法（40mAg^{-1}, 2～4 Vvs. Li/Li$^+$）により行った。

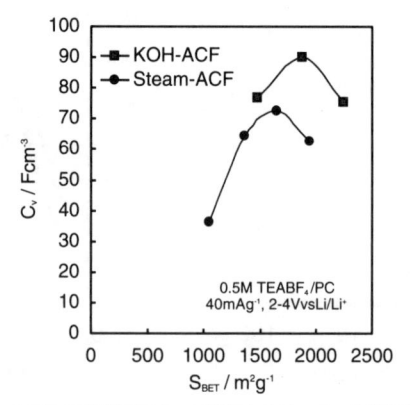

図5 水蒸気賦活ならびにKOH賦活によって調製したフェノール樹脂系活性炭の体積比容量（C_v）とBET比表面積（S_{BET}）の相関
容量測定は，TEABF$_4$/PCを電解液として，三極式・定電流法（40mAg^{-1}, 2～4 Vvs. Li/Li$^+$）により行った。

の容量に達すると比表面積が増加しても容量は飽和してしまう。一方，KOH賦活の場合は比表面積の増加に対して2000m^{2}g^{-1}を越えてもまだ容量増加が認められ，水蒸気賦活と比べて約30Fg^{-1}容量が高い活性炭を調製できる。次に，体積比容量とBET比表面積の相関を図5に示した。体積比容量に関してもKOH賦活は水蒸気賦活よりも優れている。また，両賦活法とも体積比容量

と BET 比表面積の相関は極大カーブを示した。これは，重量比容量の増加と嵩密度の低下がトレードオフの関係にあるためである。

このようにフェノール樹脂を前駆体として水蒸気賦活と KOH 賦活法を比較した場合，後者は重量比容量ならびに体積比容量の両方において優れていることが確認された。この差は何に由来するのであろうか？表1や図3のデータでは両賦活法による試料の細孔構造の差はそれほど顕著ではない。しかも，水蒸気賦活による活性炭は比較的細孔幅が広いので細孔表面の利用率が高いはずであり，イオン篩効果では図4・図5の結果をうまく説明できない。ただし，面積比容量に注目すれば（表2），KOH 賦活の場合，賦活度を増しても炭素の細孔側壁と電解液との界面の誘電的性質が低下しにくいことが分かる。KOH 賦活活性炭の高い面積比容量と高い嵩密度が優れた体積比容量を生み出していると言えよう。次に，両賦活法による活性炭の細孔構造以外の因子の相違を示す。

1.5 活性炭の結晶構造と表面官能基

図6に X 線回折プロファイルを，図7にラマンスペクトルを示した。両賦活法による活性炭の炭素結晶構造の差異がお分かりになるであろうか？X 線回折プロファイルでは，両賦活法ともに002面に由来する回折線はハローとなっている。ただし，KOH 賦活による活性炭の方がよりブロードで不明瞭である。10回折線はそれほど差がない。このことから，KOH 賦活による活性炭の炭素六角網面は面方向には広がっているがほとんど積層していないと言える。また，ラマンスペクトルでは両賦活法ともに結晶性の低い炭素材料に特有の G バンドと D バンドを示した。この場合，G バンドと D バンドは互い重なっているので単純にピーク比から結晶性を議論するの

表2 水蒸気賦活ならびに KOH 賦活によって調製したフェノール樹脂系活性炭の重量比容量・面積比容量ならびに TPD による脱離ガス量

Sample	C_g [Fg^{-1}]	C_s [μFcm^{-2}]	CO_2 [μmolg^{-1}]	CO [μmolg^{-1}]
SteamACF-240	96	7.1	12	370
SteamACF-480	107	6.5	42	450
SteamACF-720	108	5.6	20	410
KOHACF-31	97	6.6	80	840
KOHACF-51	136	7.2	60	920
KOHACF-71	142	6.3	50	930

C_g：重量比容量
C_s：面積比容量（$=C_g/S_{BET}$）
CO_2：1000℃までの CO_2 脱離量（He 流通下・昇温速度：15℃ min^{-1}）
CO：1000℃までの CO 脱離量（He 流通下・昇温速度：15℃ min^{-1}）

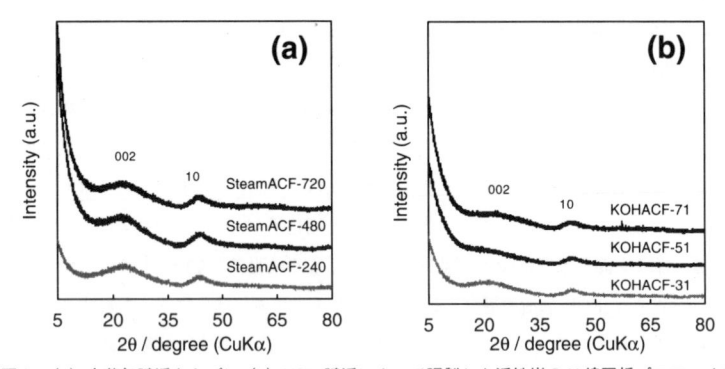

図6 (a) 水蒸気賦活ならびに (b) KOH 賦活によって調製した活性炭の X 線回折プロファイル

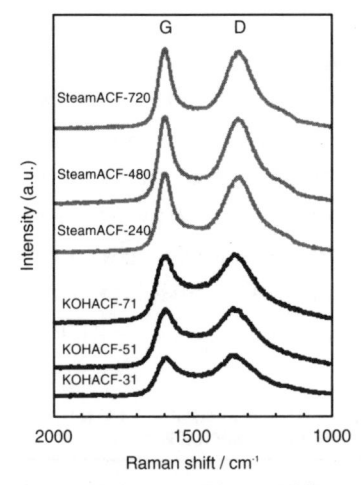

図7 水蒸気賦活ならびに KOH 賦活によって調製した活性炭のラマンスペクトル(励起レーザー:532nm,レーザスポット:4 μm,3.75mW)

は難しい。しかし,KOH 賦活による活性炭のスペクトルは,水蒸気賦活と比較して G バンドと D バンドの谷間が浅い。このことは KOH 賦活による活性炭の炭素六角網面には,比較的大きな構造の歪みがあると考えられる。KOH 賦活による活性炭には炭素の構造的乱れが多いという報告は Shimodaira らによってもなされている[6]。

このように明確には説明できないが,少なくとも水蒸気賦活と KOH 賦活による活性炭には炭素マトリクスの結晶性に差があると言える。次に,含酸素表面官能基について両賦活法による活

性炭を評価した。酸素表面官能基の分析については，X線光電子分光法（XPS），Boehmによる滴定法[17,18]などがあるが，ここでは昇温脱離法（Temperature Programed Desorption：TPD）[12,19]を用いた。この手法では，炭素を加熱し表面官能基を熱分解させ，生成するガスを質量分析器などで定量することで官能基の定量・同定を行う。表2に各試料のCOとCO_2発生量をまとめた。COとCO_2は，酸素表面官能基の分解によって発生する。KOH賦活法の方がCOとCO_2ともに発生量が多く，KOH賦活法は多量の酸素表面官能基を生成しやすい。また，TPDスペクトルを解析すると，KOH賦活による活性炭には特にカルボキシル基，水酸基やエーテル結合の官能基が多いことが分かった。このような試料間の酸素表面官能基の差は，XPSでは検出することが困難な場合もあり，酸素表面官能基を詳細に分析する場合は面倒でも滴定法やTPD法を使った方が良い。

以上により，KOH賦活による活性炭が優れた容量特性を示すのは，細孔構造というより，炭素の結晶構造あるいは表面官能基によるものと推察される。また，KOH賦活による活性炭を不活性雰囲気中800℃で熱処理することで細孔構造・炭素結晶構造をほとんど変化させずに酸素表面官能基を除去できる。こうした処理をした場合，KOH賦活による活性炭の容量はやや低下するものの水蒸気賦活と比べればいぜん優れていた。このことから，KOH賦活の活性炭の優れた容量は酸素表面官能基だけに起因するものではない。これまであまり注目されてこなかった炭素自身の誘電的性質が容量特性に反映されていると筆者は考えている。

1.6 寿命特性ならびに電解液依存性

EDLCの寿命と電解液依存性についても賦活法の違いが大きく影響することが知られている。ここでは，結果のみを簡単に紹介する。図8は，高温下でキャパシタセルを高電圧保持（70℃，3V）することで寿命の加速試験を行った結果である。ここでの容量は二極式セルでの重量比容量であるので注意して欲しい（二極式セルでの比容量は理想的には三極式セルでの比容量の約四分の一となる[6]）。高温高電圧印加により，EDLCの容量が低下するのが分かる。しかも，KOH賦活による活性炭の場合は，初期の高容量は急激に失われてしまう。この理由はまだ定かではない。容量の寿命安定性も今後は詳細に研究する必要があろう。

図9は，有機電解液中とイオン液体中における活性炭の容量の違いを示したものである。イオン液体は，不燃性という長所だけでなく高濃度電解液としての特徴もあるので，EDLC用電解液として注目されている[20]。最近の研究によりイオン液体中の活性炭の容量は有機電解液中よりも高いことが明らかになってきている[21]。図9の結果は，KOH賦活の活性炭の優位性がイオン液体を使うことでさらに顕著になることを表している。ただし，イミダゾリウム系のイオン液体は印加できる電圧が小さく，実用的にはこのままではEDLC用電解液として使えない[22]。しかし，

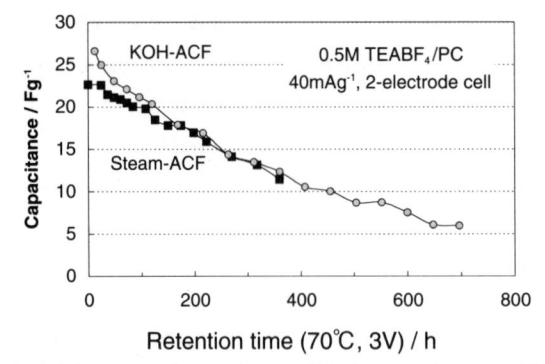

図8 水蒸気賦活 (Steam–ACF) ならびに KOH 賦活 (KOH–ACF) によって調製したフェノール樹脂系活性炭電極の EDLC 加速寿命試験結果

セルを70℃下で3V保持することにより加速寿命試験を行った。容量は，TEABF$_4$/PC を電解液として，二極式・定電流法 (40mAg^{-1}, 0～2V) により評価した。Steam–ACF ならびに KOH–ACF の BET 比表面積はそれぞれ1840m^{2}g^{-1}, 1920m^{2}g^{-1}である。
＊各試料は表1の試料と同一ではないがほぼ同様の条件で調製されたものである。

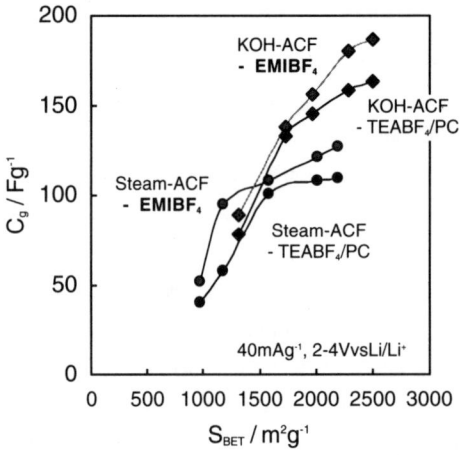

図9 水蒸気賦活ならびに KOH 賦活によって調製したフェノール樹脂系活性炭の重量比容量 (C_g) と BET 比表面積 (S_{BET}) の相関

容量測定は，TEABF$_4$/PC あるいはエチルメチルイミダゾリウム (EMIBF$_4$) を電解液として，三極式・定電流法 (40mAg^{-1}, 2～4Vvs. Li/Li$^+$) により行った。
＊各試料は表1の試料と同一ではないがほぼ同様の条件で調製されたものである。

第1章 活性炭

この容量の増強効果の原因を明らかにすることが次世代の EDLC 用電解液の開発の糸口になると思われる。

1.7 おわりに

水蒸気賦活と KOH 賦活の活性炭を比較することで,その容量特性の差異だけなく,何が EDLC 用活性炭で明らかになっていないか紹介できたと思う。今後は,細孔側壁の炭素が電気二重層容量にどう影響するかを明らかにし,それをうまく利用することで,高性能な活性炭を開発する必要があろう。

謝辞

本研究の一部は,文部科学省科学研究費補助金(特定領域研究「イオン液体」:No.18045005)ならびに NEDO 産業技術研究助成事業 (No.06A39001d) の補助を受けた。また,TPD 測定に御協力いただきました群馬大学・尾崎純一助教授ならびに同大学大学院工学研究科ナノ材料システム工学専攻修士課程(当時)・仁科直也君にも厚く御礼申し上げます。

文 献

1) 直井勝彦, 西野敦, 森本剛監修, 電気化学キャパシタ小辞典, エヌ・ティー・エス (2004).
2) 直井勝彦, 西野敦, 森本剛監訳代表, 電気化学キャパシター基礎・材料・応用, エヌ・ティー・エス (2001).
3) 白石壮志, 炭素系材料, ポリマーバッテリーの最新技術 II (監修金村聖志), 第7章第2節, シーエムシー出版, p.214 (2003).
4) 白石壮志, 日本エネルギー学会誌, 81, 788 (2002).
5) 白石壮志, 表面, 40, 13 (2002).
6) 白石壮志, *Electrochemistry*, 72, No.8, 598 (2004).
7) 立本英機, 安部郁夫監修, 活性炭の応用技術, テクノシステム (2000).
8) 真田雄三, 鈴木基之, 藤本薫編, 新版活性炭 基礎と応用, 講談社サイエンティフィク (1997).
9) 音羽利郎, 表面, 34, 130 (1996).
10) 前田崇志, 金龍中, 小柴健二, 石井聖啓, 笠井利幸, 遠藤守信, 西村嘉介, 河淵祐二, 炭素, 2002, No.201, 7 (2002).
11) Y.-J. Kim, Y. Horie, Y. Matsuzawa, S. Ozaki, M. Endo, and M. S. Dresselhaus, *Carbon*, 42, 2423 (2004).
12) D. Lozano-Castello, D. Cazorla-Amoros, A. Linares-Solano, S. Shiraishi, H. Kurihara, and A.

Oya, *Carbon*, **41**, 1765 (2003).
13) 稲垣道夫編著, 解説・カーボンファミリー, アグネ承風社, p.176 (2001).
14) M. E.-Merraoui, M. Aoshima, and K. Kaneko, *Langmuir*, **16**, 4300 (2000).
15) 白石壮志, 電気化学特性の評価, 最新の炭素材料実験技術 (物性・材料評価編) (炭素材料学会編), サイペック, 第9章, 55 (2003).
16) N. Shimodaira and A. Masui, *J. Appl. Phys.*, **92**, 902 (2005).
17) H. P. Boehm, *Carbon*, **40**, 145 (2002).
18) 安部郁夫, 活性炭の性能評価, 最新の炭素材料実験技術 (物性・材料評価編) (炭素材料学会編), サイペック, 第5章, 27 (2003).
19) J. L. Figueiredo, M. F. R. Pereira, M. M. A. Freitas, and J. J. M. Orfao, *Carbon*, **37**, 1379 (1999).
20) 北爪智哉ほか, イオン液体, コロナ社 (2005).
21) S. Shiraishi, N. Nishina, and A. Oya, *Electrochemistry*, **73**, 593 (2005).
22) M. Ue, M. Takeda, T. Takahashi, and M. Takehara, *Electrochem. Solid-State. Le*tt., 5, A119 (2002).

2 EDLC 集電体としてのアルミニウムの不働態皮膜とその表面接触抵抗

立花和宏*

2.1 はじめに

EDLC に蓄積できるエネルギーを大きくするひとつの手段として比表面積の大きい炭素材料の選択がある。また、もうひとつの手段として電位窓の広い電解質の選択がある。それには水の分解電圧の制限を受ける水溶液にかわる非水系の電解質が挙げられる。したがって炭素材料から外部回路へ電気を導く集電体には、導電性、密度、機械加工性など材料としての物理特性のほか、非水系の電解質への耐食性、炭素材料との低接触抵抗、バインダーとの密着性など集電体と電極材料界面での特性が求められる。

表1に集電体に使われる金属や合金の電気抵抗と密度を示す。アルミニウムは金, 銀, 銅に次ぐ良好な電気伝導性と、低密度を兼ね備えた金属材料である。実際には、資源としての豊富さや経済的なコストも考慮されるが、その点からも EDLC の集電体としてアルミニウムは有力な候補である[1]。

金属を電解液中でアノード分極すると金属自身が酸化される場合と、金属自身は酸化されずに電解液中の化学種が酸化する場合がある。前者の金属自身が酸化される場合には、酸化された金属がカチオンや錯体として電解液中に溶出してアノード溶解する腐食の場合と、金属が電解液中のアニオン種と反応して金属表面にアノード酸化皮膜を生成する不働態化の場合がある。

集電体に使われる金属のアノード分極挙動と電解液の種類には密接な関係がある[2]。前述の通

表1 金属あるいは合金の電気抵抗（室温）と密度

金属あるいは合金	電気抵抗 [$10^{-6}\Omega$cm]	密度 [g/cm^3]
Ag	1.59	10.5
Cu	1.67	9.0
Au	2.35	19.3
Al	2.65	2.7
Ni	6.84	8.9
Fe	9.71	7.8
Pb	20	11.4
Ti	42	4.5
ステンレス（Cr=25%, Ni=20%, Fe=55%）	73	8
C（グラファイト）	1375	2.3

* Kazuhiro Tachibana 山形大学 工学部 物質化学工学科 助教授

りEDLCに蓄積できるエネルギーを大きくするため,非水系の電解質として種々の有機電解液が使われる。有機電解液には,電位窓が広いことはもちろん,電気伝導率が高いことや電極に対する化学的安定性が高いことなども要求される。

表2に種々のバルブメタルのアノード分極挙動と電解質アニオンの種類に対する関係を示す。優れた耐食性を持つといわれるタンタルとニオブは有機電解液中では容易に腐食が進行する。それに対してアルミニウムは BF_4^-, PF_6^-, ClO_4^-, といったアニオンに対して不働態化する。チタンやジルコニウムは金属自身が酸化されずに電解液が酸化される。これはチタンやジルコニウムに生成する不働態皮膜が電子伝導性であるためと考えられる。

このように非水電解質中で使用する集電体としてもアルミニウムは有力な候補である。

2.2 有機電解液中におけるアルミニウムの不働態化

一般にステンレスなどが表面に酸化皮膜を生成して不働態化するときは,環境中の空気や水分から酸化物を形成するための酸化物イオンの供給を受ける。ではアルミニウムは酸化物を形成するための酸化物イオンの供給源がない有機電解液中でどのように不働態化するのだろうか?

アルミニウムはアジピン酸アンモニウムなどの水溶液中でアノード酸化したとき,緻密なバリア型の不働態皮膜を生成するバルブメタルとして知られている[3]。一般に水溶液中におけるアル

表2 金属の有機電解質アニオンに対する反応の種類

	BF_4^-	PF_6^-	ClO_4^-
Al	◎不働態化	◎不働態化	△不働態化
	38	19	21
Nb	▲腐食	▲腐食	○不働態化
	3.2	3.8	6.5
Ta	▲腐食	▲腐食	○不働態化
	3.0	4.0	6.5
Ti	△溶媒の分解	△溶媒の分解	△溶媒の分解
	4.6	4.6	4.6
Zr	△溶媒の分解	△溶媒の分解	△溶媒の分解
	4.6	4.6	4.6
Hf	○不働態化	○不働態化	▲腐食
	8	8	3.5

1) 各金属毎の行の上段は反応の種類,下段は反応電圧 [V vs. Li/Li^+] である。
2) 表中の◎や△等は,集電体としての安定性に関する評価を示しており,(優れている)
   ◎,○,△,▲ (劣る) の序列になっている。

ミニウムのアノード酸化は次のような反応で進行し，Al_2O_3の酸化皮膜を生成する。このときアルミニウムは溶媒の水を酸化物イオンの供給源としている。

$$2Al + 3H_2O \rightarrow Al_2O_3 + 6H^+ + 6e^- \tag{1}$$

このようなアルミニウムをはじめとするバルブメタルのアノード酸化に関する研究は古くからあり，それらの要点は不働態皮膜中を横切るイオン電流密度 j と皮膜に印加される高電場 e とが非線形な関係にあるということで，それに類した理論は高電場機構と呼ばれている。そのもっとも典型的な関係として(2)式を示したのが A. Gunterschulze と H. Betz であり，1934年のことである[4]。不働態皮膜の成長はファラデーの法則に従うのでその厚み d は(3)式で表される。ここで k は式量を1モルあたり反応するのに必要な電気量と密度で除した係数である。(2)式と(3)式から，一定の電流密度でアノード酸化したバルブメタルの不働態皮膜の厚み d は，アノード酸化電圧に比例することがわかる。

$$j = A \exp Be \tag{2}$$
$$d = \int kjdt \tag{3}$$

EDLC に使われる電解質は非水溶液なので，酸化物を形成するための酸化物イオンの供給源がない。にもかかわらずアルミニウムは $LiBF_4$，$LiPF_6$，$(C_2H_5)_4NBF_4$ などのフッ素系アニオンからなる電解質を含む有機電解中で不働態化する。有機電解液中でのアルミニウムの不働態化も水溶液中同様に高電場機構に従うが，表3に示すようにそれらの速度論的パラメータは水溶液中の値とは大きく異なる。これらのことを考慮すると，アルミニウムは $LiBF_4$，$LiPF_6$，$(C_2H_5)_4NBF_4$ などのフッ素系アニオンからなる電解質を含む有機電解中で，次のような反応によりフッ化皮膜を生成し耐食性が与えられると考えられる。

$$Al + 3BF_4^- \rightarrow AlF_3 + 3BF_3 + 3e^- \tag{4}$$
$$Al + 3PF_6^- \rightarrow AlF_3 + 3PF_5 + 3e^- \tag{5}$$

すなわち，水溶液中ではアルミニウムが溶媒と反応するのに対し，有機電解液中ではアルミニウムが溶解している電解質アニオンと反応する。そして生成する不働態皮膜も水溶液中で生成する Al_2O_3 からなる酸化皮膜とは異なり，不働態皮膜は $AlO_{x/2}F_{3-x}$ からなるフッ化皮膜である[5]。このことはアルミニウムを集電体に使用して耐食性を付与する場合，電解質アニオンの選択は非常に限定されることを意味する。

表3 種々の電解液中でアルミニウムをアノード酸化する際の高電場機構パラメータ

		1 M LiBF$_4$	1 M LiPF$_6$	水溶液系
A	[A・m^{-2}]	1.75×10^{-11}	0.88×10^{-11}	2.6×10^{-28}
B	[m・V^{-1}]	4.71×10^{-8}	4.75×10^{-8}	8.87×10^{-8}
k	[m^3・C^{-1}]	1.86×10^{-10}	1.86×10^{-10}	5.7×10^{-11}
d	[nm・V^{-1}]	1.74×10^{-9}	1.71×10^{-9}	1.35×10^{-9}

2.3 アルミニウム集電体と炭素材料との接触抵抗およびその界面設計

アルミニウム集電体上に生成する不働態皮膜は電子絶縁性である。このことは電解液を酸化分解から保護しEDLCの安定動作に寄与している。しかしこの不働態皮膜の電子絶縁性は接触するカソード材料の種類によって変化する。カソード材料として炭素材料がアルミニウム表面に接触すると不働態皮膜の絶縁性が失われ電子の導通が起きるようになる。EDLCの内部抵抗はアルミニウム集電体と炭素材料の接触抵抗の影響が大きく,EDLCの出力特性を改善するにはその接触抵抗を低減する必要がある。

図1に酸化皮膜の厚みを変えて炭素材料を塗布したアルミニウムのサイクリックボルタモグラムを示す。不働態化したアルミニウムは電解液中でほとんど電流が流れないが,このように炭素材料を塗布すると炭素材料表面の電気二重層容量への充放電電流が観察される。このことは,アルミニウムから炭素材料へアルミニウム表面の不働態皮膜を介して電子電流が流れていることを意味する。アノード酸化電圧を変えてアルミニウム表面の不働態皮膜を厚くするとボルタモグラムの形は箱型から徐々にひしゃげて平行四辺形状,ついには直線形状となる。このことから不働

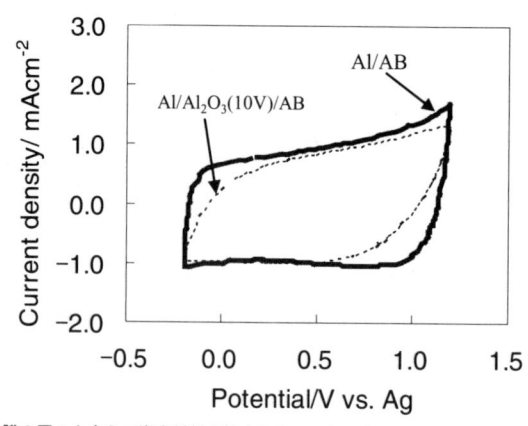

図1 酸化皮膜の厚みを変えて炭素材料を塗布したアルミニウムのサイクリックボルタモグラム

第1章　活性炭

態皮膜の接触抵抗がEDLCの等価直列抵抗成分として大きく影響を与えていることがわかる。

このひしゃげ具合からアルミニウム集電体と炭素材料の接触抵抗を求め、不働態皮膜の組成と厚みを示したのが図2である。フッ化皮膜の接触抵抗より酸化皮膜の接触抵抗が大きく、皮膜が厚いほど接触抵抗が大きいことがわかる。

同じバルブメタルでも不働態皮膜の表面欠陥の少ないタンタルでは、同様に炭素材料を接触させてもアルミニウムと違ってほとんど導電性を示さない。このことからアルミニウム集電体と炭素材料との導通は、炭素材料の接触によって不働態皮膜の表面欠陥が顕在化することで起こると考えられる。ここで考えている表面欠陥とは酸素空孔のような原子レベルでの欠陥であり、それは炭素材料に使われるサブミクロンスケールの微粒炭素よりも、ナノスケールのアルミニウムの不働態皮膜の厚みよりもずっと小さい。

EDLCの高出力化の課題である内部抵抗は、アルミニウム集電体と炭素材料との界面の接触抵抗に起因していると考えられる。それは集電体単位面積あたりに塗布される炭素材料の総表面積は非常に大きいため、集電体表面の実質的な電流密度が、炭素材料表面のそれよりもはるかに大きくなると考えられるからである。したがって集電体表面の接触抵抗 σ と炭素材料含有量 m が出力（Cレート：C）、炭素材料の理論電気容量 Q、電解液の分解過電圧 η に見合うための条件式は以下のようになる[6, 7]。

$$m = \frac{\eta}{\sigma}\left(\frac{1}{QC}\right) \tag{6}$$

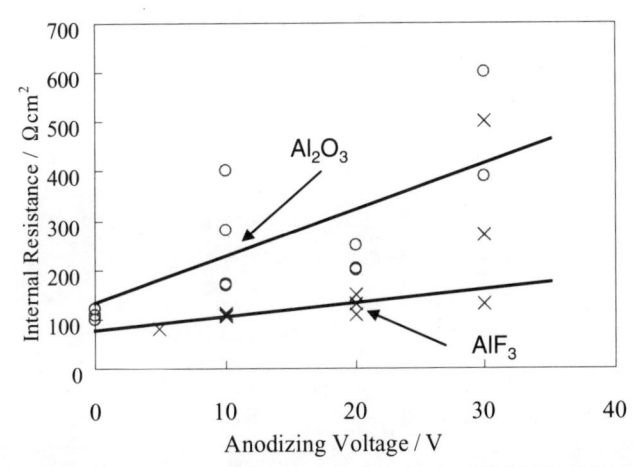

図2　不働態皮膜の組成とアノード酸化電圧を変えたアルミニウム集電体と炭素材料の接触抵抗
（○＝Al_2O_3、×＝AlF_3）

この式から集電体上の接触抵抗を小さくすることで,同じ出力特性をもつ EDLC の集電体単位面積あたりの炭素材料の塗布量を増やし容量アップにもつながることがわかる。

2.4 おわりに

EDLC の集電体に使われるアルミニウムの不働態皮膜には,有機電解液に対する自身の耐食性と酸化分解の保護のための電子絶縁性,および集電体／炭素材料界面での接触抵抗の低減のための電子導電性という一見矛盾する要求がある。しかるに EDLC の集電体／炭素材料界面の設計はこれらの要求をいかに最適化するかにほかならず,さらなる電極構造に関する知見の集積とそこから抽出される理論の構築が期待される。

文　　献

1) 旭化成工業㈱,特許公告平04-052592 (1992).
2) 松木健三,立花和宏,マテリアルインテグレーション, 12, 35 (1999).
3) 清水健一,幅崎浩樹, P. Skeldon, G. E. Thompson, and G. C. Wood, 表面技術, 50, 2(1999).
4) A. Gunterschulze, and H. Betz, Z. Phys., 92, 367(1934).
5) 立花和宏,佐藤幸裕,仁科辰夫,遠藤孝志,松木健三,小野幸子, *Electrochemistry*, 69, 670 (2001).
6) K. Tachibana, T. Tomonori, C. Kanno, T. Endo, T. Ogata, T. Simizu, S. Kohara, and T. Nishina, *Electrochemistry*, 71, 1226 (2003).
7) 立花和宏,第21回 ARS 奈良まほろばコンファレンス予稿集, p.24 (2004).

3 EDLC用活性炭の現状と展望

西野　敦*

3.1 概要

電気二重層キャパシタ用活性炭の歴史は，米国GE社のBecker[1]が1957年にTar lamp blackを用いて特許出願した。この特許は，その当時の真空管時代には，回路電圧が220V，電流が200～300mA必要な真空管時代であったので，実用化されることなくこの特許は失効した。

現在の電気二重層キャパシタの初期（1970年代）は，米国SOHIO社のBoosら[2~4]椰子殻を原料とした水蒸気賦活炭を用いて，松下電器産業は独自技術[5~8]で，有機電解液を用いた捲回型EDLCを生産し，NECは，米国のSOHIO社[2~4]Boosの特許を使用し，稍々大型のコイン型を硫酸電解液を用いて生産を開始した。

その後，1980～1990年代にCMOS–ICのような低電圧駆動可能な小電力型IC，LSIの量産が開始され，時計や小型携帯機器への製品化応用要請から100円コインサイズのフラット型小型EDLCの開発期待があり，炭素繊維を用いたコイン型EDLCの量産が松下電器産業で開始され，腕時計，柱時計，ラジカセのようなモバイル機器に広く応用された。

一方，ガス機器，ガス瞬間湯沸器のような家電機器にも圧電着火方式からピアノタッチ着火方式に利便性，安全性を改善する応用機器が市場で歓迎され，50～100F捲回型EDLCが大量生産された。このEDLCは低コストを要求され，椰子殻やフェノール樹脂を原料とする水蒸気賦活炭が使用された。

1990年代から2000年代にかけて，自動車用のBreak by wire[9]アイドリングストップ対策，回生制動用の開発依頼からEDLC用活性炭の高性能化の要請が高まり，フェノール原料や石油，石炭のピッチタール原料を用いたKOH賦活による高性能活性炭が使用されるようになった。これらの活性炭の原料価格は，5～7円/F（2005年時点）である。

近年，自動車のエンジンアシスト用やアイドリングストップ対策用活性炭は，さらなる低価格2～3円/F（2008年）が要請[10]されている。

1960～2000年までは，日本製活性炭が世界で用いられてきたが，電気二重層キャパシタの市場の拡大や自動車への応用展開が現実化されるようになり，活性炭の研究は，日本だけでなく，米国，欧州，カナダ，韓国でも研究が開始されるようになった（2005年）。

3.2 材料と賦活方法

活性炭の製法は種々あるが，表1に電気二重層キャパシタ用活性炭の原料とその主な製法を示

---

*　Atsushi Nishino　西野技術士事務所　所長　技術士

表1　材料と賦活方法

賦活方法	賦活剤	原料	主な特徴
薬品賦活	ZnCl₂, H₃PO₄	椰子殻	低コスト
		Hard woods	水処理
		Phenol 破砕粒	ガス吸着用
ガス賦活	H₂O, KOH	椰子殻	高性能，コスト割高
		Hard woods	高純度
		Phenol 破砕粒	電池，キャパシタ等電子電気用
		Phenol 繊維状	食品用

している。EDLC用活性炭の賦活方法には，薬品賦活方法とガス賦活方法がある。これらの方法は，原料の特性に関係している。薬品賦活方法は，薬品として，塩化亜鉛，燐酸を用いる。原料的には，椰子殻，Hard woods（樫，楓）を用い，日本では，塩化亜鉛が用いられるが，欧米では，相対的に低コストの燐酸が用いられている。日本では，燐酸価格が高価であるため燐酸賦活は行われていない。

ガス賦活方法は，高性能な活性炭が必要な場合に用いられる製法である。賦活剤として，H_2O（水蒸気），炭酸ガス（CO_2），KOH（または NaOH）が用いられる。日本では，水蒸気賦活と KOH 賦活が一般的であるが，米国では CO_2 価格が安く，CO_2 賦活が採用されている。

3.3　代表的な EDLC 用活性炭の代表的な製造方法と展望

図1に a）薬品賦活と b）ガス賦活の代表的な工程図を比較対照させ図示している。日本では，1970年代まで塩化亜鉛賦活で生産されていたが，環境問題の関係で，徐々に海外に移された。燐酸賦活法は，燐酸の安価な米国で生産されているが，日本では燐酸が高価であるため燐酸法は採用されていない。日本では，主にガス賦活法で生産されている。

EDLC の生産の初期は，椰子殻，フェノール樹脂の繊維状，板状，mm オーダーの球状粒子を原料に2000年までは，水蒸気賦活が中心で，2000年以後は，高性能を必要とする EDLC には，KOH，NaOH 等のアルカリ賦活活性炭が使用されている。

将来の活性炭の新製法として，数 μm～サブ μm オーダーの球状フェノール樹脂を生産し，無粉砕，無分級の新活性炭製造方法が提案されている[12～13]。

また，図2に代表的な活性炭原料と賦活方法の製造工程の概要が図示されている。近い将来の自動車，風力発電，産業用大型空調，エレベータなどの大型 EDLC の応用を意図して，高性能化，低コスト化の種々の研究開発が活発に行われている。

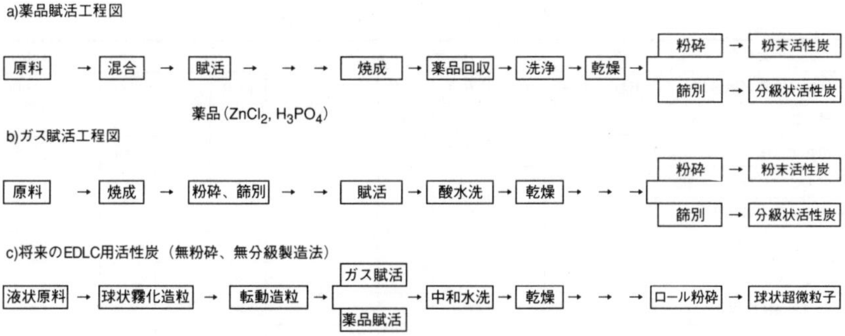

図1 代表的なEDLC用活性炭の賦活法と将来展望

a) 薬品賦活工程図

原料 → 混合 → 賦活 → → 焼成 → 薬品回収 → 洗浄 → 乾燥 → 粉砕 → 粉末活性炭 / 篩別 → 分級状活性炭

薬品（$ZnCl_2$, H_3PO_4）

b) ガス賦活工程図

原料 → 焼成 → 粉砕、篩別 → 賦活 → 酸水洗 → 乾燥 → 粉砕 → 粉末活性炭 / 篩別 → 分級状活性炭

c) 将来のEDLC用活性炭（無粉砕、無分級製造法）

液状原料 → 球状霧化造粒 → 転動造粒 → ガス賦活／薬品賦活 → 中和水洗 → 乾燥 → ロール粉砕 → 球状超微粒子

図1 代表的なEDLC用活性炭の賦活法と将来展望

図2 活性炭の原料別の主な製造工程図

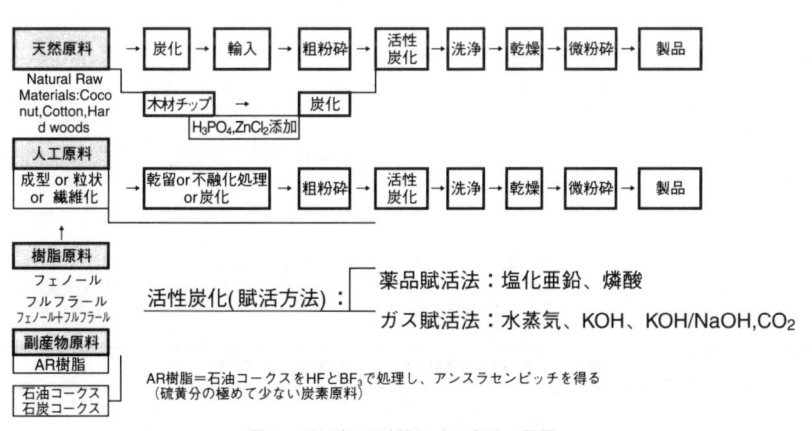

天然原料 → 炭化 → 輸入 → 粗粉砕 → 活性炭化 → 洗浄 → 乾燥 → 微粉砕 → 製品
Natural Raw Materials: Coconut, Cotton, Hard woods
木材チップ → 炭化 （H_3PO_4, $ZnCl_2$添加）

人工原料 成型or粒状or繊維化 → 乾留or不融化処理or炭化 → 粗粉砕 → 活性炭化 → 洗浄 → 乾燥 → 微粉砕 → 製品

樹脂原料 フェノール フルフラール フェノール-フルフラール

活性炭化(賦活方法)：
- 薬品賦活法：塩化亜鉛、燐酸
- ガス賦活法：水蒸気、KOH、KOH/NaOH, CO_2

副産物原料 AR樹脂 石油コークス 石炭コークス

AR樹脂＝石油コークスをHFとBF_3で処理し、アンスラセンピッチを得る（硫黄分の極めて少ない炭素原料）

図2 活性炭の原料別の主な製造工程図

3.4 代表的な活性炭製造メーカー

表2は世界の代表的な活性炭製造メーカーの各種材料と賦活方法の現状を示したものである。日本のクラレケミカル，大阪ガス，関西熱化学のような活性炭メーカーは，EDLCの開発初期から2000年までの約30年間は，椰子殻，Hard woodsのような天然材料及びフェノール原料からなる板状，繊維状，球状粒子を水蒸気賦活するものが世界的に使用されていた。1995年以後から超小型コイン型や自動車への応用展開が期待されKOH，NaOHのようなアルカリ賦活剤が使用され活性炭の高性能化が図られ，実用化された。2000年以後に，新規（新日本石油，JFE，Mead Westvaco社など）の活性炭参入メーカーが増加するようになった。

表3は，これらの世界のEDLC用活性炭の製造メーカーの製品の品種と代表的な賦活方法を表示したものである。

表2　EDLC用活性炭の各社の特徴

会社名	クラレケミカル			大阪ガス（武田薬品）			関西熱化学			M.W.V.社 (USA)		
活性炭原料／賦活剤	H_2O	KOH	CO_2	H_2O	KOH	CO_2	H_2O	KOH	CO_2	H_2O	KOH	H_3PO_4
椰子殻	*			*	(*)							
Hard wood＝Maple, Oak										(*)		*
フェノール粒状, 板状	*	(*)		*	(*)		*			(*)	(*)	
フェノール繊維状	*											
フェノール＋フルフラール												
石油系ピッチ							*					
石油系AR樹脂							*					
石炭系ピッチ			(*)				*					

会社名	JFEケミカル（川鉄）			新日本石油			カリフォルニア大（米）			NMEI（日本）		
活性炭原料／賦活剤	H_2O	KOH	CO_2	H_2O	KOH	CO_2	H_2O	KOH	CO_2	H_2O	KOH	CO_2
椰子殻												
フェノール粒状, 板状	(*)	(*)										
フェノール繊維状												
天然繊維（綿花）										*		
フェノール＋フルフラール							(*)	*				
石油系ピッチ					(*)							
石炭系ピッチ			(*)									

＊：製品化　（＊）：製品化予定　M.W.V.：MeadWestvaco
大阪ガス：日本エンバイロケミカルズ（旧武田薬品㈱）（2005年10月から吸収合併）
各社の特許出願，カタログ，新開発表，ホームページから作表

表3　世界の主な活性炭メーカーの販売，開発状況

国名	会社名	研究・開発レベル	原料	賦活方法
日本	クラレケミカル	製品化販売	フェノール	H_2O/KOH
		製品化販売	椰子殻	H_2O/KOH
	関西熱化学	製品化販売	フェノール	H_2O/KOH
	クレハ	製品化販売	石油系ピッチ	H_2O/KOH
	大阪ガス（日本EVC）	製品化販売	石炭ピッチ	H_2O/KOH
		製品化販売	椰子殻	H_2O
	JFEケミカル（旧名：川鉄）	研究レベル	石炭系ピッチ	KOH/NaOH
	新日本石油	研究レベル	石油系ピッチ	KOH/NaOH
米国	Powerstor	製品化販売	フェノール	CO_2
	Mead Westvaco	研究レベル	Hard wood	CO_2/H_3PO_4

3.5 活性炭原料，製造方法，主な用途と展望

EDLC用活性炭の製品化初期から今日までと将来の展望及び活性炭とEDLCの容量及び形状サイズ，製品化応用機器との関係を表4及び図3に詳しく示した。

EDLCの開発初期の1970年代の末は，高純度の一般水蒸気賦活炭を使用していたが，松下電器産業がEDLCのコイン型を製品化した1980年代初期からフェノール樹脂からなる活性炭繊維（図3，aに示す）を水蒸気賦活で自社内生産を開始した。このことが動機付けとなり，EDLC用に特化して，フェノール樹脂（球状粒子，板状樹脂）を用いた水蒸気賦活炭の製造が開始され，さらに，高性能化を目指して，KOHのようなアルカリ賦活炭が開発，実用化されるようになった。

表4 活性炭の種類とEDLCのサイズとその市場性

			超小型コイン型	コイン型	捲回型	大型捲回型	超大型捲回型
		F／cell	0.02〜0.1	0.1〜0.5	1〜500	500〜5000	5000〜
過去	天然	椰子殻（H_2O）	×	○	○	△	×
	人工	Phenol破砕状（H_2O）	×	○	◎	△	×
		Phenol繊維状（H_2O）	×	◎	○	△	×
現在	主な用途	RTC	◎	◎	○	×	×
		Memory Back up	◎	◎	○	×	×
		瞬低対策	○	○	◎	◎	△
		主電源アシスト	○	○	◎	◎	○
		初期 Back up	×	△	◎	◎	◎
		UPS	×	×	◎	◎	◎
		回生制動	×	×	△	◎	◎
		大電流平準化	×	×	△	△	◎
	応用機器		小型携帯機器	各種携帯機器	道路鋲	各種産業用機器	風力発電平準化
			LSI Back up	家電機器	道路標識	自動ドアー	産業用電力安定化
			携帯電話，腕時計	各種AV機器	Break by wire	誘導避難灯	エレベーター
			デジカメ		携帯電話基地局	自動車	産業用空調
	天然	椰子殻（H_2O）	×	△	○	○	◎
		Maple（H_3PO_4）	×	△	○	○	◎
		Coal Pitch（KOH）	○	○	○	○	○
		Oil Pitch（KOH）	○	○	○	○	○
	人工	Phenol（H_2O）	◎	◎	◎	◎	○
		Phenol（KOH）	○	○	○	○	○
近未来（微小球状）	人工	Phenol（H_2O）	◎	◎	◎	◎	◎
		Phenol（KOH）	◎	◎	◎	◎	◎
	天然	Coal Pitch（KOH）	○	○	◎	◎	◎
		Oil Pitch（KOH）	○	○	◎	◎	◎

◎：最適，○：適する，△：部分的に，×：不適

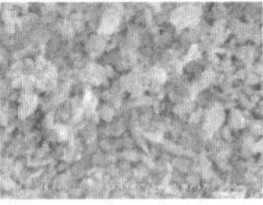

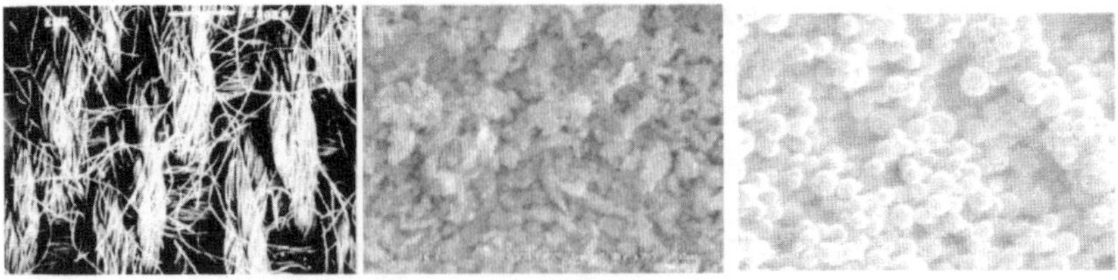

a) Fibrous Cloth　　　　　b) Powdery shape　　　　c) Spherical shape

図3　SEM Photo. For Various Kinds of Activated Carbons

　2000年以降は，超小型コイン型が携帯電話，デジタルカメラなどの小型化されたモバイル機器に必須部品となり，生産が急増した。また，小型〜中型の捲回型は，道路鋲，道路標識，自動車（Break by wire）等で実用化され，小中捲回型の生産量も急増している。

　一方，エレベーター，風力発電，自動ドアーなどの常時，非常時での超大型EDLCの応用展開も積極的になされている。また，リコー社が2004年から業務用コピー機に採用し，待機時間の短縮化，省エネ化，環境対策貢献などに成功し，EDLCの産業機器への応用展開の大きな動機付けとなっている。

　また，表2〜3に表示の如く，この数年，EDLC用活性炭製造に関する特許出願も多く，これまでの活性炭企業以外の異業種からの新規参入企業が増加している。今後のEDLC用活性炭の大量消費の時代を迎えて，大変好ましいことである。また，図3に示すような無粉砕無分級で球状超微粒子[11〜13]の生産が可能になれば現在の粉砕，篩別コストの大幅な削減が可能になり，将来，活性炭のより低価格化が可能になるものと予測される。

3.6　活性炭の基本特性

　活性炭の基本特性である比表面積，細孔径，官能基などの特性は著者らの前著の2冊[5〜6]に詳細に記載したので，本書では，省略する。

文　　　献

1) H. I. Becker, U. S .P. 2800616, July.23（1957）
2) Donald L. Boos, U. S. P. 3536963, Oct.27　（1970）

3) Donald L. Boos, U. S. P. 3634736, Jan.11 (1972)
4) Donald L. Boos, H. A. Adams., T. H. Hacha and J. E. Metcalfe, 21st, Electronics Compornents Conf., May 10~12, p338(1971)
5) 直井，西野「大容量キャパシタ技術と材料」，シーエムシー，P 7 (1998)
6) 西野，直井「大容量キャパシタ技術と材料Ⅱ」，シーエムシー出版 (2003)
7) 西野敦「大容量キャパシタの最前線」，NTS 社，P354 (2002)
8) 西野敦ほか「【自動車用】電気二重層キャパシタとリチウムイオン二次電池の高エネルギー密度化・高出力化技術」，技術情報協会 (2005)
9) 日経エレクトロニクス，P29，7月19日号 (2004)
10) 日経エレクトロニクス，P120，10月10日号 (2005)
11) 絹田精鎮，西野敦，特願平14-013271 (2002.1.22)
12) 絹田精鎮，西野敦，特許出願中
13) 西野敦，未来技術，P50, 4, No 8 (2004)

第2章　電解液

1 スピロ型第四級アンモニウム塩を用いた高電導度型電解液

千葉一美*

1.1 はじめに

電気二重層キャパシタは，一般に活性炭等の多孔性電極と電解液との界面での電気二重層現象を利用した蓄電デバイスであり，電解液特性がキャパシタ特性に与える影響は大きい。表1に第Ⅱ編第2章2節にて解説した電解液に求められる主な特性と構成要素をまとめて示す。

表1　電解液への要求特性と構成要素

要求特性	構成要素
電解質の溶媒への溶解度	電解質　陽イオン
電解質のイオン径	陰イオン
電解液電導度	溶媒
電解液粘性率	添加剤
電気化学的安定性	電極とのマッチング

これらの要求特性と構成要素は，項目毎に互いに強弱のある結びつきを持って電解液を構成しており，特に非水系電解液では，多くの組み合わせの中から最適解を探っていくことが電解液開発そのものと言える。

第Ⅱ編第2章2節では，スピロ系第四級アンモニウム塩を用いた電解液の優位性を解説したが，本節では主に構成要素に着目して，溶媒検討を電解質陽イオンの次の検討要素と位置づけ，PC以外の溶媒を用いた検討結果を解説する。

1.2 電気二重層キャパシタ用電解液に用いられる溶媒

電気二重層キャパシタ用電解液に用いられる溶媒としては，多くの場合リチウム二次電池のものが利用できる。表2に，それらのうち電気二重層キャパシタ用として詳細に検討されることの多い溶媒の特性を示す。

通常，日本国内における電気二重層キャパシタ用電解液溶媒としてはPC純溶媒が用いられるが，①低粘性率である直鎖カーボネート類をPCに対して副溶媒として用いて電解液の電導度を

---

*　Kazumi Chiba　日本カーリット㈱　R&Dセンター　研究員

第2章　電解液

表2　電気二重層キャパシタ用電解液の溶媒

	溶媒種	比誘電率	粘性率 (mPas at 298K)	沸点 (℃)	融点 (℃)
環状カーボネート類	Propylene carbonate (PC)	65[1]	2.5[1]	242[1]	−49[1]
	Ethylene carbonate (EC)	89.6[2]	1.85[2]	248[2]	39〜40[2]
直鎖カーボネート類	Dimethyl carbonate (DMC)	3.1[2]	0.59[2]	90[2]	3[2]
	Ethylmethyl carbonate (EMC)	2.9[2]	0.65[2]	108[2]	−55[2]
	Diethyl carbonate (DEC)	2.8[2]	0.75[2]	127[2]	−43[2]
スルホン類	Sulfolane (SL)	43[1]	10.0[1]	287[1]	28[1]
	3-Methyl sulfolane (MSL)	29[1]	11.7[1]	276[1]	6[1]
ニトリル類	Acetonitrile (AN)	36[1]	0.3[1]	82[1]	−49[1]

改善させる[3,4]，②高安定性とされるスルホン類のみを用いて電解液の耐電圧を向上させる[5]，③スルホン類のみでは粘性率が大幅に悪化するため，スルホン類には及ばないが環状カーボネート類よりも安定性がやや勝る直鎖カーボネート類とスルホン類を混合して，PC純溶媒よりも若干の耐電圧向上を図る[6]，等の検討が行われている。

当社では，上記①のさらなる特性向上を目的として混合溶媒系の探索を行い，スピロ型第四級アンモニウムBF₄塩とDMC，EC，PCの4者を併用することで，極めて高い電導度と低い粘性率を両立した電解液を開発した[7]ので解説する。

1.3　第四級アンモニウムBF₄塩の各種溶媒への溶解性

表3に，スピロ-(1,1')-ビピロリジニウム (SBP)，トリエチルメチルアンモニウム (TEMA)，テトラエチルアンモニウム (TEA) の各ホウフッ化物イオン (BF₄) 塩の主な溶媒への溶解度を示す。

表3　各BF₄塩の各溶媒への最大溶解度

	DMC	EMC	DEC	PC
SBP-BF₄	2.13	<0.01	<0.01	3.55
TEMA-BF₄	<0.01	<0.01	<0.01	2.21
TEA-BF₄	<0.01	<0.01	<0.01	1.10

単位：mol/L at 30℃

スピロ型であるSBP-BF₄は，PCへの溶解度が大きい他，低粘性率であるDMCに特異的に溶解することが分かった。このSBP-BF₄/DMCは，低い粘性率と高い電導度を併せ持ち，さらに，PC純溶媒の電解液よりも高い耐電圧を持つ電解液であるが[8]，DMCの融点を考慮すると，−40℃等の極低温では特性がやや劣化することが推測できる。しかしながら，DMCはSBP-BF₄に対し

て貧溶媒ではないため，PCとの混合系で用いた場合，電解液特性の大幅な向上が期待できる。

図1にSBP–BF$_4$/PCに対する良溶媒であるDMCと貧溶媒であるDECの添加効果の違いを示す。類似の分子構造を持つDMCとDECであるが，その添加効果は全く異なり，DMC添加時にのみ特性向上が得られることが分かった。

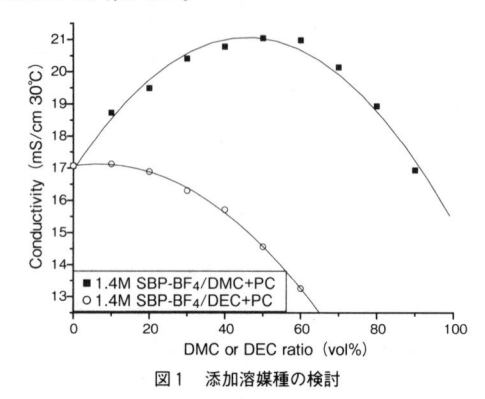

図1 添加溶媒種の検討

1.4 SBP–BF$_4$/DMC＋PC電解液の特性と問題点

DMCを添加したことにより，純PC系と比較して高電導度化と低粘性率化を両立するなど，電解液特性に大きな変化が見られたが，問題点もあった。表2で記載したとおり，DMCは非常に低い粘性率を示すものの比誘電率も非常に低い。そのため，DMC＋PC混合溶媒系内の総合での比誘電率が大幅に低下し，電解質であるSBP–BF$_4$の電離度の低下が起きていると推測した。

1.5 SBP–BF$_4$/DMC＋EC＋PC電解液の特性

そこで，第二の副溶媒として，PCに似た特性を示すものの比誘電率が非常に高いECを併用し，－40℃まで凝固しない混合組成を探索してSBP–BF$_4$/DMC＋EC＋PCを開発した。その電導度の濃度特性を図2に，電導度の温度特性を図3に，粘性率の温度特性を図4にそれぞれ示す。

SBP–BF$_4$/DMC＋EC＋PCは，電解質濃度2.5mol/Lでの室温での最高電導度が25mS/cmに達するほか，－40℃から＋30℃までの全ての温度域で非常な高電導度および低粘性率を示し，従来のカーボネート系溶媒を使用した電解液に比較して優れた特性を示すことが分かった。

第2章 電解液

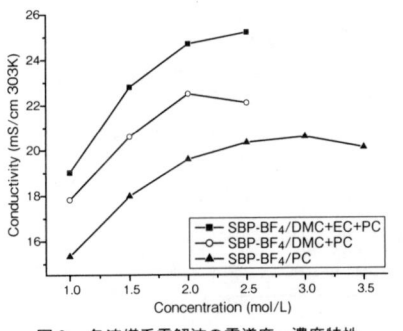

図2 各溶媒系電解液の電導度―濃度特性

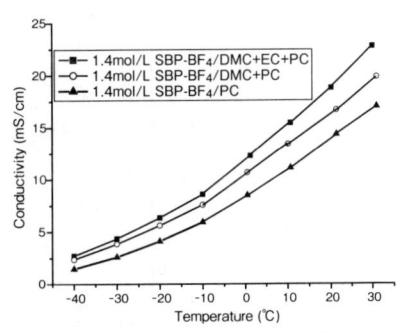

図3 各溶媒系電解液の電導度―温度特性

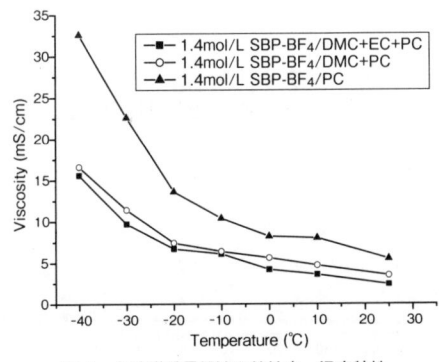

図4 各溶媒系電解液の粘性率―温度特性

1.6 SBP-BF$_4$/DMC+EC+PC 電解液を用いた電気二重層キャパシタの特性

1.6.1 静電容量

図5に，SBP-BF$_4$/DMC+EC+PC，SBP-BF$_4$/PC，TEMA-BF$_4$/PC の各電解液を使用した際の，2032コイン型電気二重層キャパシタの静電容量の温度特性を示す。室温での静電容量値は溶媒効果よりも電解質の種類による差が寄与し，低温での差は主に溶媒の種類に起因することが分かった。-40℃での，SBP-BF$_4$/DMC+EC+PC と TEMA-BF$_4$/PC の間のみかけの静電容量の差は2倍近くに達した。この優位性は，使用する電極の種類（主に平均細孔径）によって大小の差があることも判明している。

1.6.2 内部抵抗

図6に，同様の比較条件での内部抵抗の温度特性を示す。内部抵抗は全温度域で主に溶媒種に

図5 静電容量値の温度特性

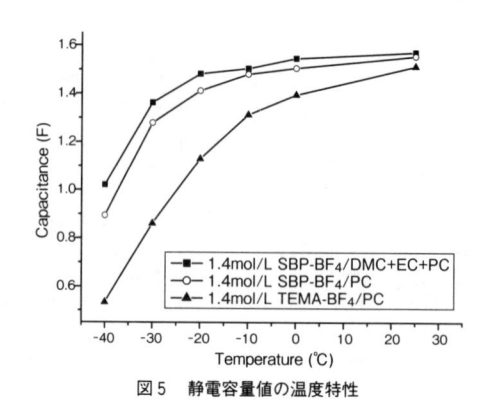

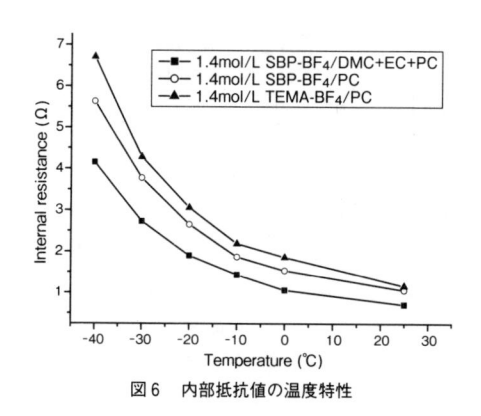

図6 内部抵抗値の温度特性

依存しており,最も低粘性率であるSBP–BF$_4$/DMC+EC+PCが優れた特性を示し,ここで使用した電極系においては,TEMA–BF$_4$/PCとの比較においては1.5倍以上の優位性があることが分かった。

1.6.3 レート特性

図7に,同様の条件でのレート特性を示す。結果としては,レートが大きくなるほど電解液種による差が現れ,放電電流値が500mA/cm^{2}を超えると,SBP–BF$_4$/DMC+EC+PCとTEMA–BF$_4$/PCの場合のみかけの静電容量値の差は5倍弱まで拡大しており,特性に大きな差が見られた。

第 2 章　電解液

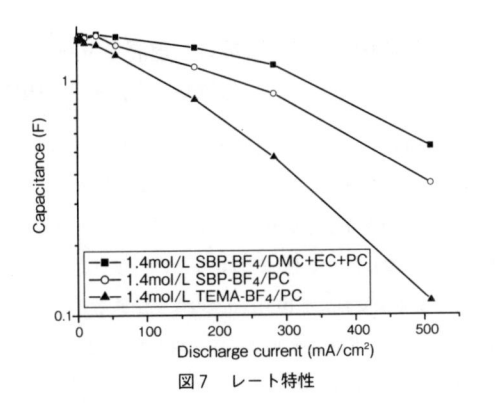

図7　レート特性

1.7　まとめ

　当社は高電導度型電解液を目標として SBP-BF$_4$/DMC+EC+PC を開発したが，詳細に特性評価を行ったところ，レート特性にも優れた電解液であることが分かった。電気二重層キャパシタは，小型品から大型品まで様々な形状のものが存在し，要求される特性もそれぞれ大きく異なるため，一種の電解液だけで全ての特性を高い水準でカバーするのは難しいと思われる。

　今後は中程度以上の電導度を有する高耐電圧電解液，添加剤，電極分野との総合的な知見に基づく電極－電解液界面の研究等を進めていきたいと考えている。

文　　献

1）　M. Ue, K. Ida, and S. Mori, *J. Electrochem. Soc.*, **141**, 2989 (1994).
2）　電気化学会編，電気化学便覧　第 5 版，p511 (2000).
3）　M. Ue, M. Takehara, and M. Takeda, *Denki Kagaku*, **65**, 969 (1997).
4）　千葉一美，上田司，亀井照明，山本秀雄，電気化学会第72回大会講演要旨集，1H22, (2005).
5）　真田泰宏，平塚和也，森本剛，栗原要，電気化学および工業物理化学，**61**, 448 (1993).
6）　河里健，平塚和也，森本剛，旭硝子研究報告，**52**, 論文 8 (2002).
7）　千葉一美，上田司，亀井照明，山本秀雄，2005年電気化学秋期大会講演要旨集，1K11 (2005).
8）　肥後野貴史，佐藤健児，菅紀子，千葉一美，亀井照明，特開2005-294332.

2 高分子ヒドロゲル電解質を用いる電気二重層キャパシタ

野原愼士[*1]，井上博史[*2]，岩倉千秋[*3]

2.1 はじめに

電気二重層キャパシタ（EDLC）において，これまでいくつかのグループで固体電解質あるいはゲル電解質を用いた系について研究が行われてきた[1~6]。これらの電解質を用いることにより，電解液の漏液，凍結，ドライアウトなどを解消あるいは抑制したり，セパレータを排除することができ，EDLCの薄膜成形性や柔軟性の向上，軽量化などにつながる。水系固体電解質については，例えばLewandowskiらが室温でおよそ10^{-3} S cm^{-1}の電気伝導率を有するポリエチレンオキシド（PEO）–KOH–H$_2$O系固体高分子電解質をEDLCに適用した[4]。また，KoらはH$_2$SO$_4$水溶液とSiO$_2$から成る酸性ゲル電解質がH$_2$SO$_4$水溶液に近い電気伝導率（約0.2S cm^{-1}）を示し，電気化学キャパシタに適用できることを報告している[5]。EDLCに特有の高い出力密度などを得るには，少なくとも水溶液並みの電気伝導率を有する電解質を開発する必要がある。

著者らは，高吸水性高分子に大量の水系電解液を吸収させることにより，水溶液と同じ10^{-1} S cm^{-1}オーダーの電気伝導率を有するアルカリ性あるいは酸性高分子ヒドロゲル電解質を作製し，これらの電解質を組み込んでEDLCのキャラクタリゼーションを行ってきた。以下では，これらの高分子ヒドロゲル電解質を用いたEDLCの電気化学特性について簡単に紹介する。

2.2 アルカリ性高分子ヒドロゲル電解質

架橋型ポリアクリル酸カリウム（PAAK）にKOH水溶液を吸収させて作製したアルカリ性高分子ヒドロゲル電解質は，KOH水溶液に近い電気伝導率（例えば，室温で約0.6S cm^{-1}）を示し[7]，さらに電解液のクリープ現象が非常に起こりにくいという特徴を有する[8]。この電解質を用いたニッケル―水素電池は良好に作動し，容量保持特性などに優れていた[7,9]。この優れた特性を示す高分子ヒドロゲル電解質をEDLCに適用した。10M KOH水溶液をPAAKに吸収させた電解質（重量比PAAK:KOH:H$_2$O＝7:37:56）と，活性炭素（AC）電極を用いて実験用EDLCセルを組み立て，25℃で電気化学測定を行った。

AC電極のサイクリックボルタモグラムの一例を図1に示す。高分子ヒドロゲル電解質を用い

* 1 Shinji Nohara 大阪府立大学 大学院工学研究科 物質・化学系専攻 応用化学分野
     講師
* 2 Hiroshi Inoue 大阪府立大学 大学院工学研究科 物質・化学系専攻 応用化学分野
     教授
* 3 Chiaki Iwakura 大阪府立大学 名誉教授

第2章 電解液

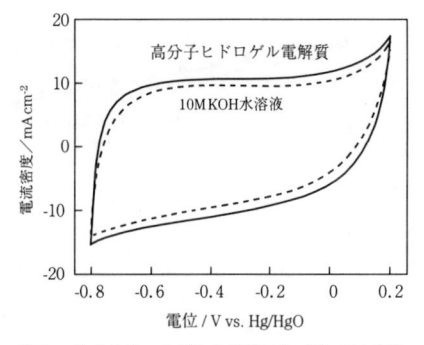

図1 サイクリックボルタモグラム（10mV s^{-1}）[11]

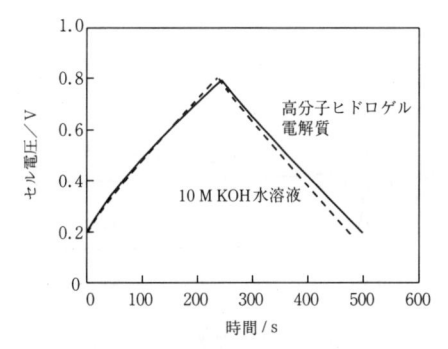

図2 EDLCの充放電曲線（1 mA cm^{-2}）[11]

てもキャパシタに特徴的な長方形型のサイクリックボルタモグラムが得られたことから，良好な電極／電解質界面が形成され，充放電が可逆的に行われていることがわかる。また，高分子ヒドロゲル電解質の方がKOH水溶液を用いた場合よりも高い静電容量を示した。

実験用セルの典型的な充放電曲線（1 mA cm^{-2}）を図2に示す。両電解質ともに直線型の充放電曲線が得られ，この条件ではIRドロップはほとんど観測されなかった。1つのAC電極あたりの静電容量は，高分子ヒドロゲル電解質およびKOH水溶液に対して，それぞれ110F g^{-1}，106 F g^{-1}と算出され，充放電試験でも高分子ヒドロゲル電解質の方が大きな容量を示す結果となった。この原因は，交流インピーダンス法から，擬似容量の発現によるものであることが示唆された[10]。さらに，高分子ヒドロゲル電解質，KOH水溶液を用いた場合，20000サイクル後にそれぞれ初期の82％，72％の放電容量を示し，高分子ヒドロゲル電解質の方がサイクル特性に優れていた。この試験は解放系で行ったために，PAAKの優れた保水力により，電解液のドライアウトが抑制されたことが原因として考えられる。図3に高率放電試験の結果を示す。高分子ヒドロゲル

図3　EDLCの高率放電特性[11]

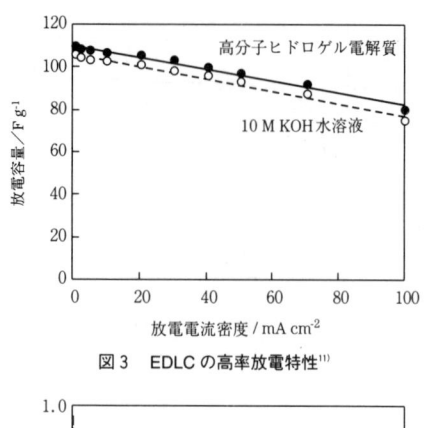

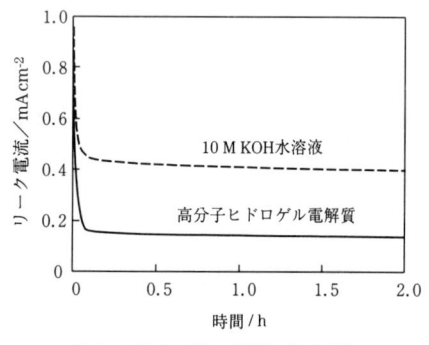

図4　EDLCのリーク電流（0.8V）[12]

電解質は，高い電気伝導率を有するために，KOH水溶液と同等の優れた高率放電特性を有することがわかる。さらに，100mA cm^{-2}のような大きな電流密度でも高分子ヒドロゲル電解質の方が高い静電容量を示した。

EDLCにおいて自己放電を抑制することは重要な課題の一つである。充電状態の電圧（0.8V）で保持した時のリーク電流の測定結果を図4に示す。高分子ヒドロゲル電解質を用いた場合，KOH水溶液に比べてリーク電流が著しく抑制された。また，充電後の開回路状態における電圧降下も高分子ヒドロゲル電解質を用いることにより抑制されることがわかった。活性炭素中に含まれる不純物の金属などが電解質中に溶出，拡散することにより起こる両極間でのシャトル反応が，PAAKによって抑制されることが一因として挙げられる。

2.3　酸性高分子ヒドロゲル電解質

実用的にはEDLCの水系電解質としてH_2SO_4水溶液が用いられているが，H_2SO_4などを含む酸

第2章 電解液

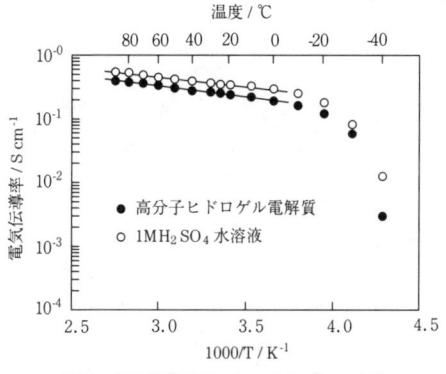

図5 電気伝導率のアレニウスプロット[14]

性の水系ゲル電解質に関する研究例は非常に少ない[5]。著者らは，ポリビニルアルコール（PVA）のグルタルアルデヒド（GA）による酸性下での架橋反応に着目した[13]。PVA を溶解させた 1 M H_2SO_4 水溶液に GA を添加することにより，架橋反応を進行させ，H_2SO_4 水溶液を多量に保持した自立性の酸性高分子ヒドロゲル電解質膜を作製した。高分子ヒドロゲル電解質膜を 1 M H_2SO_4 水溶液を含浸させた 2 枚の AC 電極で挟んで実験用 EDLC セルを組み立てた。

作製した高分子ヒドロゲル電解質の電気伝導率のアレニウスプロットを図5に示す。高分子ヒドロゲル電解質は，H_2SO_4 水溶液と同じオーダーの高い電気伝導率（25℃で0.24 S cm^{-1}）を示し，EDLC に十分適用できると考えられる。また，広い温度範囲において H_2SO_4 水溶液に近い電気伝導率を示した。活性化エネルギーを算出すると，高分子ヒドロゲル電解質，H_2SO_4 水溶液の場合，それぞれ 6.6，5.9 kJ mol^{-1} の値が得られ，高分子ヒドロゲル電解質のイオン伝導機構は H_2SO_4 水溶液のものと類似していることが示唆される。

実験用 EDLC セルの充放電曲線の一例（1 mA cm^{-2}）を図6に示す。酸性高分子ヒドロゲル電解質の場合も H_2SO_4 水溶液を用いた EDLC と類似した直線型の充放電曲線が得られ，キャパシタとして良好に作動していることがわかる。この曲線から，高分子ヒドロゲル電解質と H_2SO_4 水溶液を用いた場合の静電容量はそれぞれ 110 F g^{-1}，115 F g^{-1} と求められ，両者は非常に近い値を示す。このことからもイオン伝導およびイオンの脱吸着の機構が H_2SO_4 水溶液と類似していることが推測される。

自己放電特性について検討を行った結果，図7に示すように開回路状態における電圧降下が抑制されることがわかった。また，高分子ヒドロゲル電解質の使用によりリーク電流も抑制された。アルカリ性の場合と同様に，架橋された高分子を電解質中に含むことにより，シャトル反応を起こすイオン種の拡散が抑制されることが考えられる。

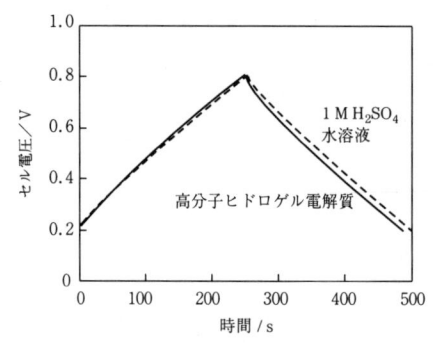

図6 EDLCの充放電曲線（1 mA cm^{-2}）[15]

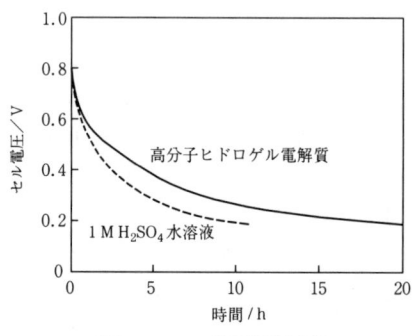

図7 EDLCの電圧保持特性[15]

2.4 おわりに

以上のように，著者らが作製した高分子ヒドロゲル電解質は自己放電を抑制するなどの優れた特性を示し，EDLCに適用可能であることが示唆された。今後，自己放電の抑制や擬似容量の発現などの原因についてさらに詳細に検討し，組成の最適化や新たな高分子材料の設計，探索を行うことによって，さらなる高性能なヒドロゲル電解質を開発していくことが必要と考える。

文　　献

1） Y. Matsuda *et al.*, *J. Electrochem. Soc.*, **140**, L109 (1993)
2） M. Ishikawa *et al.*, *J. Electrochem. Soc.*, **141**, 1730 (1994)

第2章 電解液

3) T. Osaka *et al.*, *J. Electrochem. Soc.*, **146**, 1724 (1999)
4) A. Lewandowski *et al.*, *Electrochim. Acta*, **46**, 2777 (2001)
5) J. M. Ko *et al.*, *Electrochim. Acta*, **50**, 873 (2004)
6) C. C. Yang *et al.*, *J. Power Sources*, **152**, 303 (2005)
7) C. Iwakura *et al.*, *Electrochemistry*, **69**, 659 (2001)
8) C. Iwakura *et al.*, *J. Appl. Electrochem.*, **35**, 293 (2005)
9) C. Iwakura *et al.*, *J. Electrochem. Soc.*, **150**, A1623 (2003)
10) C. Iwakura *et al.*, *Electrochem. Solid-State Lett.*, **6**, A37 (2003)
11) H. Wada *et al.*, *Electrochem. Acta*, **49**, 4871 (2004)
12) S. Nohara *et al.*, *Res. Chem. Intermed.*, in press
13) J. Jegal and K. H. Lee, *J. Appl. Polym. Sci.*, **72**, 1755 (1999)
14) H. Wada *et al.*, *ITE Lett.*, **5**, 548 (2004)
15) H. Wada *et al.*, *J. Power Sources*, in press

第Ⅶ編　次世代 P-EDLC の展望と課題

第1章　金属酸化物を用いる P–EDLC

1　酸化ルテニウム系電極材料のナノ構造制御と電荷蓄積メカニズム

杉本　渉*

　酸化ルテニウム系電極材料は酸性溶液中で単極あたりで700〜1000 F g^{-1}の大きな容量が得られることから，電気化学キャパシタ用電極材料として有望視されている[1, 2]。このような大容量特性は酸化ルテニウムが他の材料と比べて大きな電気二重層容量（電気化学的に活性な単位面積あたりの容量は一般に 80 μF cm^{-2}）を有すること，酸化物表面がレドックス活性である，良好な電子・プロトン混合導電性を有することなどが挙げられる。水和 RuO$_2$ ナノ粒子（RuO$_2$・xH$_2$O）は無水 RuO$_2$ と比較して出力特性はやや悪いものの，数倍大きな質量換算容量を示す[3〜5]。粒子サイズモデル[6]，混合パーコレーションモデル[7]や最適プロトン移動度モデル[8]などによりそのキャパシタ特性が説明されている。また，水和 RuO$_2$ ナノ粒子と炭素材料[5, 9]や導電性高分子[10]との複合化などが行われている。一般に，このような複合材料を用いることで，出力特性の向上や貴金属利用率の向上は達成されるものの，複合材料全体の容量が犠牲になり，いわゆる「トレードオフ」の関係にある。電気化学キャパシタに使用する電極材料として酸化ルテニウムを用いるためには，このようなトレードオフを考慮しながら，混合導電性の確保，電気化学的活性面積の増大，数十万サイクルに耐えうる安定性の実現などを実用的な価格で提供可能にする材料の設計指針の確立が望まれる。

　ここでは，様々な酸化ルテニウムナノ構造体の電荷蓄積メカニズムの違いについて紹介する。すなわち，(1)無水 RuO$_2$ ナノ粒子，(2)RuO$_2$・0.5H$_2$O ナノ粒子，(3)層状 H$_{0.2}$RuO$_{2.1}$・nH$_2$O 微粒子および(4)層状 H$_{0.2}$RuO$_{2.1}$・nH$_2$O から誘導される結晶性ルテニウム酸ナノシートの合計 4 種類[11]の構造や化学組成が異なる試料の電気化学キャパシタ特性を検討し電荷蓄積メカニズムの違いを比較する。

　無水 RuO$_2$ ナノ粒子は錯体重合法により合成した。RuO$_2$・0.5H$_2$O ナノ粒子は市販の水和酸化ルテニウムを200℃で熱処理して調製した。層状 H$_{0.2}$RuO$_{2.1}$・nH$_2$O 微粒子（以下層状 HRO）は固相反応により合成した層状 K$_{0.2}$RuO$_{2.1}$・nH$_2$O を酸処理することで得た。ルテニウム酸ナノシート（以下 HROns）は前述の層状 HRO を出発物質とし，インターカレーション／層はく離反応を経

---

*　Wataru Sugimoto　信州大学　繊維学部　精密素材工学科　助手

て調製した。得られた試料の電気化学特性はサイクリックボルタンメトリーや交流インピーダンス法などにより評価した。電気化学測定は微粒子をグラッシーカーボン切断面に再キャストナフィオンで固定化する微粒子薄膜電極を作用極とする三電極式セルによる半電池試験で行った。対極には白金，参照極にはAg/AgCl，電解液は0.5 M H_2SO_4を用い，25℃にて評価した。無水RuO_2ナノ粒子，$RuO_2 \cdot 0.5H_2O$ナノ粒子，層状HRuO微粒子およびHROns再積層体のサイクリックボルタモグラムを図1に示す。

無水RuO_2のサイクリックボルタモグラム（図1A）は高速走査時では理想分極電極特有の矩形に近い形状となる。走査速度に依存しない$E=1.3$-1.1Vの電流値から電気二重層容量（C_{dl}）を算出すると，$C_{dl} \sim 40$ F (g–RuO_2)$^{-1}$となる。$E<0.4$ Vに走査速度に強く依存する大きなカソード電流が観察される。対応するアノード電流は幅広い電位に分布し，反応速度が遅い，不可逆過

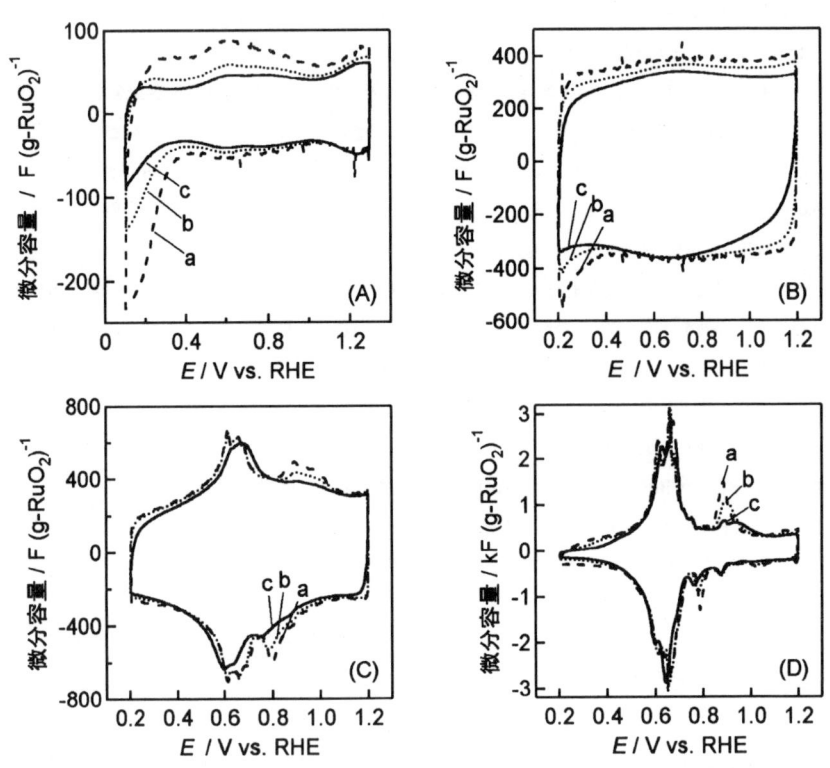

図1 (A)無水RuO_2ナノ粒子，(B)$RuO_2 \cdot 0.5H_2O$ナノ粒子，(C)層状$H_{0.2}RuO_{2.1} \cdot nH_2O$微粒子および(D)層状$H_{0.2}RuO_{2.1} \cdot nH_2O$から誘導されるナノシート再積層体のサイクリックボルタモグラム
電解液は0.5 M H_2SO_4（25℃）。走査速度はそれぞれ$v=$(a) 2，(b) 20，(c) 200 mV s^{-1}。

第1章 金属酸化物を用いる P–EDLC

程による電荷蓄積成分（C_{irr}）の存在を示唆する。この成分は，粒界へのプロトンの挿入／脱離によると考えられる。また$E_{1/2}$～630, 850 mV に走査速度に弱く依存するレドックス対がみられる。これは部分電荷移動をともなう酸化物表面へのアニオン種（$E_{1/2}$～630 mV）およびカチオン種（$E_{1/2}$～850 mV）の吸着に起因する容量成分（C_{ad}）として帰属可能である。すなわち，無水 RuO_2 の電荷蓄積は反応速度が異なる少なくとも3つの成分（C_{dl}, C_{ad}, C_{irr}）からなると言える。これら3つの成分の全容量への寄与率は走査速度により異なる。低速走査時（例えば$v = 2\,mV\,s^{-1}$）でのレドックス容量（$C_{ad}+C_{irr}$）は全容量の60%以上であり，その寄与は大きい。一方，高速走査時（例えば$v=200\,mV\,s^{-1}$）における電荷蓄積の約80%が電気二重層形成によるものである。

$RuO_2 \cdot 0.5H_2O$ のサイクリックボルタモグラムは無水 RuO_2 と異なり，電位走査速度に対する依存性は弱く，矩形を維持する。$RuO_2 \cdot 0.5H_2O$ では$0.2 \leq E < 0.4\,V$ での C_{irr} は無水 RuO_2 と比べて顕著でない。これは $RuO_2 \cdot 0.5H_2O$ のナノ粒子同士のパッキングがルーズであり，その空隙は水和しているために，プロトンの挿入／脱離が起こりうる粒界が相対的に少ないためであるためと解釈できる。また，$E_{1/2}$～630, 850 mV の表面吸着容量の全容量への寄与率も RuO_2 よりも幾分少ない。これらのことから，$RuO_2 \cdot 0.5H_2O$ の電荷蓄積機構は主として静電的な C_{dl} によるものであり，C_{ad} や C_{irr} などのレドックス成分の寄与はわずかであると考えられる。ボルタモグラムより，C_{dl} は約 400 F (g–RuO_2)$^{-1}$ と見積もられ，無水 RuO_2 の実に10倍である。$RuO_2 \cdot 0.5H_2O$ の大きな C_{dl} は，単純に粒子サイズの変化により説明できる。無水 RuO_2 の一次粒子系を $d = 20\,nm$，密度を $\rho = 7.1\,g\,cm^{-3}$ とすれば，比表面積は $S = 42\,m^2\,g^{-1}$ となる。一般によく得られる RuO_2 の実表面積あたりの電気二重層容量を$80\,\mu F\,cm^{-2}$を用いれば，$C_{dl} = 34$ F (g–RuO_2)$^{-1}$ となり，実験結果（$C_{dl} = 40$ F (g–RuO_2)$^{-1}$）と良く一致する。一方，$RuO_2 \cdot 0.5H_2O$ の一次粒子系を 1 nm とすれば，比表面積は $850\,m^2\,g^{-1}$，$C_{dl} = 680$ F (g–RuO_2)$^{-1}$ となる。すなわち，$RuO_2 \cdot 0.5H_2O$ の大きなキャパシタンスは表面レドックスの寄与を考慮せずに，電気二重層容量の形成に伴う電荷蓄積だけで説明がつく。

層状 HRO の擬似二重層容量は $2\,mV\,s^{-1}$ 走査時で390 F (g–RuO_2)$^{-1}$であり，無水 RuO_2 に比べて桁違いに大きい。ボルタモグラムの矩形領域から $C_{dl} = 200$ F (g–RuO_2)$^{-1}$ と算出でき，電気化学活性表面積は無水 RuO_2 よりも約5倍大きい。層状 HRO の粒子サイズが無水 RuO_2 よりも明らかに大きいことから，層状 HRO においては，外部表面以外にも粒子内部の層表面も電荷蓄積に関与していることを示唆する。また，層状 HRO はアニオン及びカチオンの表面吸着容量 C_{ad} による寄与が全容量の約50%であり，無水 RuO_2 や $RuO_2 \cdot 0.5H_2O$ よりも顕著である。層状 HRO は層厚約$0.4\,nm$ からなる結晶性 $\left[RuO_2\right]_\infty^{0.2-}$ 層が電子伝導層として寄与し，層間が（水和）プロトンを運ぶプロトン伝導層として機能する新規な2次元プロトン・電子混合導電体であるといえる。このように，層状 HRO の大容量特性は電荷蓄積における層間の利用ならびに表面レドックス容量の

増加に起因すると言える。
　層状 HRO の $\left[\mathrm{RuO}_{2.1}\right]_\infty^{0.2-}$ 層を化学的にはく離し，得られた HROns を再積層させた電極のサイクリックボルタモグラムの形状は層状 HRO と定性的には類似している。HROns の電気二重層容量は HRO 粒子と変わらず $C_{dl}=200\ \mathrm{F\ (g\text{-}RuO_2)}^{-1}$ であり，層状 HRO と HROns の電気化学活性表面積は同等であるといえる。したがって，化学的なはく離処理により質的な変化はおこらないといえる。しかしながら，$E_{1/2}$～650，840 mV 付近の酸化還元対によって特徴づけられる C_{ad} は層状 HRO よりも顕著にあらわれている。その結果，HROns の質量換算容量は層状 HRO よりも飛躍的に増大し，おおよそ倍増する。これらのことより，HROns においては，はく離／再積層プロセスの過程で HROns がルーズに堆積した多孔性構造を形成するために，イオンの拡散が有利になると考えられる。
　上記試料の出力特性の違いは交流インピーダンス測定により明確にあらわれる。表1に無水 $\mathrm{RuO_2}$，$\mathrm{RuO_2 \cdot 0.5H_2O}$，層状 HRO の交流インピーダンス測定により得られた各種パラメータをまとめた。無水 $\mathrm{RuO_2}$ の $E \leq 0.4\ \mathrm{V}$ でのデータを除いて，10^{-1} Hz 以下の周波数で位相差は～$90°$ となり，理想分極性電極特有のキャパシタ的な挙動を示す。無水 $\mathrm{RuO_2}$ の場合，サイクリックボルタモグラムからわかるように，$E \leq 0.4\ \mathrm{V}$ では C_{irr} が関与するために理想分極特性を示さない。電荷移動抵抗はいずれの材料でも数十 $\mathrm{m\Omega\ cm^2}$ であり，構造に大きく依存しない。しかしながら，キャパシタ応答周波数（$f_{\phi=-45°}$）は大きく依存する。$f_{\phi=-45°}$ が大きい程，キャパシタの充放電が速く，出力特性に優れていることを意味する。キャパシタ応答周波数の違いは低周波領域での Warburg 項 T_w の差としてもあらわれ，無水 $\mathrm{RuO_2}$ ≈ 層状 HRO ≪ $\mathrm{RuO_2 \cdot 0.5H_2O}$ となる。拡散係数が同じであれば T_w が大きい程，有効拡散長が長いこと示唆する。すなわち，$\mathrm{RuO_2 \cdot 0.5H_2O}$，層状 HRO の場合，ミクロ細孔あるいは水和層間への電解液の拡散が影響し，キャパシタ応答周波数が低周波数へシフトすると考えられる。
　上述の結果は，酸化ルテニウムナノ構造体の電気化学キャパシタ特性には電子伝導性の違いよ

表1　交流インピーダンス測定から算出した無水 $\mathrm{RuO_2}$，$\mathrm{RuO_2 \cdot 0.5H_2O}$，層状 $\mathrm{H_{0.2}RuO_{2.1} \cdot nH_2O}$ の各種パラメータ

試料	$R_{ct}/\mathrm{m\Omega\ cm^2}$	$f_{\phi=-45°}/\mathrm{Hz}$	T_w/ms
無水 $\mathrm{RuO_2}$	41	63.1	4
$\mathrm{RuO_2 \cdot 0.5H_2O}$	24	2.0	47
層状 $\mathrm{H_{0.2}RuO_{2.1} \cdot }n\mathrm{H_2O}$	38	4.0	4

R_{ct}：電荷移動抵抗。電極の幾何学面積で規格化
$f_{\phi=-45°}$：位相差 ϕ が $-45°$ になる特性周波数
T_w：ワールブルグ項
$E=1.0\ \mathrm{V\ vs.\ RHE}$，$0.5\ \mathrm{M\ H_2SO_4}$，$25°\mathrm{C}$
電極幾何学面積 $=0.196\ \mathrm{cm^2}$，電極材料量 $=40\ \mu\mathrm{g}$

第1章　金属酸化物を用いる P-EDLC

りもイオン伝導性の効果が圧倒的に大きいことを示唆する。このような変化は図2に示したようなモデルにより説明できる。1次粒子は凝集し2次粒子を形成するが、1次粒子の凝集状態により2次粒子内部（1次粒子間）に水和水がある場合とほとんどない場合が存在する。無水 RuO_2 の場合、熱処理温度が比較的高温であるため、粒子同士はネック成長し、このネックの部分で粒界で電荷蓄積が行われる（C_{irr}）。しかしながら、1次粒子間に空隙は少なく、水和ミクロ細孔はほとんどないため、電気化学的に活性な面積は2次粒子間空隙のメソ細孔に限定される。一方、熱処理温度が比較的低温である $RuO_2・0.5H_2O$ の場合、粒子同士のネック成長はほとんどなく、2次粒子内部（1次粒子間）に水和ミクロ細孔が多く存在する。このような水和ミクロ細孔は電気化学的にアクセス可能であり、電荷蓄積に利用されるが、メソ細孔よりは拡散の影響を受け、充放電は遅い。一方、2次粒子間の空隙は容易にアクセス可能なメソ細孔を形成する。メソ細孔を高速道路、水和ミクロ細孔を一般道として考えれば、無水 RuO_2 ナノ粒子は高速道路が発達し、$RuO_2・0.5H_2O$ は高速道路だけでなく、一般道が発達した構造体としてとらえることがで

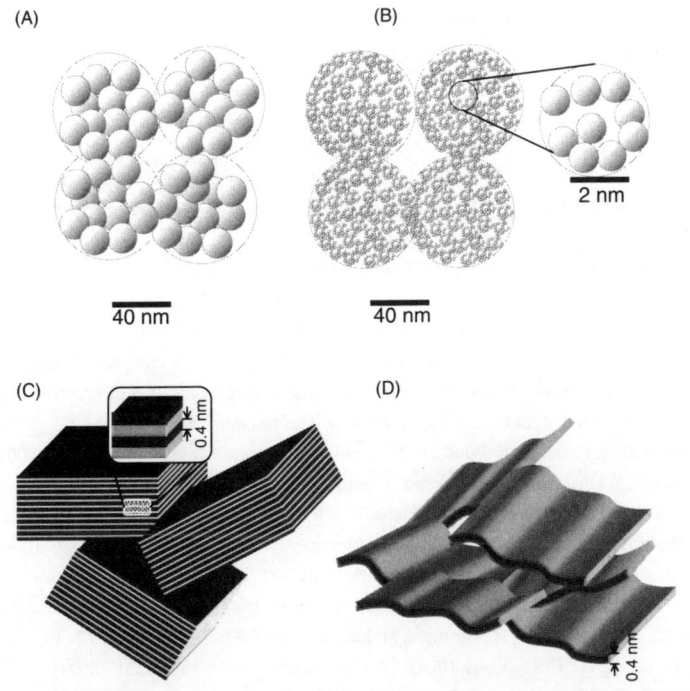

図2　(A)無水 RuO_2 ナノ粒子, (B)$RuO_2・0.5H_2O$ ナノ粒子, (C)層状 $H_{0.2}RuO_{2.1}・nH_2O$ 微粒子および(D)層状 $H_{0.2}RuO_{2.1}・nH_2O$ から誘導されるナノシート再積層体の構造模式図

きる。なお，層状 HRO の場合，一般道は水和層間となる。

文 献

1) 例えば；(a)杉本渉，村上泰，高須芳雄，電極触媒科学の新展開，北海道大学図書刊行会，p.143-159，高須芳雄，荒又明子，堀善夫編著（2001）；(b)杉本渉，高須芳雄，電気化学キャパシタ—基礎・材料・応用—，エヌ・ティー・エス，p.211-242，B. E. Conway 原著，直井勝彦，西野敦，森本剛監訳代表（2001）；(c)高須芳雄，直井勝彦，大容量電気二重層キャパシタの最前線，エヌ・ティー・エス，p.143-161，p.162-198，田村英雄監修，松田好晴，高須芳雄，森田昌行編著（2002）；(d)高須芳雄，大容量キャパシタ技術と材料Ⅱ，シーエムシー出版，p.188-194，p.239-245，西野敦，直井勝彦監修（2003）.
2) 例えば；(a)Y. Takasu, Y. Murakami, *Electrochim. Acta*, 45, 4135 (2000)；(b)杉本渉，高須芳雄，表面，38, 452（2000）；(c)高須芳雄，化学総説，49, 226（2001）；(d)杉本渉，高須芳雄，粉体工学会誌，38, 876（2001）；(e)高須芳雄，化学工業，53, 178-184（2002）；(f)W. Sugimoto, K. Yokoshima, Y. Murakami, Y. Takasu, *Electrochim. Acta*, in press.
3) J. P. Zheng, T. R. Jow, *J. Electrochem. Soc.*, 142, L6 (1995).
4) J. P. Zheng, P. J. Cyang, T. R. Jow, *J. Electrochem. Soc.*, 142, 2699 (1995).
5) J. P. Zheng, *Electrochem. Solid-State Lett.*, 2, 359 (1999).
6) Y. Takasu, C. Matsuo, T. Ohnuma, M. Ueno, Y. Murakami, *Chem. Lett.*, 1235 (1998).
7) W. Dmowski, T. Egami, K. E. Swinder-Lyons, C. T. Love, D. R. Rolison, *J. Phys. Chem. B*, 106, 12677 (2002).
8) R. Fu, Z. Ma, J. P. Zheng, *J. Phys. Chem. B*, 106, 3592 (2002).
9) 例えば；(a)J. M. Miller, B. Dunn, T.D. Tran, R.W. Pekala, *J. Electrochem. Soc.*, 144, L309 (1997)；(b)J. M. Miller, B. Dunn, *Langmuir*, 15, 799 (1999)；(c)C. Lin, J. A. Ritter, B. N. Popov, *J. Electrochem. Soc.*, 146, 3155 (1999)；(d)Y. Sato, K. Yomogida, T. Nanaumi, K. Kobayakawa, Y. Ohsawa, M. Kawai, *Electrochem. Solid-State Lett.* 3, 113 (2000)；(e)J. Zhang, D. Jiang, B. Chen, J. Zhu, L. Jiang, H. Fang, *J. Electrochem. Soc.*, 148, A1362 (2001)；(f)M. Ramani, B. S. Haran, R. E. White, B. N. Popov, *J. Electrochem. Soc.*, 148, A374 (2001)；(g)T. Nanaumi, Y. Ohsawa, K. Kobayakawa, Y. Sato, *Electrochemistry*, 70, 681 (2002).
10) 例えば；(a)R. Ma, B. Wei, C. Xu, J. Liang, D. Wu, *Bull. Chem. Soc. Jpn.*, 73, 1813 (2000)；(b) T. Iwata, T. Hirose, A. Ueda, N. Sawatari, *Electrochemistry*, 69, 177 (2001)；(c)H. Kim, B. N. Popov, *J. Power Sources*, 104, 52 (2002)；(d)C.-C. Hu, C.-C. Wang, *Electrochem. Commun.*, 4, 554 (2002)；(e)J. H. Park, J. M. Ko, O. O. Park, *J. Electrochem. Soc.*, 150, A864 (2003)；(f)K. Machida, K. Furuuchi, M. Min, K. Naoi, *Electrochemistry*, 72, 402 (2004)；(g) C.-C. Hu, W.-C. Chen, K.-H. Chang, *J. Electrochem. Soc.*, 151, A281 (2004)；(h)X. Qin, S. Durbach, G. T. Wu, *Carbon*, 42, 423 (2004).
11) (a)W. Sugimoto, H. Iwata, Y. Yasunaga, Y. Murakami, Y. Takasu, *Angew. Chem. Int. Ed.*, 42,

第1章 金属酸化物を用いる P-EDLC

4092 (2003) ; (b)W. Sugimoto, T. Kizaki, K. Yokoshima, Y. Murakami, Y. Takasu, *Electrochim. Acta*, **49**, 313 (2004) ; (c)W. Sugimoto, H. Iwata, Y. Murakami, Y. Takasu, *J. Electrochem. Soc.*, **151**, A1181 (2004) ; (d)W. Sugimoto, M. Omoto, K. Yokoshima, Y. Murakami, Y. Takasu, *J. Solid State Chem.*, **177**, 4542 (2004) ; (e)W. Sugimoto, H. Iwata, K. Yokoshima, Y. Murakami, Y. Takasu, *J. Phys. Chem. B*, **109**, 7330 (2005) ; (f)W. Sugimoto, K. Yokoshima, K. Ohuchi, Y. Murakami, Y. Takasu, *J. Electrochem. Soc.*, **153**, A255 (2006).

2 酸化マンガンナノシート電極の電気化学キャパシタ特性

坂井伸行[*1], 佐々木高義[*2]

2.1 はじめに

ルテニウム酸化物は大きな静電容量と高い安定性を示すことから次世代の電気化学キャパシタ材料として期待されている[1]。しかし，貴金属であるルテニウムを用いることから高価であり，これに代わる擬似電気化学キャパシタ材料として遷移金属酸化物が探索されている。その中でもマンガン酸化物は低コストであり，環境負荷も小さいため，さまざまな結晶相について研究されている[2]。一方，金属酸化物ナノシートは表面／バルク比が大きく，擬似電気化学キャパシタ材料としても有望であり，実際にルテニウム酸ナノシートについて報告されている[3]。筆者らのグループではさまざまなナノシート材料の合成に取り組んでおり，その一つである酸化マンガンナノシートの電気化学キャパシタ特性について検討している。

2.2 酸化マンガンナノシートの合成

近年，さまざまな層状ホスト化合物が単層剥離され，ナノメートルレベルの極薄二次元結晶子，すなわちナノシートとして取り出せることが報告されている[4]。多くの層状物質ではゲストがホスト層間にインターカレーションすると層間距離の拡大，すなわち膨潤反応が起こる。剥離反応はこの膨潤現象が無限にまで進行した究極の姿とも考えることができる。

酸化マンガンナノシートは最近になって見出された新しいナノシートであり，マンガン酸塩を単層剥離して得られる（図1）[5]。具体的には，水酸化カリウム KOH と酸化マンガン Mn_2O_3 を量論比で混合したものを酸素気流中で800℃，60時間焼成することで層状マンガン酸化物 $K_{0.45}MnO_2$ が得られる。これを1モル濃度の塩酸中に分散させ撹拌すると，ホストのカリウムイオンが溶脱し，$H_{0.13}MnO_2 \cdot 0.7H_2O$ が得られる。これをさらに適当な濃度の水酸化テトラブチルアンモニウム水溶液中に分散させ，激しく振とうすることで剥離相とインターカレート相が得られる。得られた懸濁液を遠心分離することでインターカレート相を沈降させ，ナノシートコロイド溶液が得られる。

このようにして得られる酸化マンガンナノシートは，横方向はサブマイクロメートルから数マイクロメートルの大きさをもっているが，厚みは1nm以下と非常に薄く，分子などと同じオーダーである。一般的に球状であるバルク材料とは異なり，高い異方性を有しており，特異なモルフォロジーに起因する新規な物理化学的な特性を発現することが期待される。実際に，単層剥離

[*1] Nobuyuki Sakai ㈵物質・材料研究機構（現在：東京大学 生産技術研究所 助手）
[*2] Takayoshi Sasaki ㈵物質・材料研究機構 ナノスケール物質センター センター長

第1章 金属酸化物を用いる P-EDLC

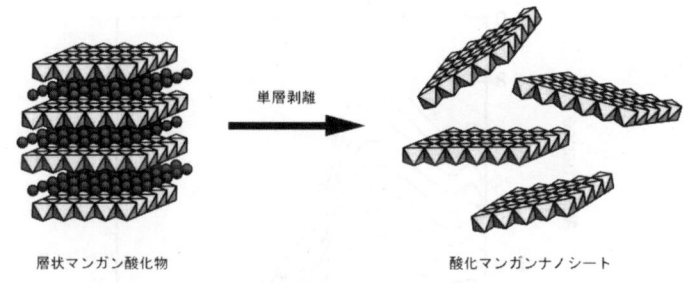

図1 層状マンガン酸化物を単層剥離して得られる酸化マンガンナノシート

によりナノシート化したことでバルクのマンガン酸化物では発現しない，可視光に応答した光電流生成が見出されている[6]。

2.3 酸化マンガンナノシートの導電性基板上への積層

酸化マンガンナノシートはマンガンイオンの価数が3.87であることからそのコロイド溶液において負に帯電している。そのため，正に帯電するポリカチオンを導入することで静電的相互作用に基づく交互吸着法により，さまざまな基板上に交互吸着多層薄膜を任意の層数で構築できる[7]。以下では，透明導電性基板（ITO 基板）を用いて酸化マンガンナノシートを積層してナノシート電極を作製し，その電気化学キャパシタ特性を検討した結果について紹介する。まず，ポリエチレンイミン（PEI）を被覆して正に帯電させた ITO 基板を酸化マンガンナノシートゾル溶液（pH=9）に20分間浸すことでナノシートを ITO 基板上にモノレイヤーで被覆できる。さらに基板をポリジアリルジメチルアンモニウム（PDDA）クロライド水溶液とナノシートゾル溶液に交互に浸漬させることで，任意の層数の酸化マンガンナノシート／ポリマー交互吸着多層薄膜が得られる。石英基板に酸化マンガンナノシートを積層したときの紫外・可視吸収スペクトルを図2に示す。380nm をピークとする吸収は酸化マンガンナノシートに由来し，各操作において一定量のナノシートが基板に吸着していることが，吸光度の線形増大から示唆される。ITO 基板でも石英基板とほぼ同様に積層できる。作製した酸化マンガンナノシート多層薄膜電極は，図3(a)に示すように $2\theta=9.6°$ に X 線（$\lambda=0.15405$nm）回折ピークを与え，ナノシートと PDDA が0.92nm 間隔で繰り返したナノ積層構造を構築している。

2.4 酸化マンガンナノシートの電気化学キャパシタ特性

上述のように作製した酸化マンガンナノシート／ITO 電極を作用電極とした三極系電気化学セ

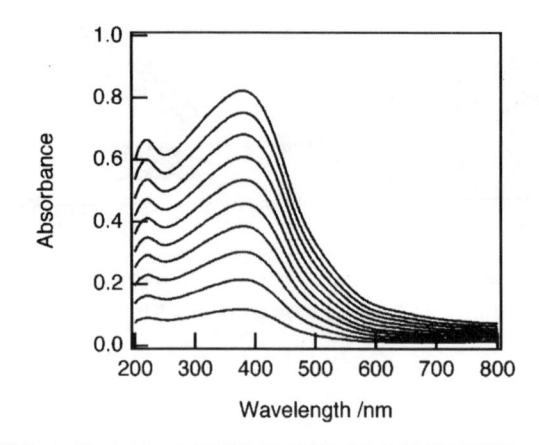

図2 酸化マンガンナノシートを石英基板に積層したときの紫外可視吸収スペクトル

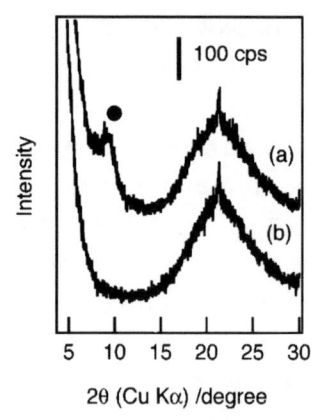

図3 酸化マンガンナノシート／PDDA多層ナノ薄膜のX線回折データ
(a)積層直後，(b)サイクリックボルタモグラム後

ルを用いて，ナノシートの電気化学キャパシタ特性が検討されている。電解液には支持電解質として0.1Mの過塩素酸リチウムを溶解させたプロピレンカーボネート，参照極として有機溶媒用の銀（Ag／Ag$^+$）電極，対極には白金線に白金メッキを施して表面積を大きくした白金黒電極がそれぞれ用いられている。

モノレイヤーの酸化マンガンナノシート／ITO電極のサイクリックボルタモグラムを上述した非水溶媒系の電解液中で測定すると，図4に見られるように還元ピーク電流と酸化ピーク電流が

観察される。これらは，酸化マンガンナノシートを構成するマンガンイオンが4価から3価に還元されると同時に溶液中のリチウムイオンがナノシート間に挿入される反応と，これらの逆反応である，マンガンイオンの3価から4価への酸化とリチウムイオンの脱離により観察されるもので，次式のように表現される。

$$Mn^{IV}O_2 + x(Li^+ + e^-) \rightleftarrows Li_x Mn^{III}_x Mn^{IV}_{1-x} O_2$$

このような酸化還元は可逆的に起こり，それらのピーク電流はそれぞれ電位掃引速度に比例している。この電位掃引範囲ではナノシートを静電的に保持している PEI や PDDA などのポリカチオンは電気化学的に反応せず，サイクリックボルタモグラムに影響を与えないことがポリカチオンだけを吸着させた ITO 電極を用いた実験で確かめられている。また，ナノシートを積層した酸化マンガンナノシート多層電極においても同様なレドックスピークが観察され，酸化還元ピーク電流は層数の増加に対して線形的に増大する。これはナノシートを積層した多層膜において層間環境が電気化学的に等価であることを反映している。

酸化マンガンナノシートは一辺が0.285nm の正三角形2個の中にマンガンイオンが1個あることから，1 cm^{2}あたり約1.42×10^{15}個の Mn イオンが存在する。理想的なモノレイヤー酸化マンガンナノシートは，MnO$_2$の化学式量86.9g mol^{-1}から単位面積あたりの質量2.05×10^{-7} g cm^{-2}が算出される。したがって，電位掃引速度20mV s^{-1}でのサイクリックボルタモグラムから見積もられるモノレイヤー酸化マンガンナノシートの静電容量200 μF cm^{-2}は比静電容量980F g^{-1}に相当する。この値は他のマンガン酸化物系材料の比静電容量よりも高い値である。多層のナノシート

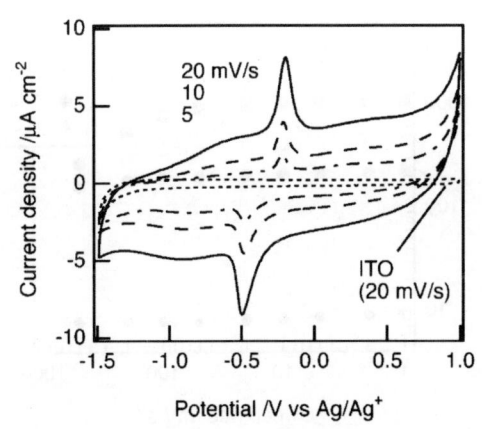

図4 モノレイヤー酸化マンガンナノシート電極のサイクリックボルタモグラム

電極では，比較的遅い掃引速度（＜50mV s^{-1}）では，図5に示すようにナノシートの層数の増加に伴って静電容量が線形的に増大し，ナノシートを積層しても高い比静電容量が維持されている。一方，掃引速度が大きな領域では，モノレイヤーのナノシート電極では掃引速度によらず高い静電容量が維持されるが，多層のナノシート電極では電極内部でのリチウムイオンの拡散の影響が顕著になってくるため比静電容量が減少する。

酸化マンガンナノシート電極の電気化学キャパシタとしてのサイクル特性について電位掃引速度20mV s^{-1}で検討した結果を図6に示す。モノレイヤーのナノシート電極では1万サイクル以上の安定性が示されている。一方，多層ナノシート電極では，はじめの数十サイクルで静電容量の増加が見られ，それぞれ一定の静電容量を示した後，5000サイクル以上では徐々に静電容量が減少する。サイクル初期ではコンパクトに積層されたナノシート多層膜の内部にリチウムイオンが進入することができず，電気化学的にアクティブなナノシートが電解液との界面近傍に限られる。リチウムイオンのインターカレーション・デインターカレーションを繰り返すことで徐々に電極内部まで拡散できるようになり，その結果，静電容量が増加すると考えられる。このプロセスにおいて，規則的に積層されていたナノシートはその間隔が規則性を失い，図3(b)に示されるようにブラッグ回折ピークが消失する。一方，5000サイクル以上での静電容量の減少の原因は明らかでない。モノレイヤーのナノシート電極では静電容量の減少は見られないことから，ナノシート同士の再積層により電気化学的にアクティブな電極表面が減少することが一因となっていると考えられる。

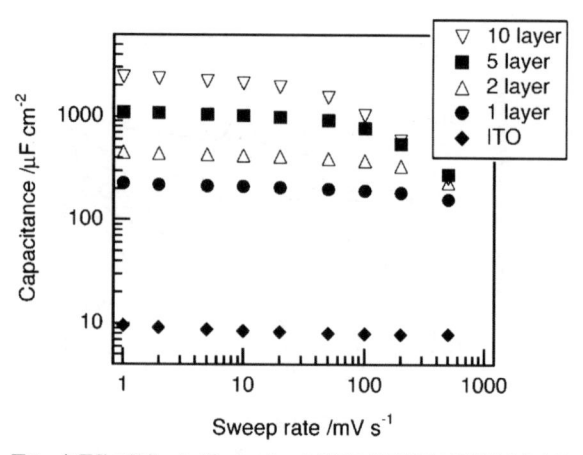

図5　各層数の酸化マンガンナノシート電極の静電容量の掃引速度依存性

第1章　金属酸化物を用いる P–EDLC

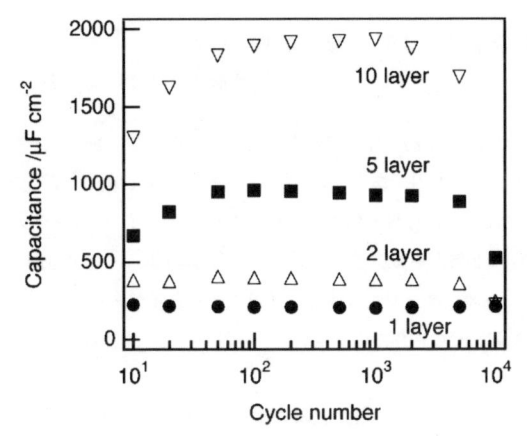

図6　酸化マンガンナノシート電極のサイクル特性

2.5　おわりに

　本節では，酸化マンガンナノシートとその電気化学キャパシタ特性について紹介した。ナノシートはそのすべての構成元素が表面を形成しており，高い表面／バルク比を有し，通常のバルク材料とは異なる物性を示すことが期待される。サイクリックボルタモグラムから求められた比静電容量は980F g^{-1}と高い値を示し，ナノシートの層数が増加しても高い比静電容量が維持された。このように酸化マンガンナノシートは電気化学キャパシタとして高いポテンシャルを有しており，電極のスケールアップとサイクル特性の向上により実用的な材料になりうる可能性を秘めている。

文　　献

1) J. P. Zheng, T. R. Jow, *J. Electrochem. Soc.*, **142**, L6 (1995).
2) 例えば，M. Toupin, T. Brousse, D. Belanger, *Chem. Mater.*, **16**, 3184 (2004).
3) W. Sugimoto, H. Iwata, Y. Yasunaga, Y. Murakami, Y. Takasu, *Angew. Chem. Int. Ed.*, **42**, 4092 (2003).
4) 佐々木高義ほか，無機ナノシートの科学と応用，シーエムシー出版，p.135 (2005).
5) Y. Omomo, T. Sasaki, L. Z. Wang, M. Watanabe, *J. Am. Chem. Soc.*, **125**, 3568 (2003).
6) N. Sakai, Y. Ebina, K. Takada, T. Sasaki, *J. Phys. Chem. B*, **109**, 9651 (2005).
7) L. Z. Wang, Y. Omomo, N. Sakai, K. Fukuda, I. Nakai, Y. Ebina, K. Takada, M. Watanabe, T. Sasaki, *Chem. Mater.*, **15**, 2873 (2003).

3 電気泳動電着法により作製したRuO₂電極

直井勝彦[*1], 張 鐘賢[*2], 五十嵐吉幸[*3]

3.1 はじめに

酸化ルテニウム（RuO_2）は高い理論容量密度をもつことから，キャパシタのエネルギー密度を向上させるための有望な材料である。電極の充放電に相当するRuO_2の酸化還元（レドックス）は表面反応が支配的であり，材料を効率的に利用するためには，RuO_2をナノスケールまで微粒子化または薄膜化する必要がある。電極化においては，エネルギー密度を向上させるためにそれらの活物質は数十μmオーダーで集電体上に堆積させる必要があり，良好なイオンおよび電導パスを確保するために，その電極内のポロシティー（多孔度）や結着性といった三次元構造の制御も必要である。

P-EDLC用の金属酸化物は，これまでに次のような手法で検討されてきた[1]。①ディップコーティング法[2~8], ②スプレー噴霧法[9,10], ③電解電着法[11~15], ④ゾル・ゲル法[16~21], ⑤希土多孔化法[22~24], ⑥錯体重合法[25~28], ⑦層状化[29], ⑧熱処理法[30,31], ⑨炭素材料との複合化[32~43], ⑩導電性高分子との複合化[44]。これらの手法では，単位重量当りに大きなキャパシタンスが得られているものもあるが，いずれも電極上の堆積量を一定以上任意に増やせないという問題がある。また，現在実用化されているコーターによる塗布法や，圧延シートによる圧着法では，ナノレベルの微粒子の三次元構造を制御し集電体上に集積させることは困難である。

そこで筆者らは，RuO_2ナノ粒子を電極化する手法として電気泳動電着（Electrophoretic deposition：以下，EPD）法に着目した。EPD法はそのパラメータを変化させることによって電極の三次元構造をコントロールしながら，微粒子を無駄なく効率的に基板電極上に堆積させることができる。本節ではEPD法についての概説と，それによって作製されたRuO_2電極のキャパシタ特性について述べる。

3.2 EPD法についての概説

EPD法は，電荷をもった粒子を含んだコロイド溶液に，電場をかけ帯電した粒子を泳動させ，基板電極上に電着させる方法である（図1）。EPD法はRuO_2ナノ粒子の電極作製法として，次のような利点を有している。①電着時間や印加電圧のパラメータを制御することで，膜厚やポロシティーなどを制御できる。②活物質がコロイド溶液中で高分散しているために、バインダーや

[*1] Katsuhiko Naoi　東京農工大学大学院　共生科学技術研究院　教授
[*2] Jong H. Jang　東京農工大学大学院　共生科学技術研究院　PD.
[*3] Yoshiyuki Igarashi　東京農工大学大学院　共生科学技術研究院　助手

第1章 金属酸化物を用いる P-EDLC

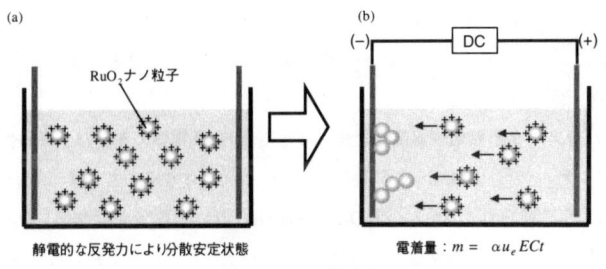

図1 EPDの概念図
(a) コロイド溶液
(b) 電場をかけた時の状態

導電助剤の量を少量に抑えることができる。通常の電気化学セルでは，イオン伝導を確保するために支持電解質を溶媒に溶解させた電解液が用いられるが，EPD法におけるセルは逆にイオン伝導性を排除し，ファラディックな電極反応が起こらないようにする。ゾル・ゲル法などでRuO_2を合成した後には，残留している塩を洗浄しなければならない。また，基板電極においても表面吸着反応などが考えられる触媒性の白金（Pt）などの電極はEPDには不向きで，チタン（Ti）やタンタル（Ta）などでブロッキング電極を構築する。

コロイド溶液の分散安定性を論じる理論にDLVO（Derjaguin–Landau–Verwey–Overbeek）理論があり，それによるとコロイドの分散と凝集はその表面電位（斥力）と分子間力（引力）で決まる。表面電位はゼータ（ζ）電位として実験的に評価され，一般に±20mV以上が高分散の指標とされる。基板電極上まで泳動してきたコロイド粒子が凝集し，沈着するメカニズムについては諸説ある[45~47]。ここでは，基板電極上でコロイド粒子の濃度が高くなり分子間力が強まることと，電極上でコロイド粒子のもつ表面電荷がキャンセルされる可能性があることを挙げるにとどめておく。EPDにおける電着量m[g cm^{-2}]は次式で表現される。

$$m = \alpha u_e EC(t)t \tag{1}$$

ここでαは電着効率（0～1）[-]，u_eは粒子移動度[cm^2 V^{-1} s^{-1}]，Eは電場の強さ（電位勾配）[V cm^{-1}]，$C(t)$は時間tにおけるスラリー濃度[g cm^{-3}]，t[s]は電着通電時間である。

3.3 EPD法によって作製したRuO_2電極のキャパシタ特性

EPD法の特徴の一つとして、バインダーフリーの電極を作製することができるということがある。ただし、バインダーを用いない電極は結着性が劣るために，充放電時に体積変化が大きい場合は不向きである。ナノレベルの粒子サイズで，表面で電解質イオンの吸脱着による充放電がおこなわれ，体積変化が少ないと考えられるRuO_2には，その適用は効果的であると考えられる。

著者らは，ゾル・ゲル法によって作製した水和酸化ルテニウム（$RuO_2 \cdot xH_2O$）コロイド粒子を用い，EPD 法によってそれをマイクロメータの厚膜に電極化することに成功した。次にそれらの結果について紹介する。

3.3.1 EPD パラメータと熱処理温度を変化させた時の RuO_2 電極のキャパシタ特性[48]

RuO_2 は塩化ルテニウム（$RuCl_3$）を水相中で NaOH と反応させることによって合成した。図2(a)の TEM 像から，得られた $RuO_2 \cdot xH_2O$ は，約10 nm の一次粒子が凝集し100〜200 nm の二次粒子を形成していることがわかった。$RuO_2 \cdot xH_2O$ 粒子は水を加えて超音波照射しろ過をするという洗浄工程を繰り返し，未反応の塩を取り除いた。次に $RuO_2 \cdot xH_2O$ 粒子（50 mg）をエタノール（10 mL）に超音波照射し分散させ，EPD のコロイド溶液とした。このときの粒子のゼータ電位は+49.75 mV であった。正電荷を帯びていることから，EPD ではカソード側に電着するということがわかった。また，電着基板であるチタン板は，塩酸およびアセトンで洗浄し，不純物を取り除き，ブロッキングな電極を構築した。

図3に，EPD の電圧印加時間に対する $RuO_2 \cdot xH_2O$ の堆積量を示す。印加電圧はそれぞれ 50 V cm^{-1}，100 V cm^{-1}，200 V cm^{-1} と変化させた。1分間での堆積量は印可電圧50 V cm^{-1} の時 0.26 mg cm^{-2} であった。さらに印加電圧を100 V cm^{-1}，200 V cm^{-1} と上げると堆積量はそれぞれ 0.66 mg cm^{-2}，0.95 mg cm^{-2} に増加した。EPD の電着量は式（1）$m = \alpha u_e EC(t) t$ で表され，EPD をおこなっている間に，コロイド粒子の濃度 $C(t)$ が減少する。よって時間に対して電着量に線形性が見られるのは初期の段階のみで，膜の成長が進むと電着の速度は減少する。EPD のセルのコロイド溶液中には約3.5 mg の $RuO_2 \cdot xH_2O$ が含まれており，200 V cm^{-1}，6分間の EPD によりそのほとんどが基板電極上に堆積している。ここで，大きな堆積量では電極の結着性が乏しく，EPD 後に基板上から活物質が剥離するようになることから，キャパシタ特性の評価は 1.1 mg cm^{-2} 以下のものについてのみおこなった。この結着性の問題については，後述するバインダーの添加によって改善された。

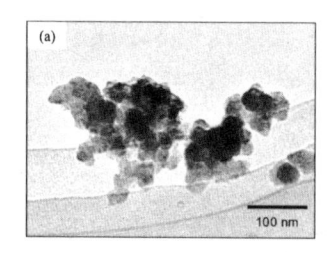

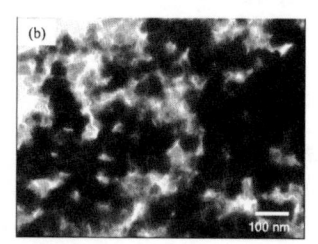

図2　TEM 像
(a) ゾル・ゲル法で合成した水和酸化ルテニウムナノ粒子
(b) EPD と熱処理（250℃）で形成されたネットワーク

第1章 金属酸化物を用いる P-EDLC

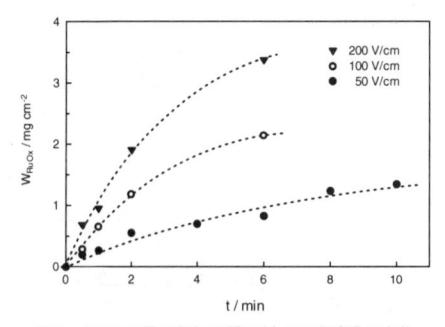

図3　EPD の電圧印加時間に対する堆積量の変化

得られた $RuO_2 \cdot xH_2O$ 電極は150℃，250℃および300℃の各温度でそれぞれ1時間熱処理した。RuO_2 は熱処理によって結晶性や水和水が変化し，キャパシタ特性も変化することが知られている。図2(b)の TEM 像から，EPD の後に250℃の熱処理をした RuO_2 は一次粒子がネットワーク構造をとっていることがわかった。このことから，RuO_2 は EPD のコロイド溶液中で一次粒子に分散しており，分散状態を保ったまま基板上に堆積することがわかった。図4に熱処理後の $RuO_2 \cdot xH_2O$ 電極の SEM 像を示す。電極を斜め上方から観察した図4(a)から，RuO_2 がマイクロメーターオーダーで堆積していること，堆積物の一部にクラックが生じていることがわかった。クラックは，熱処理時に $RuO_2 \cdot xH_2O$ の水和水が脱離し，体積が収縮したことによって生じたものと考えられた。また，電極の表面をより高倍率で観察した図4(b)から，ポーラスな表面形状が確認でき，適度なイオンパスが形成されていることが考えられた。

図5に，サイクリックボルタンメトリー(CV)による電気化学特性の測定結果を示す。図5(a)のサイクリックボルタモグラムから，走査速度10 mV s^{-1} においては150℃で熱処理をした電極がもっとも高いキャパシタンスを発現することがわかった。図5(b)のキャパシタンスの走査速度

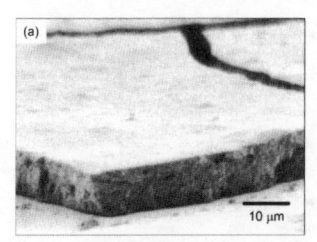

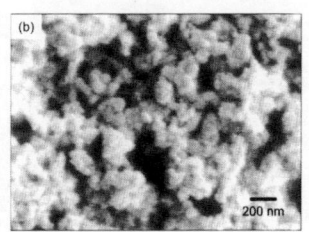

図4　EPD 法によって作製された RuO_2 電極の SEM 像
　　(a) 斜め上からの観察　　(b) 表面のポーラス形状

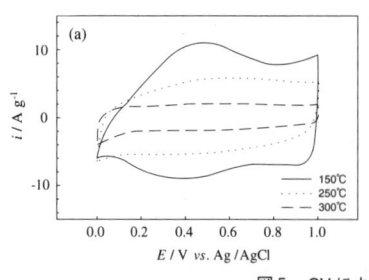

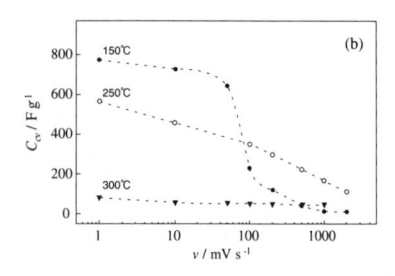

図5 CVによる電気化学測定結果
(a) 各熱処理温度におけるサイクリックボルタモグラム（走査速度10 mV s^{-1}）
(b) キャパシタンスの走査速度依存性

依存性から，150℃で熱処理した電極は100 mV s^{-1}からキャパシタンスが大きく低下し，高い走査速度の範囲（100 mV s^{-1}以上）においては250℃で熱処理した電極の方が高いキャパシタンスを示した。

図6に，RuO$_2$電極の充放電サイクルに対するキャパシタンスの変化を示す。熱処理を加えなかった電極では，数サイクル後にほとんどキャパシタンスを発現しなくなった。一方，熱処理を加えた電極ではサイクル特性が飛躍的に向上し，特に250℃の熱処理を加えた電極においては200サイクル後においても安定なキャパシタンスを発現した。これは熱処理によって，水和水や結晶性などの物性が変化するとともに堆積物の結着性が向上したことによるものと考えられた。

図7に，CVおよび交流インピーダンス法（Electrochemical Impedance Spectroscopy：以下，EIS）から算出した電極のパワー密度 P$_{sp}$[W kg^{-1}]に対してエネルギー密度 E$_{sp}$[Wh kg^{-1}]をプロットした（ラゴンプロット）。CVとEISからそれぞれ求められた値はほぼ一致し，このことから，EISによってキャパシタ電極のパワーおよびエネルギー密度が概算できることがわかった。ま

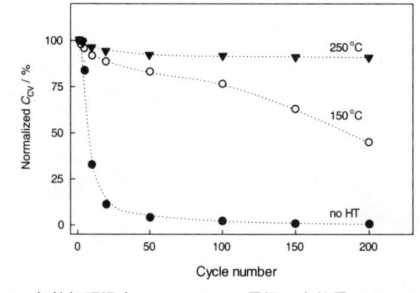

図6 各熱処理温度におけるRuO$_2$電極の充放電サイクル特性

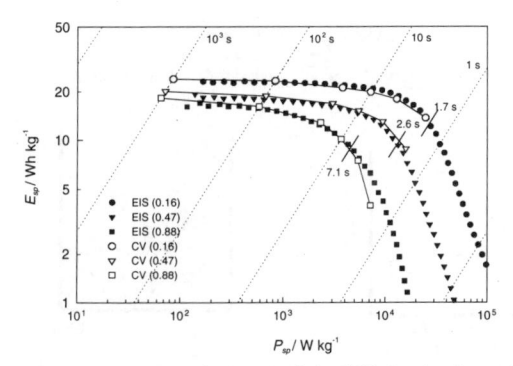

図7 得られたパワーおよびエネルギー密度の関係（ラゴンプロット）
括弧内の数字は，堆積量 [mg cm^{-2}] を示す

た，堆積量が多いほど，パワーおよびエネルギー密度は低くなった。これは堆積量が増えると，電極は厚膜になり電極内の空間層も減少するため電極内のイオン伝導性が低下すること，および粒子間の接続が十分でないために集電体から遠い部分での電子伝導性が低くなったためであると考えられた。

3.3.2 PTFEバインダーを添加したRuO$_2$電極のキャパシタ特性[49]

次に筆者らはEPDのコロイド溶液中にPTFEバインダーを添加することによって，RuO$_2$電極の結着性を向上させ，さらなる厚膜化を試みた。RuO$_2$コロイド溶液中にPTFEを添加した時の粒子の状態を図8に示す。はじめPTFEは水中において界面活性剤によってミセルを形成することによって分散状態にある。これをエタノールが溶媒としてあるコロイド溶液に添加すると，ミセルが破壊され，PTFEとRuO$_2$粒子の間で凝集がおこる。つづいてEPDをおこなうとPTFEの高分子鎖がRuO$_2$の粒子間を接着し，結着性の高い電極が構築できることが期待できる（図9）。図10にPTFEのみの凝集体(a)とRuO$_2$・xH$_2$OとPTFEとの複合体(b)のTEM像を示す。図10(b)から，RuO$_2$とPTFEバインダーは分離することなく，高分散で複合化していることが確認できた。

次にエタノールと水の混合比を検討した。図11にエタノールと水の混合溶媒中におけるRuO$_2$のゼータ電位の測定結果を示す。水の混合量が多いほど，RuO$_2$のゼータ電位が低下し，誘電率が上昇する。このことから，水の混合量によってEPDによる電着膜の特性が変化することが考えられる。また，水の混合量は図8においてPTFEのミセルが壊れていく速度とも関係する。水の混合量を10%または20%とし検討した結果を図12に示す。図12(a)の充放電サイクル特性の結果から，水の混合量が10%のものの方が初期においてもキャパシタンスが高く，200サイクル

大容量キャパシタ技術と材料Ⅲ

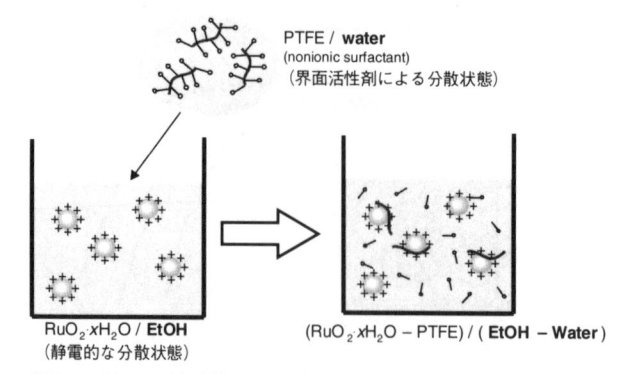

図8　RuO₂コロイド溶液にPTFEを添加した場合のそれぞれの粒子の状態

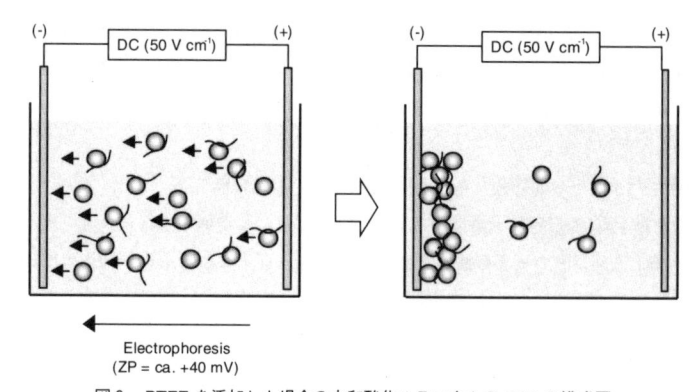

図9　PTFEを添加した場合の水和酸化ルテニウムのEPDの模式図

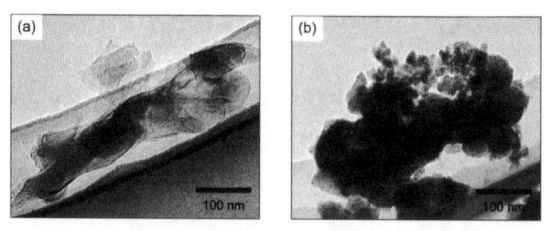

図10　TEM像
(a) PTFEのみの凝集体
(b) 水和酸化ルテニウム／PTFEの複合体

第1章　金属酸化物を用いるP-EDLC

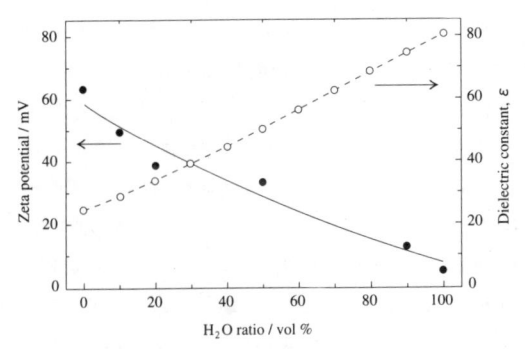

図11　エタノールと水の混合溶媒中における水和酸化ルテニウムのゼータ電位（●）および分散溶媒の誘電率（○）

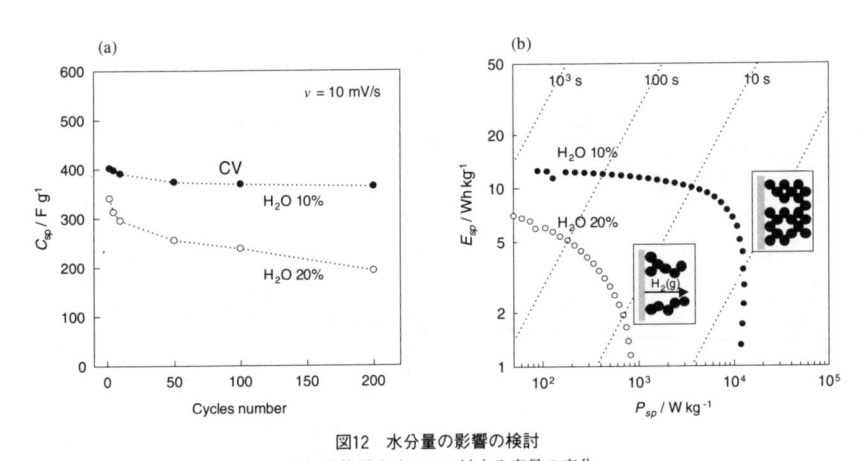

図12　水分量の影響の検討
(a) 充放電サイクルに対する容量の変化
(b) 200サイクル後にEISから求めたラゴンプロット

後もキャパシタンスを維持した。図12(b)の200サイクル後にEISから求めたラゴンプロットからも，水の混合量が10％の方が活物質が密になっていることが示唆された。水の混合量が20％の系においては，EPDの際に電極上で水素発生が多く認められ，そのため電極中の空間層が広がったと考えられる。このことから，PTFEを添加する際のコロイド溶液の水の混合量は10％とした。

図13に，PTFEを添加したRuO$_2$電極の充放電サイクル特性を示す。PTFEの添加量は，RuO$_2$・xH$_2$Oに対する重量比である。PTFEを添加するとサイクルに対するキャパシタンス保持率が向上し，さらに熱処理を加えることによって，200サイクル後においても安定なキャパシタンスを

249

発現した。図14に，PTFEを添加した電極のラゴンプロットを示す。PTFEを10％添加した系（○）は，2％添加の系に比べて，高レート放電時に得られるエネルギーが急峻に低下した。これは，電気化学的に不活性なPTFEバインダーが，電極の充放電反応を阻害しているためであると考えられる。PTFEを2％添加した系において，熱処理によるパワーおよびエネルギー密度の向上を検討した（図15）。図15から，熱処理の温度および時間を向上させるほど，パワーおよびエネルギー密度は向上し，また200サイクル後のキャパシタンスの低下も低く抑えられた。

PTFEの添加量を2％として，200℃で10時間熱処理した電極の堆積量と初期キャパシタンスの関係を調査した（図16）。PTFEを添加した系（●）は未添加の系（○）に比べて，大きな堆積量であっても，高いキャパシタンスを発現した。1.7 mg cm^{-2}の堆積量において，初期のキャパシタンスは350 F g^{-1}であった。このことから，PTFEバインダーによって，電極の結着性が向上し，活物質合剤中の電子伝導性が向上したことが考えられた。

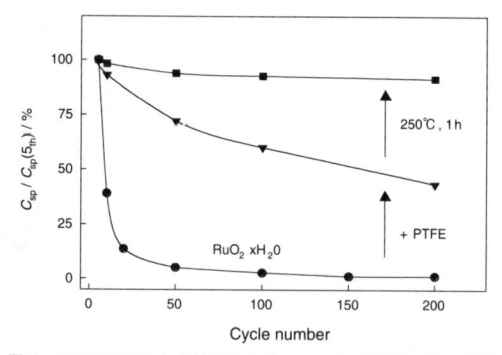

図13　PTFEを加えた水和酸化ルテニウムの充放電サイクル特性

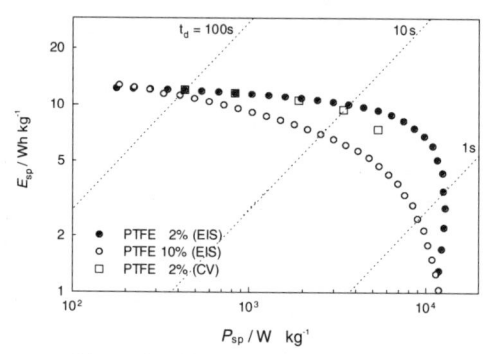

図14　PTFEを加えた水和酸化ルテニウムのパワーおよびエネルギー密度

第1章　金属酸化物を用いる P-EDLC

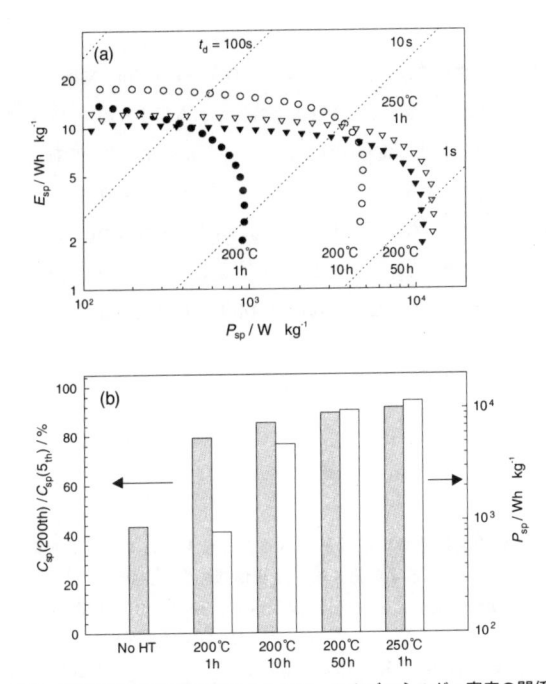

図15　熱処理温度に対する得られたパワーおよびエネルギー密度の関係

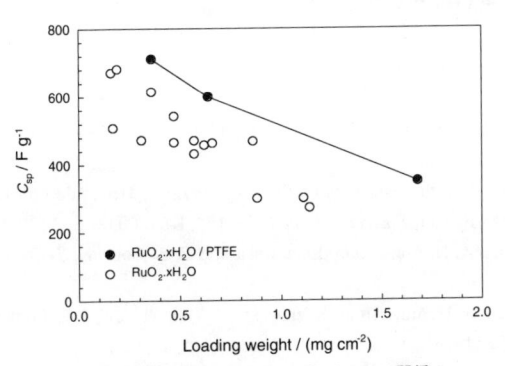

図16　堆積量と得られたキャパシタンスの関係

3.4 おわりに

本節では EPD 法についての概説と,それによって作製された RuO_2 電極のキャパシタ特性について述べた。さらに厚膜でエネルギーおよび出力特性を引き出すために,結着性の向上は不可欠である。そのために EPD 法による電極の構築により適したバインダーの検討は今後も必要である。また印加電圧に変化をつけるなど,種々のパラメータをコントロールすることによって電極の三次元構造をより強固で高い電子・イオンの伝導パスをもったものにできる可能性もある。また,さらに導電性を向上させるためにカーボンと複合化した RuO_2 電極の EPD を検討すること,量産化のためにはより安価なアルミなどの基板の適用も不可欠である。

文　献

1) 高須芳雄,「【自動車用】電気二重層キャパシタとリチウムイオン二次電池の高エネルギー密度化・高出力化技術」, 第 4 章第 3 節, 技術情報協会 (2005).
2) S. Trasatti and G. Buzzanca, *J. Electroanal. Chem.*, **29**, Appl. 1 (1971).
3) Y. Takasu and Y. Murakami, *Electrochim. Acta*, **45**, 4135 (2000).
4) M. Ito, Y. Murakami, H. Kaji, K. Yahikozawa and Y. Takasu, *J. Electrochem. Soc.*, **143**, 32 (1996).
5) Y. Murakami, M. Ito, H. Kaji and Y. Takasu, *Appl. Surf. Sci.*, **121/122**, 314 (1997).
6) T. Arikawa, Y. Takasu, Y. Murakami, K. Asakura and Y. Iwasawa, *J. Phys. Chem. B*, **102**, 3736 (1998).
7) Y. Takasu, T. Nakamura, H. Ohkawauchi and Y. Murakami, *J. Electrochem. Soc.*, **144**, 2601 (1997).
8) Q. L. Fang, D. A. Evans, S. L. Roberson and J. P. Zheng, *J. Electrochem. Soc.*, **148**(8), A833 (2001).
9) I-H. Kim and K-B. Kim, *Electrochem. Solid-State Lett.*, **4**(5), A62 (2001).
10) I-H. Kim and K-B. Kim, *J. Electrochem. Soc.*, **151**, E7 (2004).
11) S. Hadzi-Jordanov, H. Angerstein-Kozlowska and B. E. Conway, *J. Electroanal. Chem.*, **60**, 359 (1975).
12) S. Hadzi-Jordanov, H. Angerstein-Kozlowska, M. Vulkovic and B. E. Conway, *J. Electrochem. Soc.*, **125**, 1471 (1978).
13) T. Liu, W. G. Pell and B. E. Conway, *Electrochim. Acta*, **42**, 3541 (1997).
14) C-C. Hu and Y-H. Huang, *J. Electrochem. Soc.*, **146**(7), 2465 (1999).
15) C-C. Hu and Y-H. Huang, *Electrochim. Acta*, **46**, 3431 (2001).
16) J. P. Zheng, P. J. Cygan and T. R. Jow, *J. Electrochem. Soc.*, **142**, 2699 (1995).
17) K. Kameyama, K. Shoji, S. Onoue, K. Nishimura, K. Yahikozawa and Y. Takasu, *J. Electro-*

chem. Soc., **140**, 966 (1993).
18) Y. Murakami, K. Naoi, K. Yahikozawa and Y. Takasu, *J. Electrochem. Soc.*, **141**, 2511 (1994).
19) M. Ito, Y. Murakami, H. Kaji, H. Ohkawauchi, K. Yahikozawa and Y. Takasu, *J. Electrochem. Soc.*, **141**, 1243 (1994).
20) Y. Murakami, S. Tsuchiya, K. Yahikozawa and Y. Takasu, *Electrochim. Acta*, **39**, 651 (1994).
21) Y. Murakami, H. Ohkawauchi, M. Ito, K. Yahikozawa and Y. Takasu, *Electrochim. Acta*, **39**, 2551 (1994).
22) Y. Murakami, T. Kondo, Y. Shimoda, H. Kaji, K. Yahikozawa and Y. Takasu, *J. Alloys and Compounds*, **239**, 111 (1996).
23) Y. Murakami, T. Kondo, Y. Shimoda, H. Kaji, X. -G. Zhang and Y. Takasu, *J. Alloys and Compounds*, **259**, 196 (1997).
24) Y. Murakami, T. Kondo, Y. Shimoda, H. Kaji, X. -G. Zhang and Y. Takasu, *J. Alloys and Compounds*, **261**, 176 (1997).
25) M. Kakihara *et al.*, *J. Appl. Phys.*, **71**, 3904 (1992).
26) M. Kakihara *et al.*, *J. Sol-Gel. Tech.*, **6**, 7 (1996).
27) M. Kakihara *et al.*, *J. Am. Ceram. Soc.*, **79**, 1673 (1996).
28) W. Sugimoto, T. Shibutani, Y. Murakami and Y. Takasu, *Electrochem. Solid-State Lett.*, **5**, A170 (2002).
29) W. Sugimoto, H. Iwata, Y. Yasunaga, Y. Murakami and Y. Takasu, *Angew. Chem. Int. Ed.*, **42**, 4092 (2003).
30) J. P. Zheng *et al.*, The 201st Meeting of The Electrochemical Society, Philadelphia, May 12-17, 2002, Abst. No. 239.
31) J. P. Zheng, P. J. Cygan and T. R. Jow, *J. Electrochem. Soc.*, **142**, L6 (1995).
32) J. P. Zheng and T. R. Jow, *J. Power Sources*, **62**, 155 (1996).
33) Y. Sato, K. Yomogida, T. Nanaumi, K. Kobayakawa and Y. Ohsawa, *Electrochem. Solid-State Lett.*, **3**, 113 (2000).
34) C. Lin, J. A. Ritter and B. N. Popov, *J. Electrochem. Soc.*, **146**, 3155 (1999).
35) M. Ramani, B. S. Haran, R. E. White and B. N. Popov, *J. Electrochem. Soc.*, **148**, A374 (2001).
36) M. Ramani, B. S. Haran, R. E. White, B. N. Popov and L. Arsov, *J. Power Sources.*, **93**, 209 (2001).
37) J. P. Zheng, *Electrochem. Solid-State Lett.*, **2(8)**, 359 (1999).
38) J. Zhang, D. Jiang, B. Chen, J. Zhu, L. Jiang and H. Fang, *J. Electrochem. Soc.*, **148**, A1362 (2001).
39) H. Kim and B. N. Popov, *J. Power Sources.*, **104**, 52 (2002).
40) J. H. Jang, S. Han, T. Hyeon and S. M. Oh, *J. Power Sources.*, **123**, 79 (2003).
41) J. H. Park, J. M. Ko and O. O. Park, *J. Electrochem. Soc.*, **150**, A864 (2003).
42) W.-C. Chen, C.-C. Hu, C.-C. Wang and C.-K. Min, *J. Power Sources.*, **125**, 292 (2004).
43) C.-C. Wang and C.-C. Hu, *Mater. Chem. Phys.*, **83**, 289 (2004).
44) K. Machida, K. Furuuchi, M. Min and K. Naoi, *Electrochemistry*, **72**, 402 (2004).
45) I. Zhitomirsky, *Advances in Colloid and Interfaces Science*, **97**, 279 (2002).

46) Z. Adamczyk and P. Weronski, *Advances in Colloid and Interfaces Science*, **83**, 137 (1999).
47) P. Sarkar and P. S. Nicholson, *J. Am. Ceram. Soc.*, **79 [8]**, 1987 (1996).
48) J. H. Jang, A. Kato, K. Machida and K. Naoi, *J. Electrochem. Soc.*, **153(2)**, A321 (2006).
49) J. H. Jang, K. Machida, Y. Kim and K. Naoi, *Electrochimica Acta*, in press (2006).

第Ⅷ編　海外の動向

第1章 North American Trends in the Electrochemical Capacitor Industry

John R. Miller*

1 Introduction

The purpose of this paper is to introduce readers to current developments on the North American scene related to the electrochemical capacitor industry. In order to accommodate the many different interests that readers will bring to the subject, it will cover both the most striking recent commercial developments and the professional, governmental, and organizational contexts in which those developments have occurred.

2 Government Sponsored Programs

There is a considerable diversity of government sponsored programs in the United States designed to facilitate the development of electrochemical capacitors. These come in various sizes and have different goals or applications in mind. One of the largest programs is the Freedom Car, supported by U.S. Department of Energy, an important benefit of which is cost reduction in the Maxwell Technologies product described later in this paper. The Department of Energy also has ongoing interests in heavy hybrid vehicle development. One of the leaders in this field is Oshkosh Truck, which has been developing a heavy hybrid vehicle using capacitors for energy storage. The U.S. Navy has, within the past year, begun a multi-pronged program for developing the energy storage necessary for an all-electric ship now under development. The Navy funding is comprehensive, covering activities that employ the many types of capacitors that could be needed across a broad range of linked applications. The all-electric ship will use a gas turbine to provide electricity to operate electric motors for propulsion and for all of the many other systems in the ship. These systems could in the future include as well even launching aircraft by means of a liner induction motor rather than the traditional steam catapult. Such an application would require very high amounts of power for very short duration and would, therefore, be well suited indeed for capacitor energy stor-

---

* JME, Incorporated President

age.

There are many other smaller government-supported programs underway. Of special note are those directed at materials development, including carbon of various types or with special shapes or configurations, and nanostructured materials in particular. Work in this area is going on at TDA, a research and development program in the Denver area.

Among universities, MIT is engaged in work on nanofibers, and the University of Kentucky has also been active on nanofiber materials. Drexel University in Philadelphia, PA is currently working on the carbide synthesis approach to creating activated carbons, while a University of Washington program deals with carbons in nanoscale. An Oakridge program is devoted to approaches to the manufacture of special carbonaceous materials, and there are many different programs underway related to the development of advanced carbon materials that will enhance the performance of electrochemical capacitors. Work has further been reported on polymer pseudocapacitor energy storage materials, an approach that may well offer real advantages for very certain specific applications.

3 Commercial Developments

3.1 Maxwell Technologies

In the United States, Maxwell Technologies continues to be the dominant manufacturer of electrochemical capacitors, with new product lines appearing within the past year. The first of these is a range of products, in many different sizes, that have been optimized for energy. A second product line, again available in many different sizes, has been optimized for power. Both new lines are based on electrodes developed internally at Maxwell. Both allow operation at 2.7 V per cell, and consequently position the company as a leader on issues concerning the voltages at which cells can operate.

Maxwell is in the news continually, with frequent announcements of major projects or information about major business arrangements newly entered into. Particularly significant earlier this year was the news that Maxwell will be supplying their 2600 F electrochemical capacitor for use in forklifts manufactured by the General Hydrogen Corporation, a Canadian developer of hydrogen-fuel-cell-based power systems for electric forklifts. Using capacitors in this application will, it is claimed, triple the run time of forklifts. The resulting power system, employing both fuel cells and capacitors, would by definition be a dual one, and it is clearly intended to replace the traditional average of three lead acid batteries commonly used in the current technology. Such a system, according to the most recent news release, improves both efficiency and response time while at the same time reducing the overall size and cost of the system as a whole. The General Hydrogen Company, based in Richmond, British Columbia just outside Vancouver, was founded by Dr. Geoffrey Ballard and Paul Howard, earlier co-founders of Ballard Power Systems. Each forklift will be equipped with thirty to one hundred and twenty of the Maxwell BOOSTCAP 2600 F capacitor cells.

Another Maxwell news release earlier this year described an innovative new application in blade pitch systems for large wind turbines. This project is being undertaken with ENERCON, a company recognized throughout the wind energy industry as a pioneer in research and development. ENERCON is located in Aurich, Germany, with additional production facilities in other locations. The application is designed to optimize energy output and to enhance system reliability and longevity in wind turbines sized from 300 kW up to 6 MW. It does this by using capacitors for backup power, to ensure continuous operation in the event of a power failure or other similar emergency situation. Each turbine uses between 200 and 700 BOOSTCAP cells, indicating the considerable amount of energy necessary to feather the blades. ENERCON believes, as stated in press releases, that using capacitors makes it possible to overcome the most significant design problems related to batteries in this application, specifically their poor low-temperature performance and limited operational life. "Maxwell's products emerged as the clear choice for this application on the basis of their robust construction, long operating life and cost-effectiveness. Wind turbine operators need low-maintenance systems that operate reliably for many years, and BOOSTCAP products have proven that they can help us to continue to meet our customers' expectations." Their press release also includes the news that an order has been placed for a very substantial 1.5 million units.

More news from Maxwell earlier this year concerned the introduction of two separate new product lines, optimized either for energy or for power. In the coming months Maxwell will be introducing as many as thirty new products in each of those two families. Optimization of this sort makes it possible for capacitors to be better tuned to the applications in which they will be used. The difference made by such tuning will generally show itself in the response time of the capacitor, remembering that there is always an energy/power tradeoff, such that higher power will usually be coupled with lower energy and vice versa. With products optimized to this degree, end users can for perhaps the first time choose both optimization and size, greatly enhancing the possibilities for a proper fit of the technology to the application.

More broadly considered, this development shows that Maxwell is expanding its product line in both energy and power applications. As an example of the differences between these, engine starting in hybrid vehicles would require *power* optimization, in contrast to uses in uninterruptible power supplies (UPS) or other backup power applications better served by *energy* optimization. A further difference relates to efficiency, in that high power optimizations will generally be more efficient because they generate less internal heat that would need to be shed. Other possibilities for energy optimized products include light-duty industrial applications, telecommunications, and consumer electronics, where the response time may be slightly longer than in vehicle applications.

In terms of physical design or form factor, Maxwell's new products, right-cylinders with a termination on each end, are of the same diameter but vary in length corresponding to their rating. Products range from 650 F in the shortest lengths to 2600 F in the longest. The specific energy stored in the shorter product is about 3 Wh/kg, and for the longest device, the 2600 F, it is almost 6 Wh/kg. Maxwell's new devices all have innovative penetration welds on each face, used to electrically attach to the current collectors. This reduces the series resistance and facilitates removal of any internally generated heat, a tremendous advantage for thermal management of the components.

Maxwell's technology announcements over the past twelve months have not gone unnoticed in the financial world. Over the same period the price of Maxwell stock has nearly tripled, a monotonic upward trend clearly indicating the financial world believes Maxwell to be on a strong growth path (see MXWL on the NASDAQ Exchange). Further indications of Maxwell's financial health appear on its website, which lists in the neighborhood of a dozen new positions. Maxwell is for all to see a company with new work to be done and with the resources to make that possible. Even based only on the information currently available publicly, Maxwell is clearly a company with substantial accomplishments and great continuing promise for the future.

3.2 Axion Power International

Over the past twelve months Axion Power of Woodbridge, Ontario, in Canada, has made substantial advances in developing an aqueous electrolyte asymmetric electrochemical capacitor, employing a technology based on using a lead oxide positive electrode and an activated carbon negative electrode. Formerly known as C & T Technology, Axion changed its name a year ago. It reports a working relationship with East Penn Manufacturing, a large North American producer of lead acid batteries located in eastern Pennsylvania. Prototypes of Axion Power products have been evaluated by East Penn, reportedly with positive results. Recently, Axion Technology purchased a lead acid battery plant in Newcastle, PA, that specialized in making a great variety of exotic small-production -run lead acid battery cells. Axion is presently refurbishing the facility for capacitor manufacture and clearly moving toward enhanced commercial production.

Key to this technology is overcoming the cycle limitations inherent in the design of lead acid batteries. Axion's approach is one that should extend the service life of its capacitor products to at least four times that of a lead acid battery, allowing their capacitors to be recharged at an up to a ten times higher rate than a lead acid battery could be. It is also intended to enable enhanced deep discharge, something lead acid batteries accomplish only at the expense of failing more quickly. The Axion technology aims to overcome the standard limitations of lead acid battery technology by overcoming the limitations of the positive electrode still used in their devices. One additional important point to note is that the capacitors being developed by Axion will fit in the waste-stream of lead acid batteries, so that they will be able to be recycled. That they contain lead is therefore not as negative a feature as it might be were lead acid batteries not already so ubiquitous.

The emerging market Axion sees is in power quality and in motive power. Included in this are markets for grid storage, renewable energy as in storage of solar or wind-generated energy, and also, eventually, for electric vehicle applications. They have estimated the cost of their technology in commercial quantities to be on the order of USD250-500 per kilowatt hour.

Comparing the Axion technology to the more popular symmetric organic electrolyte capacitors, Axion's is aqueous based with a sulfuric acid electrolyte, so that drying out the carbon and the cell before assembly are unnecessary. The Axion product also has much thicker electrodes, and it is claimed that these are therefore less costly. It is further claimed that the conversion cost of making the carbon electrodes is as much as five times lower than costs for more popular spiral-wound electrodes. At a meeting last December, data presented by Axion showed a cycle life of 1600 cycles, with a charge/discharge period of approximately ten minutes and a capacity fade of only slightly less than 10%. Development activities reported at the meeting included treatment of the activated carbon negative electrode, employing a proprietary process, to boost its capacity by approximately 36%.

Axion's developing product can readily be seen to stand in some contrast to a asymmetric capacitor currently on the U.S. market that was developed by ESMA, a Russian company. The ESMA capacitor uses a nickel oxyhydroxide positive electrode with an activated carbon negative. It also uses potassium hydroxide as its electrolyte, and the positive electrode is similar to that used in nickel metal hydride or NiCd batteries. The Axion positive electrode, on the other hand, is the same as in a lead acid battery, with a sulfuric acid electrolyte, a distinctly new development from the present commercial nickel-carbon system.

Axion Power International continues development of their new asymmetric electrochemical capacitor. They have presented performance data that show some advantages over lead acid batteries. They have also examined the cost, energy, and power the technology offers and compared it to that available with lead acid batteries as well as to the more popular symmetric electrochemical capacitors. Axion expects to develop a niche market within the $30 billion industry that lead acid batteries presently occupy.

3.3 International Sales into North America

Also significant on the current North American scene are electrochemical capacitor products from manufacturers outside the United States and Canada. EPCOS is especially active in the U.S. with a line of very well-engineered modules, demonstrating that most companies now sell modules that have been engineered as a system for various applications rather than selling single cells.

One major entry in the last twelve months has been Nippon Chemi-Con of Japan, the world leader in *aluminum electrolytic* capacitors. Where in the past it sometimes seemed as though electrochemical capacitors were an orphaned technology of little interest to the mainline capacitor companies, this has obviously changed. Nippon Chemi-Con made a presentation at the Advanced Capacitor World Summit last July and introduced a product line with many years of testing. Their production last July stood at 20,000 units per month, a figure doubled by the end of 2005 to 40,000 units per month, with output still growing. A unique feature of Nippon Chemi-Con capacitor cells is a resealable valve that allows the release of any gases that may be generated internally. This is reported to increase the life of the product and prevent the sort of package swelling often observed in capacitors that employ the more common rupture valves. These latter, unfortunately, do not reseal but simply open and stay open as mute evidence that the life of the device has ended. The Nippon Chemi-Con design allows gas to be released over the life of the product, so the package will retain its shape without swelling, even at end of life.

4 Professional Events and Organizations

The electrochemical capacitor industry in North America is fortunate in having two highly professional and increasingly international institutions through which it can discuss research, exchange ideas, announce technological breakthroughs, and consider broader issues that shape the course of the industry as a whole.

4.1 Advanced Capacitor World Summit

The first such institution is the annual Advanced Capacitor World Summit meeting, held last July in San Diego, CA. Even a cursory check of the companies sending representatives to specialized electrochemical capacitor meetings like this reveals that Fortune 500 companies are increasingly turning their attention to electrochemical capacitor technology. The range of such companies is in itself revealing. In particular, the presence of material suppliers signals a burgeoning interest in improving the materials involved, with the electrolytes currently used in capacitor products representing the most direct focus of interest. See www.intertechusa.com to view the program for the upcoming Capacitor Summit.

4.2 KiloFarad International

One of the newest activities undertaken in connection with the Advanced Capacitor World Summit meeting has been the creation of KiloFarad International, a professional organization intended to address common issues in the industry. During the past year its very active standards committee began development of standards for engine-cranking capacitors. SAE has similarly shown interest in establishing a standard for automotive engine starting using capacitors.

This is hopefully only the beginning of efforts to develop standards for the industry that will help promote the technology. That standards are a live issue currently is already demonstrated by the fact that UL has established test standards for electrochemical capacitors and that some manufacturers have now obtained UL approval per those tests. These, of course, apply primarily to matters of safety and to other abnormal situations or conditions that may apply, rather than to performance.

4.3 International Seminar on Double-Layer Capacitors and Hybrid Energy Storage Devices

The fifteenth International Seminar, held this past December in Deerfield Beach, Florida, covered a broad assortment of topics on electrochemical capacitor technology. These included new materials, particularly nanostructured carbons and new electrodes formed from them. Some talks covered advances in electrolytes, including the ongoing quest for a replacement for the acetonitrile now used in some of the larger devices intended for high-power applications. Others were devoted to already realized capacitor products, many intended for use in transportation-related applications. There were also several fascinating presentations on the different media for energy storage that can complement or, in some cases compete with, double-layer charge storage. These include description of some of the new asymmetric capacitors and redox polymer capacitors. The very last talk of the meeting drew perhaps the most attention, on an asymmetric lead oxide carbon electrochemical capacitor described there in public for the first time. There were also several talks on standards and reliability assessments for capacitors intended for specific applications. Discussions of standards are very much the marks of a maturing industry, since the creation of standards and the widespread availability of reliability information are of the utmost importance in designing systems that make use of capacitor products.

On a more somber note, international readers will also be saddened to learn, with those who attended the fifteenth International Seminar, of the death of Professor Brian Conway of the University of Ottawa. His 1999 book, *Electrochemical Supercapacitors: Fundamentals and Technological Applications*, continues to be the standard work in the field. As the senior statesman for electrochemical capacitor technology worldwide, scientists and engineers sought his advice and counsel on everything from innovative ideas to proposing mechanisms for ascribing phenomena and developing explanations for them. He was truly the complete master of electrochemical capacitor technology, and his passing will be felt by many in the industry.

第 2 章　Research and Development Trend of Supercapacitors in Taiwan

Chi-Chang Hu(胡啓章)*

1　Abstract

The industrial investments on developing electrochemical supercapacitors and relative technologies are limited because of the unripe marketing of supercapacitors although two companies focus on the R & D and manufacture of either carbon-based electrical double-layer capacitors (EDLCs, Lexun) or RuO_2-based pseudocapacitors (UTC). The researches of supercapacitors in universities and institutes are vigorous in finding new or improving the potential electrode materials (above 80%). However, the lack of reliable technologies for mass production and device design becomes an unavoidable and urgent issue in developing supercapacitors of next generation. How to extend the marketing, to affirm the merits, to reduce the cost, and to define/standardize the specifications of supercapacitors for new power systems are the challenges of supercapacitor vendors and researchers. Marketing compartment among multilayer ceramic capacitors (MLCC), solid-state electrolytic capacitors, and supercapacitors should be clarified according to their unique capacitive characteristics.

2　Introduction

Due to the relatively high equivalent series resistance (ESR) which limits the power and energy capabilities of electric double-layer capacitors (EDLCs), their original usage was only seen in the relatively low-power, low-energy applications such as memory backup. This resulted in the low aspiration in developing the supercapacitor technologies in the world and Taiwan. Recently, significant improvements and advances in both power and energy densities have been done and an increase in the applications of these devices has been found. Moreover, due to the vigorous developments in portable electronics and digital systems, the demand of purpose-leading power systems with variable functions (e.g., short-term pulses and enough energy capacity) as well as minimized

---

*　National Chung Cheng University, Department of Chemical Engineering　Professor energy systems with excellent time-dependent power characteristics becomes urgent. The possible applications of supercapacitors as an energy storage (supplementary) device are thus being developed at an increasing rate. Moreover, the range of both current and potential required for various applications is very broad; for examples, digital communication devices, implanted medical devices, and electric/hybrid vehicles require the pulses in the millisecond, second, and minute ranges, respectively. These output characteristics are generally different from that of most primary energy storage systems (e.g., batteries and fuel cells), and researches on the high-power demanding devices with suitable capacities (i. e., supercapacitors) become urgent and unavoidable. Furthermore, supercapacitors have been proposed to be a unique device managing the power delivery/recovery in an integrated power system. Based on these viewpoints, supercapacitor technologies cannot be ignored by Taiwan, especially due to the fact that we are the main exporters in several important portable electronics such as notebooks.

Technologies of electrochemical supercapacitors are relatively new and unfamiliar to the capacitor industries in Taiwan since academic researches for supercapacitor technologies started at about 1997. In addition, due to the limited investments on developing electrochemical supercapacitors (because of unripe marketing), integration of academic research abilities and industrial development capabilities in this field has been found to be a serious and necessary issue. Therefore, Engineering and Technology Promotion Center of National Science Council in Taiwan made a survey on the research abilities of supercapacitors in both academies and industries in 2003. The aim of this report is to present recent trend and challenges in the R & D of supercapacitor technologies in Taiwan.

3   R & D in industries

The R & D activities in industries become vigorous and reach the maximum between 2002 and 2005 since several companies started to evaluate/investigate the manufacture technologies of EDLCs or RuO_2-based pseudocapacitors between 1999 and 2000. For example, UltraCap Technology Corporation (UTC) and Luxon Energy Devices Corporation (LEDC) were founded in 1999 at the incubation center of ITRI. At the same time, Pacific Shinfu Technologies (PST) was also running for the mass production of supercapacitors of next generation. In addition, Taiwan Supercapacitor Technologies (TST) and International Superenergy High Technologies were established in 2000 for manufacturing EDLCs. Furthermore, Lelon Electronics announced the ambitions in developing EDLCs and solid-state Al electrolytic capacitors in 2002. Moreover, Motech Industries and Zencatec Corporation were two important agents for EDLCs. The above investments also render vigorous attention and interest of researchers in the universities and academic institutes.

The activities of industrial researches were found to focus on the automating manufacture technologies, reliability, and performances promotion, as well as how to cost down. For example, LEDC documented/obtained several important patents in both USA and Taiwan, which include a novel electrode material, $Fe_xO_yH_z$, for the electrochemical supercapacitor of next generation[1]. Moreover, this company focused on the manufacture technologies of high-voltage ultracapacitors[2, 3]. In this year (2006), the mother company of LEDC plans to be an OEM for packaging EDLCs. On the other hand, UTC focused on modifying and improving the mass/automating production techniques of RuO_2-based pseudocapacitors, which were transferred from Pinnacle Research Institute (PRI). This company has a pilot production line for prototype supercapacitors (see Fig. 1). The technical issues on package, safety, and reliability of RuO_2-based pseudocapacitors have been overcome. In addition, some types of supercapacitors have been audited as assistant peak power for portable electronics and hand-held tools since the main products of UTC are designed for 3C products and electrical scooters/bikes. Recently, UTC continued to reduce the production cost of RuO_2-based pseudocapacitors. Furthermore, it realizes the patented techniques[4] for producing oxy-nitride-based supercapacitors (also transferred from PRI) and significant improvement has been obtained

Fig. 1 The prototype supercapacitors, produced by UTC, have been audited as assistant peak power for portable electronics.

very recently.

As mentioned previously, Lelon Electronics announced the ambitions in developing EDLCs and solid-state Al electrolytic capacitors in 2002. Due to the incitement by Intel, the R & D of high-frequency, solid-state Al electrolytic capacitors stood for the priority of this company. Very recently, this company showed significant breakthrough in the mass production of conducting polymer-based solid-state Al electrolytic capacitors because of the success for the on-site polymerization of conducting polymers within the capacitors, capacity promotion of cathodes, and the Al anodizing techniques. In addition, the capacity and reliability of their chip-type solid-state capacitors have been improved continuously. Accordingly, the investment and R & D on the manufacture of EDLCs in this company seems to suspend.

During the passed 9 years, there were, at least, three units in the Industrial Technologies Research Institute (ITRI) trying to improve the already-exist technologies and to search newly developed manufacture methods for both EDLCs and pseudocapacitors. Most of them focused on developing potential candidates of electrode materials for these devices, e.g., mesoporous carbon or hydrous oxides. They provided some know-how and consulted for either UTC or LEDC, meanwhile UTC moved out of the incubation center in the ITRI in 2004.

Based on the fact that EDLCs have been commercialized and manufactured in a number of companies around the world, the price of EDLCs becomes lower and lower recently (ca. 0.7 NT dollar per F). This low profit limits the continuous industrial investment aspiration on the manufacture of EDLCs although price reduction of EDLCs significantly promotes the usage in the backup power devices and other systems. On the other hand, the technologies for manufacturing supercapacitors of next generation (e.g., RuO_2-based, MnO_2-based, and Fe_3O_4-based pseudocapacitors) are relatively complicated, and several key issues (e.g., cost, ESR, reliability, cycle-life, specification, and safety) need to be overcome. For UTC, despite years of efforts in developing commercially viable supercapacitors, they still find themselves playing catch up to the ever-changing industrial demands in performance, dimensions, and cost. Actually, they received an order of 1,000,000 units/year of supercapacitors from a customer whom had been worked for over a year but the deal fell through in this month due to the suddenly rising cost of raw materials (the ruthenium precursor cost soared from US$85/trounce on 02/27/2006 to a prohibitive US$160 on 03/21/2006). Accordingly, development of supercapacitor technologies in Taiwan faces an awkward situation of advancing or retreating. TST was dismissed already because of financial affairs meanwhile PST was incorporated into UTC (in 2002) which becomes the rare survival company for producing RuO_2-based pseudocapacitors. The lack of reliable technologies for mass production and device design becomes an unavoidable and urgent issue in developing supercapacitors of next generation. How to extend the marketing, to affirm the merits, to reduce the cost, and to define/standardize the specifications of supercapacitors for new power systems are the challenges of supercapacitor vendors and researchers.

4 R & D in universities academic institutes

As mentioned in Introduction, technologies of capacitors cannot be ignored by Taiwan. The governments (e.g., National Science Council and Ministry of Economic Affair) declared that the R & D for supercapacitors, multi-layer ceramic capacitors, and solid-state capacitors belong to the key and important technologies being developed and incited in Taiwan. Moreover, most investments on the evaluation and R & D of supercapacitor manufacture started in 1999. Accordingly, investigations carried out in the universities and academic institutes are much more vigorous than that in industries (about 16 research groups and see Fig. 2). On the other hand, most researches of supercapacitors in universities and institutes are focusing on finding new or improving the potential electrode materials (above 80%). Table 1 shows the most active groups in supercapacitor research in Taiwan.

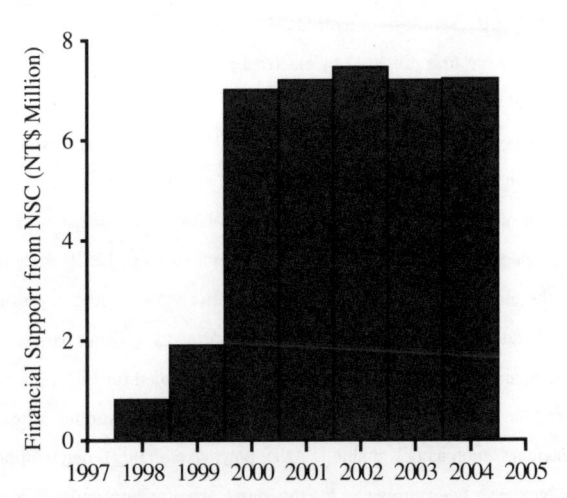

Fig. 2 The annual financial support of supercapacitor research in universities and academic institutes from NSC.

Table 1 The most active groups for supercapacitor research in Taiwan.

Name	University	e-mail	Topics
Hu, C. -C.	Nat'l Chung Cheng Univ.	chmhcc@ccu.edu.tw	Oxides, polymer materials
Teng, H.	Nat'l Cheng Kung Univ.	hteng@mail.ncku.edu.tw	Carbon, polymer materials
Tsai, W.-T.	Nat'l Cheng Kung Univ.	wttsai@mail.ncku.edu.tw	Oxides materials
Wu, N.-L.	Nat'l Taiwan Univ.	nlw001@ccms.ntu.edu.tw	Oxide materials

For EDLCs, most research groups in the universities focus on developing the highly porous electrode materials, such as carbon materials in various forms (e.g., active carbon, carbon fabrics, and CNTs) with mesopores[5, 6], functional groups[7, 8], or electroactive materials[9, 10] in order to match the application requirements of high-power and high-energy densities. On considering the volume-energy density, however, inert oxides, such as Sb-doped SnO_2, were proposed to be a promising electrode material for EDLCs[11].

For redox pseudocapacitors, hydrous RuO_2 potentiodynamically deposited from chloride precursors were successfully developed in this laboratory in 1998[12, 13]. In addition, various methods, such as modified sol-gel[14], oxidative[15], and hydrothermal techniques[16] were developed to synthesize hydrous RuO_2 with ultrahigh specific capacitance. Moreover, mixed oxides, such as Ru-Sn and Ru-Ti oxides were demonstrated to exhibit synergistic effects on the utilization of active species as well as the cycle life[17, 18]. For the synthesis of hydrous Mn-based oxides, amorphous MnO_x with ideal capacitive performances were first prepared by electrochemical deposition in this laboratory[19]. This new finding has leaded vigorous research activities in the world because of the very simple deposition method as well as the low cost of active materials. Unfortunately, the cycle stability of Mn-based oxides is still far from meeting the requirements of supercapacitors although Ni, Co, and Fe ions were doped to prolong the cycle-life[20, 21]. For Fe_3O_4-based pseudocapacitors, the finding that Fe_3O_4 showed high specific capacitance in $S_2O_3^{2-}$ has been patented by LEDC while the power property (because of the electrochemical reversibility) is relatively lower than that of RuO_2 and MnO_x pseudocapacitors. In addition, its cycle stability is not confirmed yet. Other oxides such as $Ni(OH)_2$, Co_3O_4, Ni-Co oxides, and V_2O_5 have also been fragmentarily studied for the application of supercapacitors while these oxides do not attract the attention from the capacitor industries.

Conducting polymers, such as polyaniline (PANI), polypyrrole (PPy), polythiophene (PTP), and their derivatives have also been proposed for the supercapacitor application[22-24]. Moreover, impregnation of conducting polymers within active carbons or carbon fabrics has been shown to be a promising method in promoting the specific capacitance of polymers[10, 25]. However, it seems to be very hard to construct the polymer with excellent stability with the exception of the polymers developed by Prof. Naoi in Japan. Therefore, conducting polymer-based supercapacitors are hard to be commercialized if the stability issue cannot be overcome. Recently, gel polymer electrolyte (GPE) supercapacitors were proposed to be developed due to the merits of rigidity and safety. However, the interfacial contact between active materials and GPE as well as the ionic conductivity of GPE must be carefully considered to meet the high power requirement of supercapacitors.

5 Summary

Technologies of electrochemical supercapacitors are relatively new and unfamiliar to the capacitor industries in Taiwan meanwhile development of supercapacitor technologies in Taiwan faces an awkward situation of advancing or retreating because of the low profit of EDLCs and the complicated technologies of redox supercapacitors. The lack of reliable technologies for mass production and device design becomes an unavoidable and urgent issue in developing supercapacitors of next generation. How to extend the marketing, to affirm the merits, to reduce the cost, and to define/ standardize the specifications of supercapacitors for new power systems are the challenges of supercapacitor vendors and researchers. On the other hand, electrode materials of carbons in various forms, active oxides, and conducting polymers were extensively investigated in the universities and institutes.

Acknowledgments——The author would like to deeply appreciate Professor Jiin-Jiang Jow who provided the data of NSC and President Leo Wang in UTC for his important suggestions/information on this article.

References

1) US Pat. 6512667 (2003).
2) US Pat. 6510043 (2003).
3) US Pat. 6579327 (2003).
4) US Pat. 5980977 (1999).
5) H. -Y. Liu, K.-P. Wang, H. Teng, *Carbon*, **43**, 559 (2005).

6) F. -C. Wu, R.-L. Tseng, C.-C. Hu, C.-C. Wang, *J. Power Sources*, **138**, 351 (2004).
7) C. -C. Wang, C.-C. Hu, *Carbon*, **43**, 1926 (2005).
8) Y. -R. Nian, H. Teng, *J. Electroanal. Chem.*, **540**, 119 (2003).
9) C. -C. Hu, C.-C. Wang, *Electrochem. Comm.*, **4**, 554 (2002).
10) Y. -R. Lin, H. Teng, *Carbon*, **41**, 2865 (2003).
11) N. -L. Wu, J.-Y. Huang, P.-Y. Liu, C.-Y. Han, S.-L. Kou, K.-H. Liao, M.-H. Lee, S.-Y. Wang, *J. Electrochem. Soc.*, **148**, A550 (2001).
12) C. -C. Hu, Y.-H. Huang, Proceedings of the Electrochemical Society on Molecular Functions of Electroactive Thin Films", Edited by V. I. Birss and N. Oyama, pp. 144-151 (1998).
13) C. -C. Hu, Y.-H. Huang, *J. Electrochem. Soc.*, **146**, 2465 (1999).
14) C. -C. Hu, W.-C. Chen, K.-H. Chang, *J. Electrochem. Soc.*, **151**, A281(2004).
15) K. -H. Chang, C.-C. Hu, *J. Electrochem. Soc.*, **151**, A958 (2004).
16) K. -H. Chang, C.-C. Hu, *Electrochem. Solid-State Lett.*, **7**, A466 (2004).
17) C. -C. Wang, C.-C. Hu, *Electrochim. Acta*, **50**, 2573 (2005).
18) K. -H. Chang, C.-C. Hu, The 56th Annual Meeting of the International Society of Electrochemistry (Busan, Korea, 2005) and *Electrochim. Acta* special issue (2005 ISE Meeting), accepted.
19) C. -C. Hu, T.-W. Tsou, *Electrochem. Comm.*, **4**, 105 (2002).
20) Y. -S. Chen, C.-C. Hu, *Electrochem. Solid-State Lett.*, **6**, A210 (2003).
21) P. -Y. Chuang, C.-C. Hu, *Mater. Chem. Phys.*, **92**, 138 (2005).
22) C. -C. Hu, J.-Y. Lin, *Electrochim. Acta*, **47**, 4055 (2002).
23) C. -C. Hu, X.-X. Lin, *J. Electrochem. Soc.*, **149**, A1049 (2002).
24) C. -C. Chang, L.-J. Her, J.-L. Hong, *Electrochim. Acta*, **50**, 4461 (2005).
25) C. -C. Hu, W.-Y. Li, J.-Y. Lin, *J. Power Sources*, **137**, 152 (2004).

第 3 章 Vehicle Applications and Market Trends of Large Supercapacitors

Andrew F. Burke[*]

1 Introduction

This chapter is concerned with the application of large (> 1000F) supercapacitor cells in vehicle applications. In particular, applications involving powertrains in conventional ICE and hybrid-electric vehicles are of prime interest. In general, these applications require electrical energy storage units that store a relatively small quantity of energy (< 500Wh), but are required to provide high power (kW). Often the supercapacitors in these applications are used in combination with batteries that can provide larger quantities of energy (kWh) between shorter periods of high pulse power from the supercapacitors. In these cases, the use of the supercapacitors permits the battery to be selected or designed to optimize its energy density, cycle life, and cost with much reduced concern about its power capability.

Mass markets (hundreds of thousand or millions of devices) for large supercapacitors for vehicle applications do not currently exist, but the engineering and demonstration of vehicle systems that could use large quantities of supercapacitors are currently underway and in the relatively near future (5-10 years), large markets for supercapacitors could develop. This chapter is concerned with those potential markets and the engineering work being done that would lead to them. Vehicle developments using supercapacitors in powertrains are underway in North America (the United States and Canada)and Europe as well as in Japan. Emphasis will be placed in this chapter on R&D in the United States, but developments in Europe and Japan will also be considered.

The performance and cost of large supercapacitor cells and modules are critical in determining if and when the mass markets will develop. Hence this chapter includes a review of the present status of large supercapacitor technology and the prospects for improved performance and significantly reduced cost. Potential applications of supercapacitors in vehicles are identified and analyzed and

---

[*] Research faculty in the Institute of Transportation Studies, University of California-Davis

vehicle demonstration projects using large supercapacitors are evaluated. Future markets for supercapacitors in production vehicles are then projected. Performance and cost requirements for supercapacitors to successfully compete with batteries in these potential vehicle powertrain applications are also discussed.

2 Status of the technology for large supercapacitors – cells and modules

Carbon / carbon ultracapacitor devices (single cells and modules) are commercially available from a number of companies – Maxwell/Montena, Panasonic, Ness, Nippon Chemi-Con, Power Systems, and EPCOS[1,2]. All these companies market large devices with capacitance of 1000-5000 F. The carbon/carbon technology is the most suitable for vehicle applications because of its high power and long cycle life. The performance of cells from the various manufacturers is given in Table 1. The energy densities (Wh / kg) shown correspond to the useable energy from the devices based on constant power discharge tests from V_0 to $1/2 \, V_0$. Peak power densities are given for both matched impedance and 95% efficiency pulses. For most applications with supercapacitors, the high efficiency power density is the appropriate measure of the power capability of the device. The energy density for most of the available devices is between 3.5-4.5 Wh / kg and 95% power density is between 800 -1200 W / kg. In recent years, the energy density of the devices has been gradually increased for the carbon / carbon (double-layer) technology and the cell voltages have increased to 2.7V / cell using acetonitrile as the electrolyte. As indicated in Table 1, both the energy density and power capability are lower for cells using propylene carbonate as the electrolyte.

For vehicle applications, the cells are connected in series to form higher voltage modules. The module voltage utilized depends on the application and varies from 16V to about 60V. The characteristics of modules[3,4] from several companies are summarized in Table 2. The electrical characteristics (capacitance and resistance) of the module follow directly from the cell characteristics. Note, however, that the weight and volume of the modules are significantly greater than the cells alone with packaging factors of .6-.7. All the modules being marketed utilize balancing circuits for each cell to prevent over-voltage of the cell and to minimize cell-to-cell variability during cycling. For this reason, it is best to base the energy storage and power capacity of the modules on the cell weight and volume, but to include the packaging factors in determining the weight and volume of the supercapacitor unit to be installed in a vehicle. When the energy storage (Wh) and power requirements (kW) are given for a particular application, the data given in Tables 1 and 2 can be used to determine the characteristics of the supercapacitor unit.

3 Potential applications and device / system requirements

There are potential applications of supercapacitors in both light-duty vehicles, such as passenger cars, vans, and small trucks and heavy-duty vehicles, such as large Class 8 trucks and transit buses. At the present time, most of the demonstrations of supercapacitors in vehicles have been done in the heavy-duty vehicles. This has been true for both conventional ICE and hybrid-electric powered vehicles. Most of the potential applications of the large supercapacitors fall into the following categories:

- Starting of engines in conventional ICE vehicles
- Electric drivelines in hybrid-electric vehicles

An additional group of potential applications has been discussed in the literature[5] involving auxiliary vehicle systems, such as braking and power steering, which can be electrified and would require intermittent relatively high power, but only small amounts of energy (W-sec). These systems could utilize supercapacitors in large numbers, but the size (capacitance) of the devices would be

Table1   Carbon / carbon supercapacitor cell characteristics

Device	V rated	C (F)	R (mOhm)	RC (sec)	Wh / kg (1)	W / kg (95%) (2)	W / kg Match. Imped.	Wgt. (kg)	Vol. lit.
Maxwell**	2.7	2800	.48	1.4	4.45	900	8000	.475	.320
Ness	2.7	10	25.0	.25	2.5	3040	27000	.0025	.0015
Ness	2.7	1800	.55	1.00	3.6	975	8674	.38	.277
Ness	2.7	3640	.30	1.10	4.2	928	8010	.65	.514
Ness	2.7	5085	.24	1.22	4.3	958	8532	.89	.712
Asahi Glass (propylene carbonate)	2.3	1375	2.5	3.4	4.9	390	3471	.210 (estimated)	.151
Panasonic (propylene carbonate)	2.5	1200	1.0	1.2	2.3	514	4596	.34	.245
Panasonic	2.5	1791	.30	.54	3.44	1890	16800	.310	.245
Panasonic	2.5	2500	.43	1.1	3.70	1035	9200	.395	.328
EPCOS	2.7	3600	.33	1.2	4.6	1035	9205	.60	.55
Montena	2.5	1800	.50	.90	2.49	879	7812	.40	.30
Montena	2.5	2800	.39	1.1	3.33	858	7632	.525	.393
OkamuraPower Sys.	2.7	1350	1.5	2.0	4.9	650	5785	.21	.151
ESMA	1.3	10000	.275	2.75	1.1	156	1400	1.1	.547

(1) Energy density at 400 W/kg constant power, Vrated −1/2 Vrated
(2) Power based on P=9/16 *(1−EF)* V2 / R, EF=efficiency of discharge
** Except where noted, all the devices use acetonitrile as the electrolyte

Table 2 Summary of supercapacitor module characteristics

Module*	Weight / Volume kg / lt.	Voltage	Wh(Wh / kg)	Power(kW) (90% effic.)	Weight packaging factor	Volume packaging factor
Ness (194 F)	18.5 / 20.9	48	43 / 2.1	19.1	.655	.36
Ness (100F)	9.1 / 7.22	48	22.5 / 2.47	10.8	.769	.692
Maxwell (145 F)	13.5 / 13.4	48	36 / 2.7	14.5	.627	.484
Maxwell (430F)	5.0 / 4.85	16	11.8 / 2.36	4.8	.564	.445
Asahi Glass 280F	3.75 / 2.95	16	7.65 / 2.04	2.1	.528	.422
Power Systems	4.4 / 4.8	32	11 / 2.5	2.5	.573	.375
Engine Starting Power Systems	7.2 / 8	59	20 / 2.78	4.7	.642	.413
EPCOS	29 / 24	56	49 / 1.7	16	.5	.48

much smaller than used in the powertrain applications which are the primary subject of the present chapter.

3.1 Engine starting applications

Supercapacitors can be used to augment the power from batteries for starting engines for both passenger cars and trucks. In the case of the passenger car, supercapacitor modules that can be used with the standard 12V and the future 36-42V systems are considered. In the case of the trucks, multiple capacitor modules are needed as multiple batteries are used to get adequate power at low, sub-zero ambient temperatures with the large diesel engines. In sizing the supercapacitors for the engine starting applications, it is necessary to know the usable energy storage (Wh) and the maximum power requirements.

For normal starting of the engine in passenger cars, the maximum power is sustained for one second or less. For cold starting or repeated attempts to start the engine, more energy is required. A reasonable estimate of the energy requirement[6] can be calculated based on a maximum power of 6.5 kW for 5 seconds or 9 Wh. Assuming that 75% of the energy stored in the capacitor is useable, this results in a total energy storage requirement of 12 Wh for the passenger car. For the 12V systems, the passenger car requirements can be meet with a single module and for the large truck, three modules of the same design as used in the passenger car could be used. The 12V supercapaci-

第3章 Vehicle Applications and Market Trends of Large Supercapacitors

tor module would consist of five (5) cells connected in series (about 12.5V). Using currently available cell technology, each cell would have a capacitance of 2800F, rated voltage of 2.5 V, resistance of .3 mOhm, and weight of .5 kg. The useable energy densities for the cells are 3.6 Wh/kg and 4.6 Wh/L resulting in a total cell weight of 2.5 kg and total cell volume of 2.0 L for storing the 9Wh of useable energy. The pulse power for the cell is 1.75 kW/kg at 90% efficiency and 3.5 kW/kg at 80% efficiency. Hence the module peak power ranges from 4.4-8.8 kW which should meet the power requirement of 6.5 kW even at low temperature. Including the packaging factors of the cells, the supercapacitor module weight for the passenger car case would be 3.5 kg and its volume 3.3L.

Measurements[7-9] of the peak power to start large diesel engines at low temperatures (−40 deg C) indicate powers as high as 40 kW for a fraction of a second. This high power can require very high currents (as high as 1000A) from the battery which draws down its voltage to a low level (less than 7V for a 12V module). Supercapacitors can provide these high currents with relatively small drops in voltage. For example, a 12V supercapacitor module using cells having a resistance of .4 mOhms at low temperature would experience a voltage drop of only 2V at 1000A. Hence the engine starting current spike in large trucks can be accommodated by supercapacitors. After discussions with a manufacturer of large trucks[9], the capacitor unit requirements for the truck application were taken to be 10kW for 10 seconds, which results in a useable energy of 28 Wh and a total stored energy of 37 Wh. In Reference (12), the engine starting cycle for a large truck was simulated for −20 deg C using computer software and an assumed current vs. time profile. It is concluded in Reference (12) that a capacitor having an energy storage capacity of 117 kJ (33 Wh) and a cell resistance of .65 mOhm at −20 deg C could start the engine without the assistance of batteries. This result is consistent with the previous assertion that a capacitor unit storing 33Wh was sufficient for the large truck application.

The power capability of the modules will be less at sub-zero temperatures where the ionic conductivity of the organic electrolyte is lower than at room temperature (25 deg C). Some data for capacitors tested at low temperatures between −20 and −40 deg C are available. Tests of carbon/organic electrolyte devices[10,11] at temperatures down to −30 deg C show that the capacitance of the devices decreased slightly (less than 10%) as the temperature was decreased and the resistance increased by about 50%. This means that the energy capacity of the five-cell capacitor module is essentially unchanged; its power capacity is still high at the low temperatures, but lower than at room temperature. Further, the capacitor modules are relatively small so if required, their energy storage capacity (Wh) and thus their size and power capability at 25 deg C could be increased without a large effect on packaging the unit in the vehicle.

Supercapacitors can also be used with batteries in the 36-42V systems being considered to replace the present 12V systems. The building block for such a module could be a 2100F cell similar to the 2800F cell used in the previous analyses for passenger cars. Each of the 2100F cells would store 1.4 Wh of energy, weigh. 4 kg, and have a resistance of .55 mOhm. A 21V module would consist of 8 cells, weigh 4.6 kg, and store 15 Wh of energy (11 Wh useable). The resistance of the module would be 4 mOhm with a resultant calculated peak pulse power of about 12 kW. Two of the 21V modules would be used with the 36-42 V battery system. The weight of the capacitor modules would be 9 kg, which would be much less than that of the batteries. The capacitors could provide most of the peak power required from the system and the batteries would recharge the capacitors during periods of relatively low power demand. The capacitors could also be used to recover energy during regenerative braking if the vehicle was so equipped.

The characteristics of the capacitor units to be used in the engine starting applications are summarized in Table 3. Schematics of the 12V battery-capacitor configurations for the passenger car and 36V unit for the large truck applications are shown in Figure 1. In both cases, the weights and volume of the capacitors are small compared to that of the standard batteries. It is likely that the size of the batteries can be reduced when they are combined with the capacitors, but the magnitude of the reduction depends on what fraction of the energy stored in the battery is needed to supply

Table 3 Capacitor Module / System Characteristics for Engine Starting Applications

Application	System Voltage	Batteries				Capacitor Modules			
		No.	Ah	Wgt. (kg)	No.	V	Wh Total (2)	Pulse Power (kW)(3)	Wgt.(kg) (4)
Passenger car	12V	1	48	24	1	12	12	9	3.5
Passenger car	36-42V	(3)	28	30	2	21	30	24	9
Class 8 Truck	12V	4	75	140	3	12	36	27	10.5

(1) Total energy stored in the capacitor unit (useable energy 75% of total)
(2) Pulse power at EF= .8, 25 deg C
(3) Battery for the 36-42V system assumed to provide twice the energy storage and pulse power of the standard 12V battery and have an energy density of 40 Wh / kg
(4) Module weight using a packaging factor of .7

第 3 章　Vehicle Applications and Market Trends of Large Supercapacitors

the accessory loads.

As shown in Figure 1, the capacitor modules are connected in parallel with the batteries without any interface electronics. In that case the battery and capacitors will share the starting current for the engine with the capacitor taking the larger fraction depending on its resistance and state-of-charge (voltage). For example, if the resistance of the 12V capacitor module is 2 mOhms and that of the battery is 8 mOhms, initially the capacitor will take 80% of the current. The battery fraction of the current will increase as the capacitor discharges in order to match the capacitor voltage. The capacitors will be recharged by the battery at a rate (current) dependent on the combined resistance of the battery and capacitors. When the vehicle is setting idle for long periods, it is likely that a special switch or diode will be needed to disconnect the capacitor from the battery to avoid the self-discharge of the capacitor.

3.2　Hybrid Vehicle Applications

Supercapacitors have applications in hybrid-electric powertrains in which the capacitors provide the peak power for acceleration and recover energy during periods of braking. An engine-generator

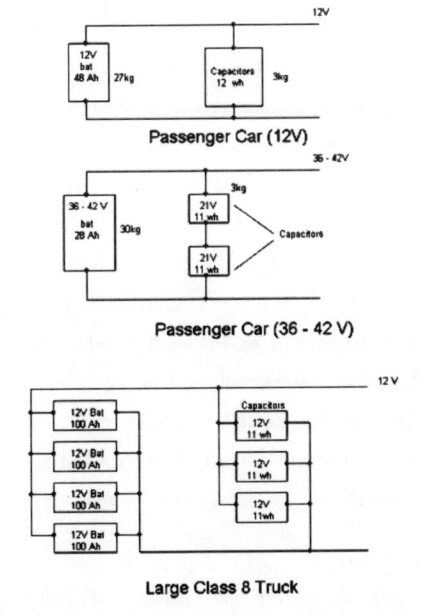

Figure 1　Schematic of battery / capacitor systems for engine starting

or fuel cell is used to generate on-board electricity to recharge the capacitors as needed. The control strategy for the hybrid vehicle is designed to operate the engine or fuel cell as close to the maximum efficiency condition as the driving cycle permits. Capacitor units for use in hybrid vehicles must be high voltage as the peak power for these applications is high (up to 200 kW). For passenger cars and SUVs, the voltage is likely to be about 300V and for transit buses about 600V. This would require 125 cells in series for the light-duty vehicles and 250 cells in series for the buses.

The energy storage (Wh) and power requirements for the capacitor unit vary over a wide range depending on the vehicle type, electric component ratings, and the driveline control strategy. In most cases, the capacitor cells are sized by the energy storage requirement and not the peak power. For light-duty vehicles, the energy required falls in the range of 50-150 Wh of useable energy[13]. For heavy-duty vehicles such as transit buses, the energy storage requirement is in the range of 300-600 Wh if the system utilizes batteries in addition to the capacitors and up to 2000 Wh if the capacitors are used alone for energy storage[14-16]. The peak power from the capacitor unit should be limited to that for which the round-trip efficiency of the unit is greater than 90%. Otherwise it will be difficult to achieve large improvements in fuel economy from the hybridization of the powertrain.

The cell and module characteristics data shown in Tables 1 and 2 can be used to calculate the capacitor unit weight and volume and its maximum power capability after the energy storage requirement is specified. Consider the following example for a mid-size passenger car for which it is assumed that the energy requirement is 100 Wh of useable energy and the peak power is 50 kW. For a system voltage of 300V, 112 cells in series is needed and each cell must store .9 Wh and provide 450 W of power. The corresponding cell capacitance is 1200F with a storage unit capacitance of 10.7F. Assuming an energy density of 4.5 Wh/kg for the cell (see Table 1), the total weight of the cells would be 22 kg with a module weight of 32 kg. The resultant cell power density requirement is 50 kW/22 kg or 2272 W/kg. This is high power density even for supercapacitors. The resistance of the cells can be calculated from its RC time constant. The time constant of available carbon / carbon cells is about 1 sec so that the resistance of the 1200F cells would be .83 mOhm. The discharge power for a specified efficiency EF can be calculated from the equation

$P(W) = 9/16^*(1-EF)^* V_0^2 / R_{cell}$

For a 90% efficient discharge, the corresponding power for the cell is 494W (2470 W/kg). This

第 3 章 Vehicle Applications and Market Trends of Large Supercapacitors

cell design has very high power capability so it can meet the 90% roundtrip efficiency target for driving patterns for which the peak power of 50 kW is demanded only infrequently. The key assumptions regarding the cell design are an energy density of 4.5 Wh/kg and a time constant of 1 sec. Both assumptions are consistent with carbon / carbon cell technology presently available from several capacitor manufacturers.

Consider next the case of the hybrid-electric transit bus. Simulation results for buses using supercapacitors alone for energy storage are given in Reference (17, 18). The results indicate that for a bus utilizing a series hybrid driveline, the energy storage requirement is 1500 - 2000 Wh. Hence two 600V strings of the capacitors would be necessary to store sufficient energy for the hybrid bus application. Using two strings of 2.7V, 3500F cells, a capacitor unit would have a rated voltage of 675 V and store 1350 Wh of useable energy. The total cell weight (500 cells) would be 300 kg and it could provide over 250 kW of power at high efficiency for both acceleration and regenerative braking. Such a unit would be much lighter than the lead-acid battery packs currently used in hybrid-electric buses[19] and have a power capability much greater especially for regenerative braking. In addition, the low resistance of the capacitor units (35 mOhm) results in low energy storage losses and as a result, higher fuel economy than would be the case using batteries[18,19].

The results of the hybrid-electric vehicle analyses are summarized in Table 4 for both the passenger car and transit bus applications. The key issue concerning whether supercapacitors can be used in hybrid vehicles is no longer device performance, but rather, as discussed in Section 5, the

Table 4 Capacitor Cell/Unit Characteristics for Hybrid-electric Passenger Car and Transit Bus Applications

Application	System Voltage	Capacitor cell					Capacitor unit		
		V	F	Wh(1)	Cells Per String	No. Of Strings	Wh (1)	Wgt. (kg)	Max. Power (2)
Passenger Car	300	2.7	1200	1.2	112	1	135	22(3)	52
Transit Bus	675	2.7	3500	3.5	250	2	1775	300(3)	>300

(1) Total energy stored in the unit (useable energy is 75% of total)
(2) Maximum pulse power at 2400W/kg (90% efficiency)
(3) Weight of cells alone

cost of the devices and modules.

4 Product developments and vehicle demonstrations

4.1 Product developments – engine starting

There are two companies in the United States that are developing supercapacitors units to be used with lead-acid batteries for engine starting. These companies are Kold Ban International and Remy International. Kold Ban has a product on the market[20] and Remy is field testing a product and will likely start production in the near future[21]. The voltage of the capacitor unit is 12V or 24V depending on the application and it is placed in parallel with the batteries. In most applications, there is a diode between the capacitor unit and the batteries. In this arrangement, the batteries can charge the capacitors when needed. Self-discharge of the capacitor unit when the vehicle is setting idle for long periods requires special attention especially when balancing circuits are used in the capacitor unit.

The energy storage capacity of the 12V products are 40–60kJ (11–17 Wh) and that of the 24V products are 100–120kJ (28–33 Wh). The weights and maximum powers of the 12V capacitor modules are 10–14 kg and 12–17 kW, respectively and that of the 24V products are 20–25 kg and 28–35 kW. The 12V modules are used in passenger cars and delivery trucks and the 24V modules are used in buses and the large Class 8 trucks. The Kold Ban product uses the ESMA carbon / NiOOH capacitors and the Remy product will use the Ness carbon/carbon capacitors (see Table 1 for the characteristics of these capacitors). In the engine starting application, the capacitor units are expected to have a cycle life of at least 300,000 cycles. Laboratory testing of the Kold Ban unit has indicated a cycle life of over 500,000 cycles[20].

A 12V capacitor unit would use six (6) 2.5V carbon / carbon cells of about 2700F capacitance. The present cost of the cells is about 2–3 cents / F. Hence the present cost of the capacitors alone would be $300–$500 in a 12V module and double that in a 24V module. It is expected that in the relatively near future the cost of capacitors will decrease to 1 cent / F or less as production volumes increase. These reduced capacitor costs should make the engine starting capacitor products economically attractive to truck and bus owners.

第 3 章　Vehicle Applications and Market Trends of Large Supercapacitors

4.2　Demonstrations / small scale production – hybrid-electric vehicles

There have been an increasing number of demonstration projects of hybrid-electric vehicles using supercapacitors. Most of these projects have involved transit buses and trucks, but a few have involved passenger cars. In most instances, the capacitors have been used in conjunction with batteries – lead-acid or nickel cadmium.

4.2.1　Transit buses

In the United States, the company must active in utilizing supercapacitors in hybrid-electric powertrains for buses and large trucks has been the ISE Corporation in San Diego, California[16,17]. ISE has developed a 360V capacitor unit consisting of 144 2600F Maxwell cells connected in series (see Figure 2). The weight and volume are 114 kg and 189L, respectively. The unit stores .325 kWh of energy (.245 kWh useable). In a transit bus, two of the units are used in series resulting in a voltage of 720V and energy storage of .650 kWh. The peak power capability of the combined unit is over 300 kW. ISE utilizes this supercapacitor unit with a 225 kW electric motor in series hybrids using gasoline and diesel engines and hydrogen fuel cells. Since the capacitor unit stores only about .5 kWh, it can provide power only during vehicle acceleration and recover energy during braking and the engine or fuel cell must provide all the power during cruise and high climbing. ISE has built over 100

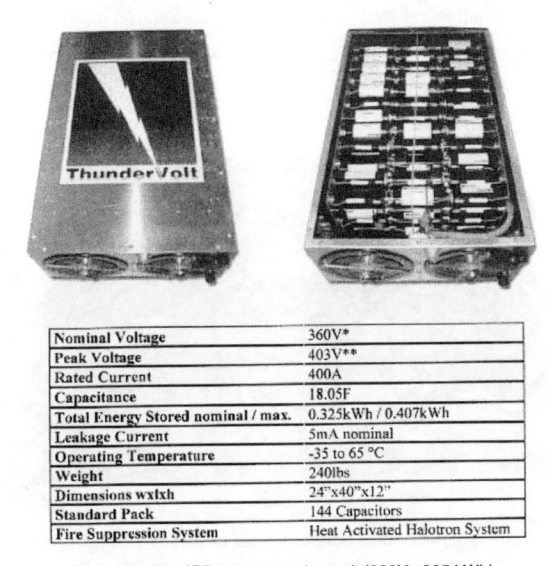

Nominal Voltage	360V*
Peak Voltage	403V**
Rated Current	400A
Capacitance	18.05F
Total Energy Stored nominal / max.	0.325kWh / 0.407kWh
Leakage Current	5mA nominal
Operating Temperature	-35 to 65 °C
Weight	240lbs
Dimensions wxlxh	24"x40"x12"
Standard Pack	144 Capacitors
Fire Suppression System	Heat Activated Halotron System

Figure 2　The ISE supercapacitor unit (360V, .325 kWh)

buses using the supercapacitor energy storage units for transit companies in Southern California. The buses are in daily revenue service.

4.2.2 Passenger car

A recent passenger car project involving supercapacitors in a hybrid-electric driveline is discussed in References (22, 23). The project was termed "SUPERCAR" and was funded by the European Community (EC). It was a joint project between EPCOS, the supercapacitor developer, and Siemens VDO, the vehicle integrator. The parallel hybrid passenger car (VW Golf) combined a supercapacitor module and lead-acid battery into a 42V, 10 kW (peak) electric driveline with a 66 kW engine. The vehicle was tested on both the chassis dynamometer and the road. The tests showed a 16-18% improvement in fuel economy compared to the standard ICE car.

The capacitor unit consisted of 24 3600F cells connected in series (see Table 1 for the cell characteristics). The rated voltage of the unit is 60V and its capacitance and resistance are 150F and 8 mOhms, respectively. The unit is shown in Figure 3.

Its weight and volume are 29 kg and 24 L, respectively. The power capability of the module for a 90% efficient discharge is 25 kW, which greatly exceeds the requirement for the "SUPERCAR" application. The capacitor unit stores 75 Wh (56 Wh useable between 60-30V).

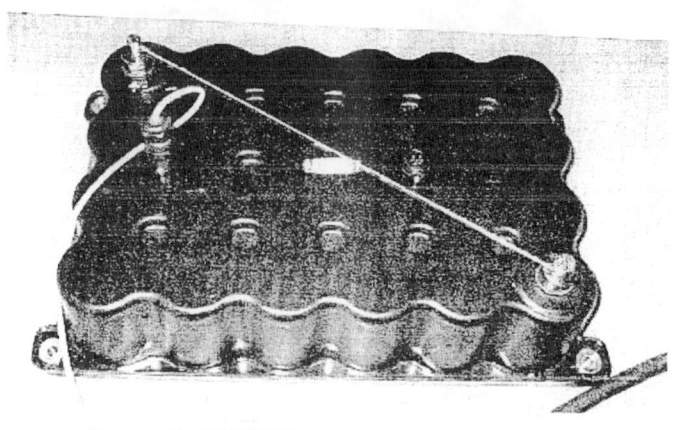

Figure 3 The EPCOS 60V supercapacitor module (150F, 56 Wh)

第 3 章　Vehicle Applications and Market Trends of Large Supercapacitors

5　Projected market trends of supercapacitors in production vehicles

In 2006, there are no production vehicles that use large supercapacitors. There is much interest in the automobile industry in the potential use of capacitors in hybrid-electric drivelines, but in all production vehicles the companies have elected to use batteries for the energy storage unit. At the present time, nickel metal hydride is the battery of choice for hybrid-electric vehicles, but the possibility of using lithium-ion batteries in the future is under serious consideration. Hence the primary competition for supercapacitors in future production hybrid vehicles is likely to be lithium-ion batteries. There have been several studies[24, 25] comparing carbon / carbon capacitors with lithium-ion batteries for hybrid vehicle applications. Such comparisons are complex in that they reflect the uncertainties in the performance, safety, cycle life, and cost of the competing energy storage technologies and the design of the vehicles in which they are to be utilized.

There are many possible designs of hybrid vehicles ranging from micro-hybrids with small electric motors and the requirement for minimal energy storage to plug-in hybrids which use large electric motors and require large energy storage units. Supercapacitors will be an option only for hybrid vehicles that require a relatively small quantity of energy storage to operate. For such vehicle designs, the high power capability of supercapacitors will be the primary factor in considering them as an option for energy storage. In nearly all cases, the size and cost of a capacitor unit will be dependent on the energy storage (Wh) required. In sizing a battery for a hybrid vehicle, the key issues are the peak power required and the state-of-charge range over which the battery is operated. Both of these factors have a large effect on battery cost and life. As indicated by the "SUPERCAR" project in the EU, vehicle designers are beginning to recognize that only small quantities of useable energy (<100 Wh) are needed to achieve significant improvements in fuel economy in passenger cars. Vehicle simulation studies[13, 26] indicate that large improvements in fuel economy can be achieved using less than 100 Wh of useable energy in mid-size passenger cars. Hence it appears that supercapacitors can be a serious option for energy storage in non-plug-in hybrid vehicles in the future.

For supercapacitors to compete successfully with lithium-ion batteries, it will be necessary for the capacitors to maintain their advantage in power capability for high efficiency (>90%) charging and discharging and cycle life for deep (75%) discharges. Some improvement in energy density of the capacitors would be advantageous, but not at a significant sacrifice in power capacity or cycle

Table 5 Comparisons of the performance and cost of batteries and supercapacitors for use in hybrid-electric vehicles

Type	Density gm / cm^3	Wh/kg	W / kg 90% effic.	Wh	Wgt. kg (1)	Cost $	$ / kg	$ / kWh	$ / kW
Batteries									
Lead-acid									
Standard	2.8	25	160	1875	75	187	2.5	100	9.35
Thin-film	3.0	20	900	1000	50	200	4.0	200	10.0
NiMtHyd.	1.75	45	500	1800	40	900	22.5	500	45.0
Lithium-ion	2.2	65	1100	1170	18	820	45	700	41.0
Supercapacitors (3)									
Carbon/carbon	1.2	5	1800	100	20	357	18	3570(2)	18
Carbon/PbO$_2$	2.5	12	1500	120	10	72	6.0	600	3.6

(1) Storage unit to provide 20 kW power and store at least 1 kWh in the case of a battery and 100 Wh in the case of an supercapacitor for a mid-size car.
(2) Carbon / carbon supercapacitors priced at .25 cents/Farad and rated voltage of 2.6V / cell
(3) Supercapacitors can be deep discharged to one-half rated voltage (at least 75% of rated energy stored) and still have long cycle life of at least 100K cycles. The batteries operate over a narrow voltage range resulting in the use at most 10% of the stored energy in normal operation of the vehicle in order to get cycle life comparable to that of supercapacitors.

Table 6 Material costs for a 2.7V, 3500F ultracapacitor for various carbon and other component material unit costs

carbon			Electrolyte ACN		Device	Unit	costs		
F/gm	gmC/dev.	$/kg	$/L	$/kg salt	Total mat. $	$/kg	$/Wh	$/kW	Ct./F
75	187	50	10	125	15.9	24	6	24	.45
120	117	100	10	125	15.9	24	6	24	.45
75	187	5	2	50	3.2	6.0	1.2	4	.091
120	117	10	2	50	2.6	4.9	1.0	3.3	.075

life. The key issue for the future large scale marketing of capacitors in production vehicles is cost. The present price of large supercapacitor cells (2000-4000F) is about 2 cents / F. For these large supercapacitors to be competitive with batteries in hybrid vehicles, their price must be reduced to less than 0.5 cents / F. A comparison of energy storage performance and cost is given in Table 5. The information in the table indicates that capacitor storage units can be attractive compared with batteries if their costs can be reduced to the levels cited above. In that case, it seems probable that the market for large supercapacitors in vehicle applications will develop rapidly.

There seems little doubt at the present time that in terms of performance and cycle life capacitors can be utilized in non-plug-in hybrid vehicles. The major questions concern the likelihood that costs can be reduced in mass production to the levels required. To a large extent, this will depend on reducing the material costs for the capacitors. At the present time for large supercapacitors, the major cost contributor is the carbon. This is shown in Table 6. Companies that can supply carbons suitable for use in supercapacitors are presently expending significant R&D efforts[27-29] to reduce the cost of those carbons to less than $20 / kg. If this occurs, large markets for supercapacitors in vehicles and other applications are likely to develop.

References

1) Burke, A.F., Ultracapacitor Cell and Module Update, Proceedings of the Second International Symposium on Large Ultracapacitors (EDLC) Technology and Application, Baltimore, Maryland, May 2006
2) Burke, A.F., The Present and Projected Performance and Cost of Double-layer and Pseudo-capacitive Ultracapacitors for Hybrid Vehicle Applications, Paper for the IEEE Vehicle Power and Propulsion System Conference, Chicago, Ill, September 8-9, 2005
3) Burke, A.F. and Miller,M., Cell Balancing Considerations for Long Series Strings of Ultracapacitors in Vehicle Applications, Proceedings of the Advanced Capacitor World Summit 2005, San Diego, California, July 11-13, 2005
4) Burke, A. F. and Miller, M., Supercapacitor Technology – Present and Future, Proceedings of the Advanced Capacitor World Summit 2006, San Diego, California, July 17-19, 2006
5) Dittmer, J., The World Market and Opportunities for Electrochemical Capacitors, Proceedings of the Advanced Capacitor World Summit 2003, Washington, D.C., August 2003
6) Ashtiani, C., Buglione, A., and Stamos, E., Use of Ultracapacitors in Engine Cold-cranking (Experiments with EDLCs for Automotive Applications), Proceedings of the Advanced Capacitor World Summit 2005, San Diego, California, July 2005
7) Miller, J.R. and etals, Truck Starting using Electrochemical Capacitors, SAE paper 98274, Indianapolis, Ind., November 1998
8) Klementov, A., Theoretical and Practical Aspects of Internal Combustion Engine Starting with Capacitors, Proceedings of the 15th International Seminar on Double-layer Capacitors and Hybrid Energy Storage Devices, Deerfield Beach Florida, December 2005
9) Ong, W. and Johnson, R. H., Electrochemical Capacitors and Their Potential Application in Heavy Duty Vehicles, SAE paper xxxxx-2000, Portland, Oregon, December 2000
10) Burke, A.F., Electrochemical Capacitors for Electric Vehicles: A Technology Update and Recent Test Results from INEL, Proceedings of the 36th Power Sources Conference, Cherry Hill, N.J., June 6-9, 1994
11) Ikeda, K., Performance of Ultracapacitors for High Power Applications, Proceedings of the Advanced Capacitor World Summit 2005, San Diego, California, July 2005
12) Miller, J.R., Engineering Battery-Capacitor Combinations in High Power Applications: Diesel Engine Starting, Proceedings of the 9th International Seminar on Double-layer Capacitors and

Similar Energy Storage Devices, Deerfield Beach, Florida, December 1999
13) Burke, A. F., Characterization of a 25Wh Ultracapacitor Module for High Power, Mild Hybrid Applications, Proceedings of the First International Symposium on Large Ultracapacitors (EDLC) Technology and Applications, Honolulu, Hawaii, June 13-14, 2005
14) King, R.D. and etals, Ultracapacitor Enhanced Zero Emissions Zinc Air Electric Transit Bus – Performance Test Results, 20th International Electric Vehicle Symposium, Long Beach, California, 2003
15) Bartley, T., Ultracapacitors – No Longer Just a Technology: Real, Safe, Efficient, Available, Proceedings of the Advanced Capacitor World Summit 2004, Washington, D.C., July 2004
16) Bartley, T., Ultracapacitor Energy Storage in Heavy-duty Hybrid Drive Update, Proceedings of the Advanced Capacitor World Summit 2005, San Diego, California, July 2005
17) Burke, A.F. and Miller, M., Update of Ultracapacitor Technology and Hybrid Vehicle Applications: Passenger Cars and Transit Buses, Proceedings of the 18th International Electric Vehicles Symposium, Berlin, Germany, October 21-24, 2001
18) Burke, A.F. and Blank, E., Electric/Hybrid Transit Buses using Ultracapacitors, Proceedings of the Electric Transportation Power Systems '95, Long Beach, Callifornia, September 1995
19) Hybrid-Electric Transit Buses: Status, Issues, and Benefits, TCRP Report 59, Transportation Research Board, 2000
20) Burke, J.O., Ultracapacitors in Practical Applications: Starting Diesel Engines (Kold Ban International), proceedings of the Advanced Capacitor World Summit 2003, Washington, D.C., August 2003
21) Prater, D., The Use of Ultracapacitors for Enhanced Engine Starting Reliability (paper by Remy International), Proceedings of the First International Symposium on Large Ultracapacitor (EDLC) Technology and Application, Honolulu, Hawaii, June 13-14, 2005
22) Schwake, A., EC-funded Project "SUPERCAR": Ultracapacitor Modules for Mild Hybrid Applications, Proceedings of the Second International Symposium on Large Ultracapacitor (EDLC) Technology and Application, Baltimore, Maryland, May 16-17, 2006
23) Knorr, R., SUPERCAR – Results of a European Mild Hybrid Project, Proceedings of the 6th International Advanced Automotive Battery and Ultracapacitor Conference, Baltimore, Maryland, May 17-19, 2006
24) Anderman, M., Comparison of the Value Proposition of an Ultracapacitor vs. a High Power Battery for Hybrid Vehicle Applications, Proceedings of the Advanced Capacitor World Summit 2004, Washington, D.C., July 2004
25) Anderman, M., Could Ultracapacitors Become the Preferred Energy Storage Device for Future Vehicles?, Proceedings of the 5th International Advanced Automotive Battery Conference, Honolulu, Hawaii, June 15-17, 2005
26) Burke, A. F., Analysis of the Use of Ultracapacitors in Mild and Moderate Hybrids, Proceedings of the Second International Symposium on Large Ultracapacitors (EDLC) Technology and Applications, Baltimore, Maryland, May 16-17, 2006
27) Ikai, K., Development of Activated Carbon for EDLC from Petroleum-based Coke by Nippon Oil, Proceedings of the First International Symposium on Large Ultracapacitor (EDLC) Tech-

nology and Application, Honolulu, Hawaii, June 2005
28) Hogendoorn, M., Economical Activated Carbon for EDLCs from Norit, Proceedings of the Advanced Capacitor World Summit 2005, San Diego, California, July 2005
29) Buiel, E., The Development of Lignocellulosic Activated Carbon Materials for Ultracapacitor Applications by Mead Westvaco, Proceedings of the Advanced Capacitor World Summit 2004, Washington, D.C., July 2004

《CMC テクニカルライブラリー》発行にあたって

　弊社は、1961年創立以来、多くの技術レポートを発行してまいりました。これらの多くは、その時代の最先端情報を企業や研究機関などの法人に提供することを目的としたもので、価格も一般の理工書に比べて遙かに高価なものでした。
　一方、ある時代に最先端であった技術も、実用化され、応用展開されるにあたって普及期、成熟期を迎えていきます。ところが、最先端の時代に一流の研究者によって書かれたレポートの内容は、時代を経ても当該技術を学ぶ技術書、理工書としていささかも遜色のないことを、多くの方々が指摘されています。
　弊社では過去に発行した技術レポートを個人向けの廉価な普及版**《CMC テクニカルライブラリー》**として発行することとしました。このシリーズが、21世紀の科学技術の発展にいささかでも貢献できれば幸いです。
　2000年12月

株式会社　シーエムシー出版

電気化学キャパシタの開発と応用Ⅲ　(B0997)

2006年 7月31日　初　版　第1刷発行
2012年 5月11日　普及版　第1刷発行

監　修　西野　敦　　　　　　　　　　　Printed in Japan
　　　　直井　勝彦
発行者　辻　　賢司
発行所　株式会社　シーエムシー出版
　　　　東京都千代田区内神田1-13-1
　　　　電話03 (3293) 2061
　　　　http://www.cmcbooks.co.jp/

〔印刷〕　日本ハイコム株式会社　　　　© A. Nishino, K. Naoi, 2012

定価はカバーに表示してあります。
落丁・乱丁本はお取替えいたします。

ISBN978-4-7813-0501-1 C3054 ¥4400E

本書の内容の一部あるいは全部を無断で複写 (コピー) することは、法律で認められた場合を除き、著作者および出版社の権利の侵害になります。

CMCテクニカルライブラリー のご案内

自動車軽量化材料
―開発から応用まで―
監修／福富祥志
ISBN978-4-7813- 0477-9　　　　　B991
A5判・262頁　本体4,000円＋税（〒380円）
初版2006年9月　普及版2012年1月

構成および内容：鉄鋼材料（鋼板材料／構造用鋼／ステンレス鋼／鋳鉄製ステアリングナックルの軽量化 他）／非鉄金属材料（アルミニウム合金／マグネシウム合金／チタン、チタン合金）／非金属材料（プラスチック／複合材料／セラミックス／低燃費に寄与するタイヤ材料開発／自動車用エラストマー／炭素繊維 他）
執筆者：瀬戸一洋／紅林 豊／古君 修 他15名

ストレスの基本理解と抗ストレス食品の開発
監修／横越英彦
ISBN978-4-7813- 0476-2　　　　　B990
A5判・338頁　本体5,000円＋税（〒380円）
初版2006年10月　普及版2012年1月

構成および内容：【基礎】ストレスの生体応答／ストレスと疾患／神経機構／評価・計測法／ストレスと栄養 他【素材】アミノ酸・ペプチド・タンパク質（GABA 他）／ビタミン類（パントテン酸）／脂質（ホスファチジルセリン 他）／ハーブ類・香辛料（サフラン 他）／ポリフェノール類（緑茶カテキン 他）／漢方薬類／精油成分 他
執筆者：二木鋭雄／髙木邦明／巽あさみ 他54名

薬用植物・生薬の開発と応用
監修／佐竹元吉
ISBN978-4-7813- 0475-5　　　　　B989
A5判・336頁　本体5,000円＋税（〒380円）
初版2005年8月　普及版2012年1月

構成および内容：【総論】世界の動き 他【生薬素材】生薬のグローバリゼーション 他【品質評価】漢方処方の局方収載／液体クロマトグラフィー利用 他【応用】安全性／機能性食品への応用 他【創薬シード分子探索】南米薬用植物 他【民族伝統薬の薬効評価と創薬研究】漢方薬／リーシュマニア症治療薬／薬効評価 他
執筆者：寺林 進／酒井英二／田中俊弘 他19名

複合微生物系の研究開発と産業応用
監修／倉根隆一郎
ISBN978-4-7813- 0471-7　　　　　B987
A5判・262頁　本体4,000円＋税（〒380円）
初版2006年7月　普及版2011年12月

構成および内容：【解析・分離・培養・保存・イメージング技術】複合微生物系解析技術／難培養有用微生物保存技術 他【高効率制御技術】環境分野への適用／複合微生物系高効率制御技術 他【産業創出】創薬リード探索／油水分離バイオポリマー／物質分解システム 他【複合微生物系の展開と循環型社会構想 紙上討論会】
執筆者：玉木秀幸／鎌形洋一／蔵田信也 他49名

LCD照明用技術開発の集積
監修／カランタル カリル
ISBN978-4-7813- 0470-0　　　　　B986
A5判・248頁　本体4,000円＋税（〒380円）
初版2006年8月　普及版2011年12月

構成および内容：【液晶ディスプレイ用照明】ディスプレイ用バックライト 他【導光板】導光板の光学設計 他【液晶照明システム】携帯電話用フロントライト 他【PC・モニター・TV用バックライト】広域色再現性 RGB-LEDバックライト 他【光源】白色有機EL 他【導光板材料と光学フィルム】PMMA材料 他【市場】構成材料と光学フィルム 他
執筆者：前川 敦／服部雅之／庄野裕夫 他15名

ソフトナノテクノロジーにおける材料開発
監修／田中順三／下村政嗣
ISBN978-4-7813- 0469-4　　　　　B985
A5判・338頁　本体5,000円＋税（〒380円）
初版2005年5月　普及版2011年12月

構成および内容：【ナノ構造生体材料】人工骨／関節軟骨再生／ナノ機能化経皮デバイス 他【ナノ・バイオ融合材料】次世代人工臓器／医療用接着剤 他【ナノDDS】ナノゲルキャリア／DNAワクチン 他【ナノ構造計測・可視化技術】遺伝子計測／シグナル分子のバイオイメージング 他
執筆者：長田義仁／菊池正紀／坂口祐輔 他77名

ナノ粒子分散系の基礎と応用
監修／角田光雄
ISBN978-4-7813- 0441-0　　　　　B983
A5判・307頁　本体5,000円＋税（〒380円）
初版2006年12月　普及版2011年11月

構成および内容：【基礎編】分散系における基礎技術と科学／微粒子の表面および界面の性質／微粉体の表面処理技術／分散系における粒子構造の制御／顔料分散剤の基本構造と基礎特性 他【応用編】化粧品における分散技術／塗料における顔料分散／印刷インキにおける顔料分散／LCDブラックマトリックス用カーボンブラック 他
執筆者：小林敏勝／郷司春憲／長沼 桂 他17名

ポリイミド材料の基礎と開発
監修／柿本雅明
ISBN978-4-7813- 0440-3　　　　　B982
A5判・285頁　本体4,200円＋税（〒380円）
初版2006年8月　普及版2011年11月

構成および内容：【基礎】総論／合成／脂環式ポリイミド／多分岐ポリイミド 他【材料】熱可塑性ポリイミド／熱硬化性ポリイミド／低誘電率ポリイミド／感光性ポリイミド 他【応用技術と動向】高機能フレキシブル基板と材料／実装用ポリイミドの動向／含フッ素ポリイミドと光通信／ポリイミド―宇宙・航空機への応用 他
執筆者：金城徳幸／森川敦司／松本利彦 他22名

※ 書籍をご購入の際は、最寄りの書店にご注文いただくか、
㈱シーエムシー出版のホームページ（http://www.cmcbooks.co.jp/）にてお申し込み下さい。

CMCテクニカルライブラリー のご案内

ナノハイブリッド材料の開発と応用
ISBN978-4-7813-0439-7　B981
A5判・335頁　本体5,000円＋税（〒380円）
初版2005年3月　普及版2011年11月

構成および内容：序論【ナノハイブリッドプロセッシング技術編】ソール-ゲル法ナノハイブリッド材料／In-situ重合法ナノハイブリッド材料　他【機能編】ナノハイブリッド薄膜の光機能性／ナノハイブリッド微粒子　他【応用編】プロトン伝導性無機-有機ハイブリッド電解質膜／コーティング材料／導電性材料／感光性材料

執筆者：牧島亮男／土岐元幸／原口和敏　他43名

アンチエイジングにおけるバイオマーカーと機能性食品
監修／吉川敏一／大澤俊彦
ISBN978-4-7813-0438-0　B980
A5判・234頁　本体3,600円＋税（〒380円）
初版2006年8月　普及版2011年10月

構成および内容：【バイオマーカー】アンチエイジング／タンパク質解析／疲労／老化メカニズム／メタボリックシンドローム／眼科／口腔／皮膚の老化【機能性食品・素材】アンチエイジングと機能性食品／老化制御と抗酸化食品／脳内老化制御と食品機能／生活習慣病予防とサプリメント／漢方とアンチエイジング／ニュートリゲノミクス　他

執筆者：内藤裕二／有國　尚／青井　渉　他22名

バイオマスを利用した発電技術
監修／吉川邦夫／森塚秀人
ISBN978-4-7813-0437-3　B979
A5判・249頁　本体3,800円＋税（〒380円）
初版2006年7月　普及版2011年10月

構成および内容：【総論】バイオマス発電システムの設計／バイオマス発電の現状と市場展望【ドライバイオマス】バイオマス直接燃焼発電技術（木質チップ利用によるバイオマス発電　他）／バイオマスガス化発電技術（ガス化発電技術の海外動向　他）【ウェットバイオマス】バイオマス前処理・ガス化技術／バイオマス消化ガス発電技術

執筆者：河本晴雄／村岡元司／善家彰則　他25名

カーボンナノチューブの機能化・複合化技術
監修／中山喜萬
ISBN978-4-7813-0436-6　B978
A5判・271頁　本体4,000円＋税（〒380円）
初版2006年5月　普及版2011年10月

構成および内容：現状と課題（研究の動向　他）／内空間の利用（ピーポッド　他）／表面機能化（化学的手法によるカーボンナノチューブの可溶化・機能化　他）／薄膜、シート、構造物（配向カーボンナノチューブからのシートの作成と特性　他）／複合材料（ポリマーへの分散法とその制御　他）／ナノチューブの表面を利用したデバイス

執筆者：阿多誠文／佐藤義倫／岡崎俊也　他26名

発酵・醸造食品の技術と機能性
監修／北本勝ひこ
ISBN978-4-7813-0360-4　B976
A5判・303頁　本体4,600円＋税（〒380円）
初版2006年7月　普及版2011年9月

構成および内容：【製造方法】醸造技術と製造【発酵・醸造の基礎研究】生モト造りに見る清酒酵母の適応現象　他【技術】清酒酵母研究におけるDNAマイクロアレイ技術の利用／麹菌ゲノム情報の活用による有用タンパク質の生産　他【発酵による食品の開発・高機能化】酵素法によるオリゴペプチド新製法の開発／低臭納豆の開発　他

執筆者：石川雄亨／溝口晴彦／山田　翼　他37名

機能性無機膜
―開発技術と応用―
監修／上條榮治
ISBN978-4-7813-0359-8　B975
A5判・305頁　本体4,600円＋税（〒380円）
初版2006年6月　普及版2011年9月

構成および内容：無機膜の製造プロセス（PVD法／ソフト溶液プロセス　他）無機膜の製造装置技術（フィルムコンデンサー用巻取蒸着装置／反応性プラズマ蒸着装置　他）無機膜の物性評価技術／無機膜の応用技術（工具・金型分野への応用　他）トピックス（熱線反射膜と製品／プラスチックフィルムのガスバリア膜）

執筆者：大平圭介／松村英樹／青井芳史　他29名

高機能紙の開発動向
監修／小林良生
ISBN978-4-7813-0358-1　B974
A5判・334頁　本体5,000円＋税（〒380円）
初版2005年1月　普及版2011年9月

構成および内容：【総論】緒言／オンリーワンとしての機能紙研究会／機能紙商品の種類、市場規模及び寿命【機能紙用原料繊維】天然繊維の機能化、機能紙化／機能紙用化合繊／機能性レーヨン／SWP／製紙用ビニロン繊維　他【機能紙の機能性】農業・園芸分野／健康・医療分野／生活・福祉分野／電気・電子関連分野／運輸分野　他

執筆者：稲垣　寛／尾鍋史彦／有持正博　他27名

酵素の開発と応用技術
監修／今中忠行
ISBN978-4-7813-0357-4　B973
A5判・309頁　本体4,600円＋税（〒380円）
初版2006年12月　普及版2011年8月

構成および内容：【酵素の探索】アルカリ酵素　他【酵素の改変】進化工学的手法による酵素の改変／極限酵素の分子解剖・分子手術　他【酵素の安定化】ナノ空間場におけるタンパク質の機能と安定化　他【酵素の反応場・反応促進】イオン液体を反応媒体に用いる酵素触媒反応　他【酵素の固定化】酵母表層への酵素の固定化と応用　他

執筆者：尾崎克也／伊藤　進／北林雅夫　他49名

※書籍をご購入の際は、最寄りの書店にご注文いただくか、㈱シーエムシー出版のホームページ（http://www.cmcbooks.co.jp/）にてお申し込み下さい。

CMCテクニカルライブラリー のご案内

メタマテリアルの技術と応用
監修／石原照也
ISBN978-4-7813-0356-7　　　　　B972
A5判・304頁　本体4,600円＋税（〒380円）
初版2007年11月　普及版2011年8月

構成および内容：【総論】メタマテリアルの歴史／光学分野におけるメタマテリアルの産業化 他【基礎】マクスウェル方程式／回路理論からのアプローチ 他【材料】平面型左手系メタマテリアル／メタマテリアルにおける非線形光学効果 他【応用】メタマテリアルを用いた無反射光機能素子／メタマテリアルによるセンシング 他
執筆者：真田篤志／梶川浩太郎／伊藤龍男 他28名

ナノテクノロジー時代のバイオ分離・計測技術
監修／馬場嘉信
ISBN978-4-7813-0355-0　　　　　B971
A5判・322頁　本体4,800円＋税（〒380円）
初版2006年2月　普及版2011年8月

構成および内容：【総論】ナノテクノロジー・バイオMEMSがもたらす分離・計測技術革命【基礎・要素技術】バイオ分離・計測のための基盤技術（集積化分析チップの作製技術 他）／バイオ分離の要素技術（チップ電気泳動 他）／バイオ計測の要素技術（マイクロ蛍光計測 他）【応用・開発】バイオ応用／医療・診断、環境応用／次世代技術
執筆者：田畑 修／庄子習一／藤田博之 他38名

UV・EB硬化技術V
監修　上田 充／編集　ラドテック研究会
ISBN978-4-7813-0343-7　　　　　B969
A5判・301頁　本体5,000円＋税（〒380円）
初版2006年3月　普及版2011年7月

構成および内容：【材料開発・装置技術の動向】総論－UV・EB硬化性樹脂／材料開発（アクリルモノマー・オリゴマー 他）／硬化装置および加工技術（EB硬化装置 他）【応用技術の動向】塗料（自動車向けUV硬化型塗料 他）／印刷（光ナノインプリント 他）／ディスプレイ材料（反射防止膜 他）／レジスト（半導体レジスト／MEMS 他）
執筆者：西久保忠臣／竹中直巳／岡崎栄一 他30名

高周波半導体の基板技術とデバイス応用
監修／佐野芳明／奥村次徳
ISBN978-4-7813-0342-0　　　　　B968
A5判・266頁　本体4,000円＋税（〒380円）
初版2006年11月　普及版2011年7月

構成および内容：高周波利用のゆくえ、デバイスの位置づけ【化合物半導体基板技術】GaAs基板／SiC基板 他【結晶成長技術】Ⅲ-V族化合物成長技術／Ⅲ-N化合物成長技術／Smart Cut™によるウェーハ貼り合わせ技術【デバイス技術】Ⅲ-V族系デバイス／Ⅲ族窒化物系デバイス／シリコン系デバイス／テラヘルツ波半導体デバイス
執筆者：本城和彦／乙木洋平／大谷 昇 他26名

マイクロ波の化学プロセスへの応用
監修／和田雄二／竹内和彦
ISBN978-4-7813-0336-9　　　　　B966
A5判・320頁　本体4,800円＋税（〒380円）
初版2006年3月　普及版2011年7月

構成および内容：【序編　技術開発の現状と将来展望】基礎研究の現状と将来動向 他【基礎技術】マイクロ波と物質の相互作用 他【機器・装置】マイクロ波化学合成プロセス 他【有機合成】金属触媒を用いるマイクロ波合成 他【無機合成】ナノ粒子合成 他【高分子合成】マイクロ波を用いた付加重合 他【応用編】マイクロ波のゴム加硫 他
執筆者：中村考志／天羽優子／二川佳央 他31名

金属ナノ粒子インクの配線技術
―インクジェット技術を中心に―
監修／菅沼克昭
ISBN978-4-7813-0344-4　　　　　B970
A5判・289頁　本体4,400円＋税（〒380円）
初版2006年3月　普及版2011年6月

構成および内容：【金属ナノ粒子の合成と配線用ペースト化】金属ナノ粒子合成の歴史と概要 他【ナノ粒子微細配線技術】インクジェット印刷技術 他【ナノ粒子と配線特性評価方法】ペーストキュアの熱分析法 他【応用技術】フッ素系パターン化単分子膜を基板に用いた超微細薄膜作製技術／インクジェット印刷有機デバイス 他
執筆者：米澤 徹／小田正ınır／松葉頼重 他44名

医療分野における材料と機能膜
監修／樋口亜紺
ISBN978-4-7813-0335-2　　　　　B965
A5判・328頁　本体5,000円＋税（〒380円）
初版2005年5月　普及版2011年6月

構成および内容：【バイオマテリアルの基礎】血液適合性評価法 他【人工臓器】人工腎臓／人工心臓膜 他【バイオセパレーション】白血球除去フィルター／ウイルス除去膜 他【医療用センサーと診断技術】医療・診断用バイオセンサー 他【治療用バイオマテリアル】高分子ミセルを用いた標的治療／ナノ粒子とバイオメディカル 他
執筆者：川上浩良／大矢裕一／石原一彦 他45名

透明酸化物機能材料の開発と応用
監修／細野秀雄／平野正浩
ISBN978-4-7813-0334-5　　　　　B964
A5判・340頁　本体5,000円＋税（〒380円）
初版2006年11月　普及版2011年6月

構成および内容：【透明酸化物半導体】層状化合物 他【アモルファス酸化物半導体】アモルファス半導体とフレキシブルデバイス 他【ナノポーラス複合酸化物$12CaO\cdot7Al_2O_3$】エレクトライド 他【シリカガラス】深紫外透明光ファイバー 他【フェムト秒レーザーによる透明材料のナノ加工】フェムト秒レーザーを用いた材料加工の特徴 他
執筆者：神谷利夫／柳 博／太田裕道 他24名

※書籍をご購入の際は、最寄りの書店にご注文いただくか、㈱シーエムシー出版のホームページ（http://www.cmcbooks.co.jp/）にてお申し込み下さい。

CMCテクニカルライブラリーのご案内

プラズモンナノ材料の開発と応用
監修／山田 淳
ISBN978-4-7813-0332-1　B963
A5判・340頁　本体5,000円+税（〒380円）
初版2006年6月　普及版2011年5月

構成および内容：伝播型表面プラズモンと局在型表面プラズモン【合成と色材としての応用】金ナノ粒子のボトムアップ作製法 他【金属ナノ構造】金ナノ構造電極の設計と光電変換 他【ナノ粒子の光・電子特性】近接場イメージング【センシングの応用】単一分子感度ラマン分光技術の生体分子分析への応用／金ナノロッド 他
執筆者：林 真至／桑原 穰／寺崎 正 他34名

機能膜技術の応用展開
監修／吉川正和
ISBN978-4-7813-0331-4　B962
A5判・241頁　本体3,600円+税（〒380円）
初版2005年3月　普及版2011年5月

構成および内容：【概論編】機能性高分子膜／機能性無機膜【機能編】圧力を分離駆動力とする液相系分離膜／気体分離膜／有機液体分離膜／イオン交換膜／液体膜／触媒機能膜／膜性能推算法【応用編】水処理用膜（浄水、下水処理）／固体高分子型燃料電池用電解質膜／医療用膜／食品用膜／味・匂いセンサー膜／環境保全膜
執筆者：清水剛夫／喜多英敏／中尾真一 他14名

環境調和型複合材料
　―開発から応用まで―
監修／藤井 透／西野 孝／合田公一／岡本 忠
ISBN978-4-7813-0330-7　B961
A5判・276頁　本体4,000円+税（〒380円）
初版2005年11月　普及版2011年5月

構成および内容：植物繊維充てん複合材料（セルロースの構造と物性 他）／木質系複合材料（木質／プラスチック複合体 他）／動物由来高分子複合材料（ケラチン 他）／天然由来高分子／同種異形複合材料／環境調和複合材料の特性／再生可能資源を用いた複合材料のLCAと社会受容性評価／天然繊維の供給、規格、国際市場／工業展開
執筆者：大窪和也／黒田真一／矢野浩之 他28名

積層セラミックデバイスの材料開発と応用
監修／山本 孝
ISBN978-4-7813-0313-0　B959
A5判・279頁　本体4,200円+税（〒380円）
初版2006年8月　普及版2011年4月

構成および内容：【材料】コンデンサ材料（高純度超微粒子TiO_2 他）／磁性材料（低温焼結用）／圧電材料（低温焼結用）／電極材料【作製機器】スロットダイ法／粉砕・分級技術【デバイス】積層セラミックコンデンサ／チップインダクタ／積層バリスタ／$BaTiO_3$系半導体の積層化／積層サーミスタ／積層圧電／部品内蔵配線技術
執筆者：日高一久／式田尚志／大釜信治 他25名

エレクトロニクス高品質スクリーン印刷の基礎と応用
監修 染谷隆夫／編集 佐野 康
ISBN978-4-7813-0312-3　B958
A5判・271頁　本体4,000円+税（〒380円）
初版2005年12月　普及版2011年4月

構成および内容：概要／スクリーンメッシュメーカー／製版（スクリーンマスク）／装置メーカー／スキージ及びスキージ研磨装置／インキ、ペースト（厚膜ペースト、低温焼結型ペースト 他）／周辺機器（スクリーン洗浄、乾燥機 他）／応用（チップコンデンサMLCC／LTCC／有機トランジスタ 他）／はじめての高品質スクリーン印刷
執筆者：浅田茂雄／佐野裕樹／住田勲男 他30名

環状・筒状超分子の応用展開
編集／髙田十志和
ISBN978-4-7813-0311-6　B957
A5判・246頁　本体3,600円+税（〒380円）
初版2006年1月　普及版2011年4月

構成および内容：【基礎編】ロタキサン、カテナン／ポリロタキサン、ポリカテナン／有機ナノチューブ【応用編】（ポリ）ロタキサン、（ポリ）カテナン（分子素子・分子モーター／可逆的架橋ポリロタキサン 他）／ナノチューブ（シクロデキストリンナノチューブ 他）／カーボンナノチューブ（可溶性カーボンナノチューブ 他） 他
執筆者：須崎裕司／小坂田耕太郎／木原伸浩 他19名

電力貯蔵の技術と開発動向
監修／伊瀬敏史／田中祀捷
ISBN978-4-7813-0309-3　B956
A5判・216頁　本体3,200円+税（〒380円）
初版2006年2月　普及版2011年3月

構成および内容：開発動向／市場展望（自然エネルギーの導入と電力貯蔵 他）／ナトリウム硫黄電池／レドックスフロー電池／シール鉛蓄電池／リチウムイオン電池／電気二重層キャパシタ／フライホイール／超伝導コイル（SMESの原理 他）／パワーエレクトロニクス技術（二次電池電力貯蔵／超伝導電力貯蔵／フライホイール電力貯蔵 他）
執筆者：大和田野 芳郎／諸住 哲／中林 審 他10名

導電性ナノフィラーの開発技術と応用
監修／小林征男
ISBN978-4-7813-0308-6　B955
A5判・311頁　本体4,600円+税（〒380円）
初版2005年12月　普及版2011年3月

構成および内容：【序論】開発動向と将来展望／導電性コンポジットの導電機構【導電性フィラーと応用】カーボンブラック／金属系フィラー／金属酸化物／ピッチ系炭素繊維【導電性ナノ材料】金属ナノ粒子／カーボンナノチューブ／フラーレン 他【応用製品】無機透明導電膜／有機透明導電膜／導電性接着剤／帯電防止剤 他
執筆者：金子郁夫／金子 核／住田雅夫 他23名

※書籍をご購入の際は、最寄りの書店にご注文いただくか、
㈱シーエムシー出版のホームページ（http://www.cmcbooks.co.jp/）にてお申し込み下さい。

CMCテクニカルライブラリー のご案内

電子部材用途におけるエポキシ樹脂
監修／越智光一／沼田俊一
ISBN978-4-7813-0307-9　　　　B954
A5判・290頁　本体4,400円＋税（〒380円）
初版2006年1月　普及版2011年3月

構成および内容：【エポキシ樹脂と副資材】エポキシ樹脂（ノボラック型／ビフェニル型 他）／硬化剤（フェノール系／酸無水物類 他）／添加剤（フィラー／難燃剤 他）【配合物の機能化】力学的機能（高強靱化／低応力化）／熱的機能【環境対応】健康障害と環境管理／リサイクル【用途と要求物性】機能性封止材／実装材料／PWB基板材料
執筆者：押見克彦／村田保幸／梶　正史 他36名

ナノインプリント技術および装置の開発
監修／松井真二／古室昌徳
ISBN978-4-7813-0302-4　　　　B952
A5判・213頁　本体3,200円＋税（〒380円）
初版2005年8月　普及版2011年2月

構成および内容：転写方式（熱ナノインプリント／室温ナノインプリント／光ナノインプリント／ソフトリソグラフィ／直接ナノプリント・ナノ電極リソグラフィ 他）装置と関連部材（装置／モールド／離型剤／感光樹脂）デバイス応用（電子・磁気・光学デバイス／光デバイス／バイオデバイス／マイクロ流体デバイス 他）
執筆者：平井義彦／廣島　洋／横尾　篤 他15名

有機結晶材料の基礎と応用
監修／中西八郎
ISBN978-4-7813-0301-7　　　　B951
A5判・301頁　本体4,600円＋税（〒380円）
初版2005年12月　普及版2011年2月

構成および内容：【構造解析編】X線解析／電子顕微鏡／プローブ顕微鏡／構造予測 他【化学編】キラル結晶／分子間相互作用／包接結晶 他【基礎技術編】バルク結晶成長／有機薄膜結晶成長／ナノ結晶成長／結晶の加工 他【応用編】フォトクロミック材料／顔料結晶／非線形光学結晶／磁性結晶／分子素子／有機固体レーザ 他
執筆者：大橋裕二／植草秀裕／八瀬清志 他33名

環境保全のための分析・測定技術
監修／酒井忠雄／小熊幸一／本水昌二
ISBN978-4-7813-0298-0　　　　B950
A5判・315頁　本体4,800円＋税（〒380円）
初版2005年6月　普及版2011年1月

構成および内容：【総論】環境汚染と公定分析法／測定規格の国際標準／欧州規制と分析法【試料の取り扱い】試料の採取／試料の前処理【機器分析】原理・構成・特徴／環境計測のための自動計測法／データ解析のための技術【新しい技術・装置】オンライン前処理デバイス／誘導体化法／オンラインおよびオンサイトモニタリングシステム 他
執筆者：野々村　誠／中村　進／恩田宣彦 他22名

ヨウ素化合物の機能と応用展開
監修／横山正孝
ISBN978-4-7813-0297-3　　　　B949
A5判・266頁　本体4,000円＋税（〒380円）
初版2005年10月　普及版2011年1月

構成および内容：ヨウ素とヨウ素化合物（製造とリサイクル／化学反応 他）／超原子価ヨウ素化合物／分析／材料（ガラス／アルミニウム）／ヨウ素と光（レーザー／偏光板 他）／ヨウ素とエレクトロニクス（有機伝導体／太陽電池 他）／ヨウ素と医薬品／ヨウ素と生物（甲状腺ホルモン／ヨウ素サイクルとバクテリア）／応用
執筆者：村松康行／佐久間　昭／東郷秀雄 他24名

きのこの生理活性と機能性の研究
監修／河岸洋和
ISBN978-4-7813-0296-6　　　　B948
A5判・286頁　本体4,400円＋税（〒380円）
初版2005年10月　普及版2011年1月

構成および内容：【基礎編】種類と利用状況／きのこの持つ機能／安全性（毒きのこ）／きのこの可能性／育種技術 他【素材編】カワリハラタケ／エノキタケ／エリンギ／カバノアナタケ／シイタケ／ブナシメジ／ハタケシメジ／ハナビラタケ／ブクリョク／ブナハリタケ／マイタケ／マツタケ／メシマコブ／霊芝／ナメコ／冬虫夏草 他
執筆者：関谷　敦／江口文陽／石原光朗 他20名

水素エネルギー技術の展開
監修／秋葉悦男
ISBN978-4-7813-0287-4　　　　B947
A5判・239頁　本体3,600円＋税（〒380円）
初版2005年4月　普及版2010年12月

構成および内容：水素製造技術（炭化水素からの水素製造技術／水の光分解／バイオマスからの水素製造 他）／水素貯蔵技術（高圧水素／液体水素）／水素貯蔵材料（合金材料／無機系材料／炭素系材料 他）／インフラストラクチャー（水素ステーション／安全技術／国際標準）／燃料電池（自動車用燃料電池開発／家庭用燃料電池 他）
執筆者：安田　勇／寺村謙太郎／堂免一成 他23名

ユビキタス・バイオセンシングによる健康医療科学
監修／三林浩二
ISBN978-4-7813-0286-7　　　　B946
A5判・291頁　本体4,400円＋税（〒380円）
初版2006年1月　普及版2010年12月

構成および内容：【第1編】ウエアラブルメディカルセンサ／マイクロ加工技術／触覚センサによる触診検査の自動化 他【第2編】健康診断／自動採血システム／モーションキャプチャーシステム【第3編】画像によるドライバ状態モニタリング／高感度匂いセンサ【第4編】セキュリティシステム／ストレスチェッカー 他
執筆者：工藤寛之／鈴木正康／菊池良彦 他29名

※ 書籍をご購入の際は、最寄りの書店にご注文いただくか、㈱シーエムシー出版のホームページ（http://www.cmcbooks.co.jp/）にてお申し込み下さい。